让你大脑"翻墙"，受用一生

世界顶级思维

18类近100个定律效应，
你弄明白了几个？

沧海满月 ◎著

THE WORLD'S TOP
THINKING

江西人民出版社
Jiangxi People's Publishing House
全国百佳出版社

图书在版编目（CIP）数据

世界顶级思维/沧海满月著. --南昌：江西人民

出版社，2017.2

ISBN 978-7-210-08949-0

Ⅰ．①世… Ⅱ．①沧… Ⅲ．①思维方法－通俗读物

Ⅳ．①B80-49

中国版本图书馆CIP数据核字（2016）第282503号

世界顶级思维

沧海满月 / 著

责任编辑 / 刘莉

出版发行 / 江西人民出版社

印刷 / 固安县保利达印务有限公司

版次 / 2017年2月第1版

2019年4月第7次印刷

720毫米×1000毫米　1/16　25印张

字数 / 381千字

ISBN 978-7-210-08949-0

定价 / 39.80元

赣版权登字—01—2016—749

改变世界文明进程的大科学家爱因斯坦说过：人们解决世界的问题，靠的是大脑思维和智慧。思维决定观念，思维左右人生，思维创造一切，思维是进步的灵魂。解决问题、战胜困境的最好武器是大脑，决胜的关键在于是否拥有先进的思维方式。

你的思维方式决定你的做事方式，决定你看待世界和人生的视觉。优秀的思维，能使你很容易走向成功。有好的思维就会有好的出路，有宏大的思维就会有宏大的出路，有精彩的思维就会有精彩的出路。反过来，一般化的思维、平庸无奇的思维，则让人碌碌无为、默默无闻。

无论是企业的经营管理，还是个人的发展，都是一个在不断开创新的思考中选择和变化的过程。思维是决定企业和个人成败的关键因素，思维不同、解决问题的方法不同，由此会产生截然不同的两种结局。成功者之所以成功，就在于他们能够不断思考、开拓创新，进而突破人生中的一个个难题，最终取得成功；平庸者之所以平庸，则在于他们墨守成规、画地为牢、抱残守缺，遇事不善于思考，不主动改变自己，最终成为社会的落伍者。

生活和工作中，我们常常为诸多复杂的问题和难题烦恼不已，为找不到高效的解决问题的思维方式自责灰心。"他山之石，可以攻玉"，学习和借鉴那些成功人士的思维技巧是提高我们思维能力的一个有效捷径。

社会发展和进化的过程也是人类思维发展和进化的过程。在人类漫长的自我探索、改造世界的过程中，各行各业的先驱们不断开发大脑，总结思维规律，逐渐形成了解决问题、辨别真伪、开拓创新的思维体系。这些闪烁智者之光的世界顶级思维，汇集了成功学大师、经济巨匠、心灵导师、管理领袖等各领域精英人士的思维精华，是人类思维长河中大浪淘沙后的智慧沉淀。它们是一把把开启思维之门的钥匙，能帮助我们打开一个个新的天地，让我们从纷乱的表象中看到其本质，然后顺势而为，收到事半功倍之效；它们是一盏盏照亮人生的明灯，指引我们在黑暗中摸索前进，在人生的道路上少走弯路、少受挫折，更快地走向成功。

《世界顶级思维》广采博集，含英撷华，从世界思维宝库中精选了流传最广、影响最大、最有价值的近100个思维定律、效应和法则，划分为素养、目标、计划、统御、沟通、选拔、协调、参谋、决策、信息、创新、竞争、财富等18大类别，结合中外经典案例，详尽解析和探讨了每一种思维定律、效应和法则的内涵及其应用之道，让你一书在手通览世界顶级思维的精义和奥妙，掌握开启人类思维大门的钥匙，探寻世界思维殿堂中的无穷宝藏。

墨菲定律，告诉你错误是成功的垫脚石，让你从错误中走向成熟，走向强大。

罗森塔尔效应，告诉你积极的心理暗示改变一个人的命运，激发潜能才能心想事成、梦想成真。

破窗效应，告诉你容忍破坏就是容忍犯罪，要防微杜渐，避免管理工作中出现"千里之堤，溃于蚁穴"。

长尾理论，告诉你冷门有时比热门更有前景，抓住不热销的"尾巴"产品就能做大市场。

奥卡姆剃刀定律，告诉你如无必要勿增实体，最复杂的问题可用最简单的方法来解决。

马太效应，告诉你富者恒富、穷者恒穷的道理，启发你改变思维，摆脱贫穷命运。

复利效应，告诉你复利的威力胜过原子弹，利用时间的复利效应可以让钱翻番致富，实现财富滚雪球。

……

"纸上得来终觉浅，绝知此事要躬行。"打开本书，领悟书中一个个定律效应的奥秘，感悟思维的神奇力量，洞悉人生成功的方略，刷新自己的思维，创造自己的精彩人生！

目录
Contents

Part4　统御：魅力胜于权力，威信胜于权威

Part5　沟通：语言和心灵的双重交流

Part6 选拔：将合适的人请上车，不合适的人请下车

Part7　任用：用人不当事倍功半，用人得当事半功倍

Part8　协调：打破堡垒、聚合能量的策略

Part9　指导：管得越少，管得越好

Part10　培养：授人以鱼，不如授人以渔

Part14 决策：运筹帷幄的远见卓识

Part1

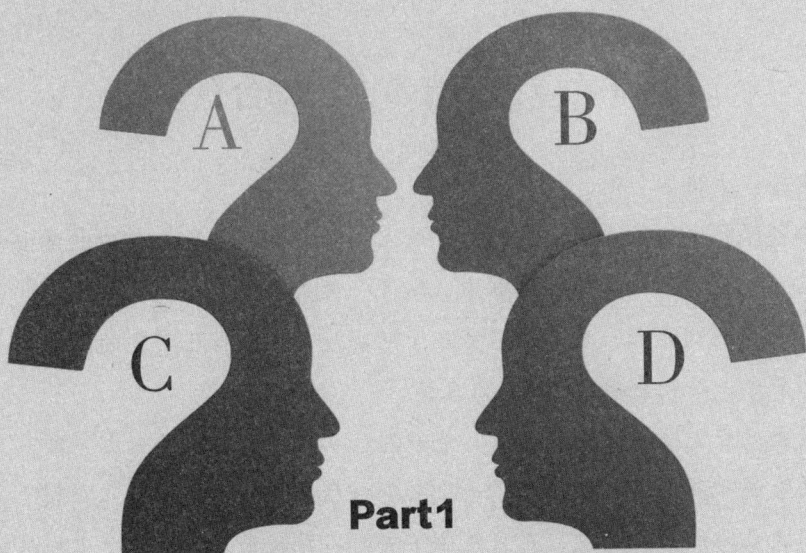

素养：改变世界前先改变自己

谦虚不是把自己想得很糟，而是完全不想自己。

——卢维斯（美国）

修养的本质如同人的性格，最终还是归结到道德情操这个问题上。

——爱默生（美国）

性情的修养，不是为了别人，而是为自己增强生活能力。

——池田大作（日本）

跳蚤效应：心有多大，舞台有多大

来源：生物学实验。

内容精解：生物学家往玻璃杯中放入一只跳蚤，跳蚤轻易地就跳出来了。再把这只跳蚤放入加盖的玻璃杯中，结果一次次跳起，一次次被撞。最后，这只跳蚤变得聪明起来，它开始根据盖子的高度来调整自己所跳的高度。一周之后取下盖子，而跳蚤却再也跳不出来了。

跳蚤效应说明，"自我设限"是一件悲哀的事情，跳蚤变成"爬蚤"并非自身已失去跳跃能力，而是由于一次次受挫后学乖了，习惯了，麻木了。跳蚤调节了自己跳的目标高度，而且适应了它，不再改变，行动的欲望和潜能被自己扼杀！

应用要诀：害怕失败会导致失败。要想获得成功，就要打破自我设限的心理高度。心有多大，舞台就有多大，只要你有成功的信心，你就能找到施展才华的舞台。

态度决定高度，人生不设限

在成长的过程中，我们会遭受外界（包括家庭）太多的批评、打击和挫折。在这样的境地中，有的人奋发向上的热情、欲望被"自我设限"压制封杀，既对失败惶恐不安，又对失败习以为常，丧失了信心和勇气，渐渐养成了懦弱、犹疑、狭隘、自卑、孤僻、害怕承担责任、不思进取、不敢拼搏的精神面貌，与生俱来的成功火种过早地熄灭。

成功是每一个人的梦。这个梦与生命同在，至死方休。按照弗洛伊德的理论，人生来就有"做伟人"的欲望。"做伟人"其实就是"成功"的集中表现。弗氏之后的一些心理学家经过研究，也得出一个相似的结论：不论民族、文化、历史、家庭、性别和年龄，人天生就有爱受赞美、喜爱人尊重的强烈愿望和倾向。这是"人"的共性。因此，可以这么说，成功的渴求与生俱来——因为，成功是获得赞美与尊重最有效的途径。

正如美国的约翰·杜威所认为，人类本质里最深远的驱策力是"希望有重要性"。以至于有些罪犯自述，他之所以纵火、杀人就是为了让人们知道他，亲眼目睹别人一听到他的名字就如同五雷轰顶，那是他最感满足之处。

追求成功是人类的本能。人为成功而来，也为成功而活。绝大多数人能坚韧不拔地走完人生历程，就是因为成功的渴望始终存在。把它称做信念也好，使命也好，责任也好，任务也好，总有期盼和牵挂，总有要完成的欲求。否则心有不甘，难以瞑目。成功意味着富足、健康、幸福、快乐、力量……在人类社会里，这些东西总能获得最多的尊重和赞美。人人追求成功。普天之下，无论贫富贵贱，有谁会站出来说：我不想成功，我不愿成功？！

成功始于心动，成于行动。要解除"自我设限"，关键在自己。西谚说得好："上帝只拯救能够自救的人。"成功属于愿意成功的人。成功有明确的方向和目的。你不愿成功，谁拿你也没办法；你自己不行动，上帝也帮不了你。成功并不是一个固定的蛋糕，数量有限，别人切了，你就没有了。不是那样的，成功的蛋糕是切不完的，关键是你是否去切。你能否成功，与别人的成败毫无关系。只有自己想成功，才有成功的可能。

洛克菲勒曾对儿子说："西恩，我记得我曾对你说过你在现在这种年龄，务必做好的事情就是想好10年之后从事什么工作，你对将来必须具有想象力。"

无论你现在处于什么环境，你要在心里问自己一个重要的问题：我将来想成为什么人？无论是否有人对你说过"这是不可能的"，这对你来说并不重要；在你的生活中是否还有这样的人存在也不重要，重要的只有一点，如果有一个人不同意这个说法，那这个人就应该是你自己。

你绝不能认定你的生命已经"过去了"。因为，如果你不抓住自己的梦想，那就没有人会这样做了。扼杀你梦想的还有另一个陷阱，就是那种认为眼下还不能追求自己梦想的想法，也就是说现在还没到适当的时候。你要相信，根本不存在开始一件新事情的最佳时刻。每当你推迟开始做一件事情时，你离它也就又远了一步。

可以输给别人，不能输给自己

莎士比亚曾说：假使我们将自己比做泥土，那就真要成为别人践踏的东西了。其实，别人认为你是哪一种人并不重要，重要的是你是否肯定自己；别人如何打败你，并不是重点，重点是你是否在别人打败你之前就先输给了自己。很多人失败，通常是输给自己，而不是输给别人。

下面是一个真实的故事：

美国从事个性分析的专家罗伯特·菲力浦有一次在办公室接待了一个因企业倒闭而负债累累的流浪者。罗伯特从头到脚打量眼前的人：茫然的眼神、沮丧的皱纹、十来天未刮的胡须以及紧张的神态。专家罗伯特想了想，说："虽然我没有办法帮助你，但如果你愿意的话，我可以介绍你去见本大楼的一个人，他可以帮助你赚回你所损失的钱，并且协助你东山再起。"

罗伯特刚说完，他立刻跳了起来，抓住罗伯特的手，说道："看在老天爷的份上，请带我去见这个人。"

罗伯特带他站在一块看来像是挂在门口的窗帘布之前。然后把窗帘布拉开，露出一面高大的镜子，他可以从镜子里看到他的全身。罗伯特指着镜子说："就是这个人。在这世界上，只有这个人能够使你东山再起。你觉得你失败了，是因为输给了外部环境或者别人了吗？不，你只是输给了自己。"

他朝着镜子走了几步，用手摸摸他长满胡须的脸孔，对着镜子里的人从头到脚打量了几分钟，然后后退几步，低下头，哭泣起来。

几天后，罗伯特在街上碰到了这个人。他不再是一个流浪汉形象，他西装革履，步伐轻快有力，头抬得高高的，原来那种衰老、不安、紧张的姿态已经消失不见。

后来，那个人真的东山再起，成为芝加哥的富翁。

在生活的艰难跋涉中我们要坚守一个信念：可以输给别人，但不能输给自己。因为打败你的不是外部环境，而是你自己。

一个不输给自己的强者，是不忘自己的人生权利、在困境时也能选择积极心态的人；他是能正确对待失败，永不放弃的人；他是有傲骨而没傲气、看重自己做人的尊严胜过自己生命的人；他是能尊重、宽容、善待朋友，知道怎样对待别人，别人就怎样对待自己的人；他是能驾驭时间，高质量利用时间和能跟时间赛跑的人；他是对财富有正确的理解，君子爱财取之有道的人；他是理解爱情真谛、拥有强大情感支撑的人。

你的能量超乎你想象

人的潜能是无限的，但是被挖掘出来的却很少，很大一部分原因是人们习惯了自己的现状，懒得去改变。但是当受到外界刺激不得不做出改变的时候，潜能就爆发出来了。

一位名叫史蒂文的美国人，因一次意外导致双腿无法行走，已经依靠轮椅生活了20年。他觉得自己的人生没有了意义，喝酒成了他忘记愁闷和打发时间的最好方式。有一天，他从酒馆出来，照常坐轮椅回家，却碰上3个劫匪要抢他的钱包。他拼命呐喊、拼命反抗，被逼急了的劫匪竟然放火烧他的轮椅。轮椅很快燃烧起来，求生的欲望让史蒂文忘记了自己的双腿不能行走，他立即从轮椅上站起来，一口气跑了一条街。事后，史蒂文说："如果当时我不逃，就必然被烧伤，甚至被烧死。我忘了一切，一跃而起，拼命逃走。当我终于停下脚步后，才发现自己竟然会走了。"现在，史蒂文已经找到了一份工作，他身体健康，与正常人一样行走，并到处旅游。

史蒂文残疾了20年，竟然因为一次意外而奇迹般地康复了，这说明了什么？人的潜力到底有多大，谁也说不清楚，甚至自己也说不清。我们习惯了自己现在的样子，不想做出什么改变，也没有想过要去做一些看起来自己做不到、但是经过努力却能做到的事情。当我们的生命受到威胁时，求生的欲望战胜了一切，所以竟能在瞬间爆发出如此大的能量，这不能不说是一个奇迹。著名作家柯林威尔森曾用富有激情的笔调写道："在我们的潜意识中，在靠近日常生活意识的表层的地方，有一种'过剩能量储藏箱'，存放着准备使用的能量。就好像存放在银行里个人账户中的钱一样，在我们需要使用的时候，就可以派上用场。"

如果我们在平常的日子里能试着去挖掘自己的潜力，是不是可以比现在的自己在很多方面做得更好呢？掌握挖掘自己潜力的方法也是很重要的。

我们每个人都要学会积极归因。当自己取得进步时，可以归功于自己的努力，这样会激发自己继续挑战自己的欲望；也可以把自己的进步看成是自己实力的体现，这样你会对自己以后进行的挑战更有信心，因为你相信自己的实力。

习惯往往是人们拒绝去挖掘自己潜力的一个重要因素。它就像一个能量调节器，好习惯自发地使我们的潜能指引思维和行为朝成功的方向前进，坏习惯则反之。好习惯会激发成功所必需的潜能，坏习惯则在腐蚀有助于我们成功的潜能宝库。

人一旦习惯了安逸的环境就变得迟钝起来，很难看清外界的变化。当这些变化累积到足以让你的人生陷入低谷的时候才恍然大悟，但是这个时候往往已经太晚了。所以，在风平浪静的时候要养成好的习惯，主动挖掘自己的潜力，如可以尝试一些自己以前从未做过但是很有兴趣的事情。也许经过尝试，你会发现自己做得很好，这就相当于又找到了一条成功之路。

唤醒潜能，拆掉思维的墙

人究竟具有多大的潜能？开发的极限是什么？谁都无法回答。看来，其实我们每个人都可以活得比现在卓越，因为我们并没有达到自己的人生极限。

现代科学显示，一个正常人只运用了全部能力的10％，甚至6％。有人估计人能记忆的东西相当于5亿册书那么多，但通常人们所展示出的记忆力还不及10％；人的想象力也不过展示了15％；人的听觉、嗅觉、视觉等均未得到充分利用；人本应活到150岁，现在平均还活不到70岁。人的很多潜能尚未见过"天日"，就伴随生命的终结而无影无踪了。这不仅仅只是人类的遗憾，更是人类的巨大悲剧。

随着早期教育的普及和终生学习的推广，人们的心理发育提前，衰老期会推迟，即成熟期延长，日后从小到老每个阶段的潜能都将放出奇光异彩，社会的发展和科学技术将达到空前的发达。人们为了自己的目标和愿景，会不断开发自己的潜能，实现自己的人生价值。

潜能包含两层意义，一层意思是指潜力。所谓"潜力"，指那些露于外而未发的才力。以智力、能力等来说，你本有歌唱天才，而且你也喜欢，你发现了自己天赋，但你并没有成为一位伟大的歌唱家，而只是"大材小用了"，完全被当作一种业余爱好，甚至从来不敢想自己会成为大歌唱家。这时你的歌唱能力就只能说是一种"潜力"，需要你进一步发掘、发展才能修成"正果"。潜能的另一层含义，则是指那些蕴藏于大脑之内尚未开发的智慧、智谋、智略等。这层意义上的潜能一般不能为人所知，只有等待日后开发出来，但也许会跟你肉体一起消失，成为一抔黄土。举一个例子，假设还是刚才的那人，他可能具有天生的体育才能，只不过这一才能深藏于大脑之内，任何人包括他自己都无法意识到更不用说发挥这种才能，有潜能而没有发挥出来就等于没有潜能。因此，潜能要转化为实际的才能并不是自然而然的，它需要我们去发现自己，设计自己。

一般来说，一个人的才能取决于他的天赋，而天赋又难以改变。实际上，大多数人的志气和才能都潜伏着，必须要外界的东西予以激发才能爆发出来，潜能一旦被激发并能加以关注和引导，就能发扬光大，否则终将渐渐磨去棱角，一事无成。

因此，如果人的潜能不能被激发并发扬光大，那么，其固有的才能不但不能保持，还会变得迟钝并失去它原本的力量。

爱迪生说："我最需要的，就是有人叫我去做我力所能及的事情。"表现"我"的才能的最好途径，就是先去做"我"力所能及的事情。恺撒、罗斯福未必能做的事情，也许"我"能够做，只要尽"我"最大的努力，发挥"我"所具有的潜能，就有可能取得成功。潜伏在绝大多数人的体内的潜能都是巨大的，但这种潜能酣睡着，只有被激发，才能做出惊人的事业来。

舍恩定理：成功垂青自信的人

提出者： 美国教育家、哲学家、美国"反思性教学"思想的重要倡导人唐纳德·舍恩。

内容精解： 对事业怀有信心，相信自己，乃是获得成功不可或缺的前提。

应用要诀： 自卑是人生大敌，会使聪明才智和创造能力得不到发挥，使人难有作为。自信是成功的必要条件。自信是发自内心的自我肯定与相信。自信无论在人际交往、事业工作上都非常重要。只要自己相信自己，他人就会相信你。

自卑是成功的拦路虎

自卑属于性格上的一个缺点。自卑，即一个人对自己的能力、品质等作出偏低的评价，总觉得自己不如人，悲观失望，丧失信心等。自卑是一种低劣的心理，是一种消极的心理状态，是阻挠成功的巨大心理障碍。自卑的人往往都是失败的俘虏、被轻视的对象，严重的自卑心理能导致一个人颓废落伍、心灵扭曲。

自卑是成功的拦路虎。一个人要想取得成功，就要克服自卑的心理，打败自卑。

自卑的人，总哀叹事事不如意，老拿自己的弱点跟别人的优点比，越比越气馁，甚至比到自己无立足之地。有的人在旁人面前就面红耳赤，说不出话；有的人遇上重要的会面就口吃；有的人认为大家都欺负自己因而厌恶他人。因此，若对自卑感处置不妥，无法解脱，将会使人消沉，甚至走上邪路坠入犯罪的深渊，或走上自杀的道路。

与此同时，长期被自卑感笼罩的人，不仅自己的心理活动会失去平衡，而且生理上也会产生变化，最敏感的是心血管系统和消化系统将会受到损害。生理上的变化反过来又影响心理变化，加重人的自卑心理。

自卑，是个人对自己的不恰当的认识，是一种自己瞧不起自己的消极心理。在自卑心理的作用下，遇到困难、挫折时往往会出现焦虑、泄气、失望、颓丧的情感反应。一个人如果做了自卑的俘虏，不仅会影响身心健康，还会使聪明才智和创造能力得不到发挥，使人觉得自己难有作为，生活没有意义。所以，克服自卑心理是消除通往成功路上的一大障碍。

肯定自己，战胜自卑

战胜自卑就要正确地认识自我。尺有所短，寸有所长。每个人都有自己的短处，也都有自己的长处。如果我们以己之长去比别人之短，就能发掘出自信，可以在客观地认识短处和劣势的基础上找出自己的长处与优势。可以将自己最满意的事情、最引以为荣的优点和令人瞩目的成绩，炫耀于心中的"荣耀室"，从而反复地刺激和暗示自己"我还可以""我能行"。美国著名心理学家麦克斯威尔说："人的所有行为、感情和举止，甚至才能，与其自我意向是一致的。"如果能将"我还可以""我能行"的心理暗示不断地渗透到自己人生的各个方面，便能撞击出生命的火花，就能培养出阿基米德"给我一个支点，我将撬动地球"的那份自信。

1. 正确地评价自己

人贵有自知之明。所谓"自知之明"，就是不仅能如实地看到自己的短处，也能恰如其分地看到自己的长处。切不可因自己的某些不如别人之处而看不到自己的如人之处和过人之处，这才是正确的与人比较。马克思曾说过，伟人之所以高不可攀，是因为你自己跪着。

2. 正确地表现自己

心理学家建议：有自卑心理的人，不妨多做一些力所能及、把握较大的事情。这些事情即使很"小"，也不要放弃争取成功的机会。任何成功都能增强自己的自信，任何大的成功都蕴积于小的成功之中。换言之，要通过在小的成功中表现自己，确立自信心，循序渐进地克服自卑心理。

3. 设法正确地补偿自己

盲人尤聪，瞽者尤明。这是生理上的补偿。人的心理也同样具有补偿能力。为了克服自卑心理，可以采用两种积极的补偿：其一是勤能补拙。知道自己在某些方面有缺陷，不背思想包袱，以最大的决心和最顽强的毅力去修补这些缺陷，这是积极的、有效的补偿。华罗庚说："勤能补拙是良训，一分辛苦一分才。"其二是扬长避短，"失之东隅，收之桑榆"。我们读达尔文、济慈、歌德、拜伦、培根、亚里斯多德的传记，就不难明白，他们的优秀品质和一生的辉煌成就从某种意义上来说都促成于人的缺陷。缺陷不是绝对不能改变的，关键是自己愿不愿意改变。只要下定决心，讲究科学方法，因势利导，就会使自己摆脱自卑，逐渐成熟起来。

自信创造惊人的奇迹

让别人相信我们，首先就要自己相信自己。在现实生活中放弃自己的权利，让别人的意志来决定自己生活的人实在不少。他们把上学、择业、婚姻——统统托付或交给别人，失去了自我追求、自我信仰，也就失去了自由，最后变成了一个毫无价值的人。人生最大的缺失，莫过于失去自信。

自卑只能自怜，自信赢得成功。相信自己，就是相信自己的优势、相信自己的能力，相信自己有权占据一个空间。"没有得到你的同意，任何人也无法让你感到自惭形秽。"

有个小男孩名叫汤姆·邓普西，他生下来就只有半只右脚和一只畸形的右手。他父母亲常会告诉他："汤姆，其他男孩能做的事情你都能做。为什么不能呢？你没有任何比别人差劲的地方。任何孩子可以做的事情，你一样能做到！"

后来汤姆要玩橄榄球。他发现自己比在一起玩的其他男孩要踢得远多了。为了能实现这个愿望并发挥出这种能力，他找人为他定做了一双鞋子。

他参加了踢球测验，并且得到了一份卫锋队的合约。但教练婉转地告诉他："你不具有做职业橄榄球员的条件，去试试其他的职业吧！"最后他申请进入新奥尔良圣徒队，教练看他对自己充满了信心，就抱着试试看的态度收了他。两个星期后，教练完全改变了想法，因为汤姆在一次友谊赛中因踢出55码远的好成绩而得分，这使他获得圣徒队职业球员的身份，而且在那一季中为他所在的球队得了99分。

最伟大的一天到来了！那天球场上坐满了人，有6万多名球迷。球是在28码线上，比赛只剩下几分钟，球队把球已经推进到35码线上。"汤姆·邓普西，进场踢球！"教练大声说。当汤姆走进场的时候，他知道他的队距离得分线有55码远，这等于说他要踢出63码远。在正式比赛中踢得最远的纪录是55码，由巴尔迪摩雄马队毕特·瑞奇查踢出来的。汤姆闭上眼睛对自己说道："我一定能行！"只见他全力踢在球身上，球笔直前进，但是踢得够远吗？6万多球迷屏住呼吸，看见终端得分线上的裁判举起了双手，表示得了3分。球在球门横杆之上几寸的地方越过，汤姆所在的球队以19比17获胜。球迷疯狂呼叫，为踢得最远的一球而兴奋。"真是难以相信！"有人大声叫道。这居然是由只有半只右脚和一只畸形手的球员踢出来的！但汤姆只微微一笑，他想起了父母，他们一直告诉他的是他能做什么，而不是他不能做什么。他之所以能创造出如此了不起的纪录，正如他自己所说："我从来不知道我有什么不能做的，也没人这样告诉过我！"

如果我们能做出所有我们能做的事情，我们毫无疑问地会使自己大吃一惊。你一生中有没有为自己的潜能大吃一惊过？事实上，人通常比自己认为的要好得多。对你的能力抱着肯定的想法，这样就能发挥出心智的力量，并且会产生有效的行动。

带着自信上战场

在日常生活中，有些人名列前茅，实力雄厚，赛场失误的惟一解释只能是心理素质问题，主要原因是得失心过重和自信心不足。有些人平时战绩出众，众星捧月，造成一种心理定势：只能成功不能失败。再加上赛场的特殊性，社会、国家、家庭等方面的厚望使得其患得患失的心理加剧，心理包袱过重，如此强烈的心理得失困扰自己，怎么能够发挥出应有的水平呢！另 方面是缺乏自信心，产生怯场心理，束缚了自己潜能的发挥。

在北京奥运会男子50米步枪三姿决赛赛场出现的戏剧性一幕，令所有观众体会到了心理素质在关键时刻的决定性作用。中国选手邱健在最后时刻上演奇迹逆转，以总成绩1272.5环为中国代表团夺得第28金。

雅典奥运会上，美国名将埃蒙斯在决赛最后一枪中脱靶，将金牌拱手相让给我国选手贾占波。四年后，历史重演，在决赛最后一枪前处于绝对领先优势的埃蒙斯，最后一枪仅打出了4.4环，令人难以置信。而原本排在第二位的乌克兰选手尤里·苏霍鲁科夫最后一环打出了9.8环。这样，原本排在第三位的邱健以最后一枪10.0环奇迹般的上演逆转，延续"雅典神话"，以0.1环的微弱领先优势获得金牌。

决赛开始前，预赛成绩埃蒙斯排名第二，而邱健排名第四。

决赛第一枪，预赛排名第一的拉伊蒙德·德贝韦茨仅打出了7.7环，埃蒙斯打出9.7环超越对手成为首位。此后，埃蒙斯一直牢牢处于第一位的领先位置，在第9枪结束后，埃蒙斯领先近4环排名首位，邱健以落后第二位的乌克兰选手0.1环排在第三位。

最后一枪，邱健打出了10.0环，乌克兰人打出9.8环，而埃蒙斯出现了令人难以置信的4.4环。这样，我国选手邱健延续了中国选手在此项目中的逆转奇迹，获得金牌。

赛后邱健接受了记者的采访。在被问及打最后一枪前如何控制心理状态时，邱健说："我经历了数年的心理控制训练，我们知道在高度紧张的环境中心跳会加快，但我知道如何在这样的情况下保持平静，例如深呼吸，不要想比赛结果。"

谈到戏剧性的结局时，邱健说："我不知道发生了什么。听到观众欢呼时，我感觉我可能得了银牌，但我的教练告诉我得了金牌。"

谈到自己的幸运和2004年雅典奥运会冠军贾占波的幸运时，邱健说："我和贾占波都很努力，金牌属于我是因为美国的埃蒙斯最后一秒时没有保持平静，但我保持了平静。"

正是由于在关键时刻能够平静地控制自己的心态，邱健在历经17年的努力后，终于站到了最高领奖台上。

成功永远青睐自信的人

自信就是在自我评价上的积极态度。自信是与积极密切相关的事情。没有自信的积极，是软弱的、不彻底的、低能的、低效的积极。

自信，是一种非常可贵的素质。自信，可以让生活变得更加美好。在所有这些大自然的力量中，与我们个人的成长和发展关系最密切的或许就是自我暗示的力量了，但是对这种力量的无知导致大部分人在应用自我暗示原则时，没有让它发挥应有的作用。相反，它变成了一种阻力。

不自信的人，通常不能正视别人的眼睛，眼神游离，生怕一旦眼神接触就会被别人看穿。比如，在教学或教室中，后排的座位总是先被坐满，大部分人都希望自己不要"太显眼"，他们怕受人注目从而占据后排座，之所以这样就是因为缺乏信心。

自信的人勇敢，勇于面对生活中的困难和挫折；对新事物采取积极开放的态度；虚心，能够接受批评，坦然承认错误；言行一致，言谈举止表现自如。自信的人走起路来比一般人快，像跑。他们的步伐告诉整个世界："我要去一个重要的地方，去做很重要的事情。更重要的是，我会在15分钟内成功。"

毫无疑问，自信还能够让我们在人生的竞技场上发挥出最好的水平。反之，因为缺乏自信常常让很多优秀的人在关键的时刻迷失了自我。

自信是走向成功的重要力量。自信能为你带来巨大的力量，并让你真正相信它同时积极将其转化为物质力量。

卢维斯定理：谦虚是完全不想自己

提出者：美国心理学家卢维斯。

内容精解：谦虚不是把自己想得很糟，而是完全不想自己。

应用要诀：第一，做人首先要谦虚。如果把自己想得太好，很容易将别人想得很糟；第二，谦虚要有个度。谦虚不是把自己想得很糟；第三，要处理把握好谦虚的尺度。对自己不懂或懂得不够的要谦虚学习；对工作职责中本应该由自己完成的要尽自己的才能去完成，不能因过分谦虚而失去显示才华的机会。

谦虚不是装傻和装蒜

正如卢维斯所预料的那样，人们通常总是在某个思想误区里去理解"谦虚"，老以为谦虚就是把"自己想得很糟"。当有人问一些问题或事情的时候，人们总会有意无意地说，"我不也太知道啊；我也没有把握；我会尽量做得好些吧；让我来试试吧……"，所有这些措辞都含有一些"把自己想得很糟"的成分在内。似乎不这样"谦虚"表达就不行了，有时明明自己能行的知道的事情，也会这样故弄虚玄"谦虚"一下，以防被别人扣上不谦虚的帽子。

因此，卢维斯定理有针对性的单刀直入，首先对这种虚伪的"谦虚"作了解剖和否定，果决指出"谦虚不是把自己想得很糟"。按中国孔子的话说，就是要"知之为知之，不知为不知"。知道就是知道，不知道就是不知道嘛。为什么知道也要装作不知道呢？装傻和装蒜其实都不好，都缺乏"实事求是"的精神。

那些"把自己想得很糟"的伪谦虚者，往往是陷入了这样的一个逻辑误区：如果把自己想得太好，相对而言就容易将别人想得很糟，就会招来别人的攻击或批评，说你傲慢或骄傲。也难怪，陷在这样的误区里就不敢把自己想得太好，宁可把自己想得糟些。但是结果呢，真的变得谦虚起来了么？也未必。很多人可能受到这种伪谦虚的劣根性影响，反而丧失了最本真、最可贵的品德——探索和挑战的精神。

一位有着多年美国生活积累的教授，曾经对美国的中学生和中国的中学生进行仔细比较后发现：在探索精神和创新精神方面，中国的中学生远远不如美国的中学生。可能是怕老师打击报复扣分数或者固有的传统陋习作祟，中国的中学生往往缺少上课反问老师和与老师争辩的勇气与举动，凡事都循规蹈矩、趋势附庸，看老师的眼色行事，处处生怕得罪了老师，内心缺少主心骨和独立见解。无怪乎，在这种教学学术氛围里是很难出现脱颖而出的奇才的。还要说到的是：没来由的或者过分的"把自己想得很糟"，往往会使员工产生自卑心理，乃至胆小、怯场、动辄脸红，说话娘娘腔、行动婆婆妈妈……总之，很多灾难性的弊病汹涌而来。因为，自信心丧失了，最根本的动力出了毛病。

谦虚是完全不想自己

谦虚到底是什么呢，要如何给它一个定义才算正确？

卢维斯紧接着是这样定义谦虚的："而是完全不想自己。"这话真的一语中的。谦虚的尺度既然难以把握，要么把自己想得太糟了，要么又把自己想得太好或者把自己估计得过高了，那么卢维斯干脆让人们"完全不想自己"，要人们都忘却自己，进入一个全新的、忘我的精神境界。当一个人把自己的一切，包括得失、荣辱、成败等个人利益都暂时抛开，置个人的一切于度外，结果会出现什么奇迹呢？心胸顿时豁然开朗了，没有了拘束、怯场，也没有了做作、虚伪，把整个身心都投入到他人的身心中去了，人们都是个诚实的观望者和虔诚的倾听者，步履轻盈自如地走进了他人的心灵……并且，人们在努力寻找着与他人合拍、搭脉的共振频率，寻求着与他人的合作或同行。

从卢维斯的角度去看，谦虚就是这么简单——完全不想自己，忘我了就是谦虚了，没有再受到个人利益的左右和干扰，已经进入了一个崇高的境界。此时，绝对不会明明知道却说什么自己不知道，也不会不懂装懂先声夺人；知道实事求是，知道有理不在声高。然而在现实中，要做到真正的忘我也是不容易的，利益、身体、社会关系等总是如影随形地跟着人们。怎么办？这里可能需要磨练和决心，需要学习刻意忘我，特别在一些公众场合，不妨刻意让自己暂时试试忘我。同时，把自己的眼睛睁大、耳朵竖直，学习做一个观望者和倾听者。如果能够心静如水，做到忘我地观望和倾听，那离一个真正的谦虚者就不远了。

怎样学会谦虚？特别在自己不懂或懂得不够的领域做到谦虚？不妨就牢记卢维斯的话——"完全不想自己"试试，多看多听，按捺不住再有感而发、适当发言也不迟。注意了：在需要暂时忘却自己的时刻，千万不要轻易把自己记起，尤其不要把自己想得太糟。

用谦逊的天平衡量自己

有人曾说过："伟大只不过是谦逊的别名。"虚怀若谷的人，不会被头上各色各样的光环所蒙蔽。他清楚自己的长处与弱点、失败与成就，他能虚心接受不同的意见，更能以宽广的胸怀接受他人的批评，甚至为批评自己的人鼓掌。

19世纪的法国名画家贝罗尼，有一次去瑞士度假，每天背着画架到各地去写生。有一天，他在日内瓦湖边正用心画画，旁边来了三位英国女游客，看了他的画，便在一旁指手画脚地批评起来，一个说这儿不好，一个说那儿不对，贝罗尼都一一修改过来，末了还跟她们说了声"谢谢"。第二天，贝罗尼有事到另一个地方去，在车站看到昨天那三位妇女，正交头接耳不知在议论些什么。过一会儿，她们看到了他，便朝他走过来，问他："先生，我们听说大画家贝罗尼正在这儿度假，所以特地来拜访他。请问，你知不知道他现在在什么地方？"贝罗尼朝她们微微弯腰，回答说："不敢当，我就是贝罗尼。"三位英国妇女大吃一惊，想起昨天的不礼貌，一个个红着脸跑掉了。

苏霍姆林斯基说过："谦逊是爱好劳动、尽心竭力、坚定顽强的亲姊妹。夸夸其谈的人从来不是勤奋的劳动者。脑力劳动是一种需要非常实际、非常清醒、非常认真的劳动，而这一切又构成谦逊的品德——谦逊好像是天平，人用它可以测出自己的分量。傲慢具有很大的危险性——这是现代人常见的通病，它往往表现在：把对于某种复杂事物的模糊的、肤浅的、表面的印象当做知识。"

因此，我们要养成善于正确看待自己优缺点的习惯。无论人家怎样夸奖你，你都要明白，你还远不是个尽善尽美的人。你要懂得，人们赞扬你，多半是要求你这样进行自我教育：怎样才能做得更好。如果你不再进行自我锻炼和自我教育，那就是一种自高自大的表现。

人们称谦逊为一切美德的皇冠，因为它将自律、天职、义务以及意志的自由和谐地融会到一起。一个谦逊的人如果将自己身上一切值得赞扬的东西都看做是应该的、理所当然的，那么他就会将纪律当做真正的自由，并且为之努力奋斗。

有一种姿态叫谦逊

做人要谦逊，不要自作聪明，不要总以为自己比别人多一点智慧。巴甫洛夫说："绝不要骄傲。因为一骄傲，你们就会在应该同意的场合固执起来；因为一骄傲，你们就会拒绝别人的忠告和友谊的帮助；因为一骄傲，你们就会丧失客观方面的准绳。"

谦逊的目的，并不是使我们觉得自己渺小，而是为了更好地了解自己。在我们身边，那些成功的人都是谦逊的人，他们能给自己一个准确的定位。

人是很怪的。有的人依恃着才能、学识、金钱等，目空一切，狂妄自大。"狂"其实是不好的，要不得的，它的本意指狗发疯，如狂犬。做人如果与"狂"相结合，便会失去人的常态，便会产生不文雅的名声。

一般来说，人们称狂妄轻薄的少年为"狂童"，称狂妄无知的人为"狂夫"，称举止轻狂的人为"狂徒"，称自高自大的人为"狂人"，称放荡不羁的人为"狂客"，称狂妄放肆的话为"狂言"，称不拘小节的人为"狂生"……

《三国演义》里有一个祢衡，堪称"狂夫"。他第一次见曹操，把整个曹营中勇不可当的武将、深谋远虑的谋士贬得一文不值。他贬低起人来，如数家珍，如"荀彧可使吊丧问疾，荀攸可使看坟守墓，程昱可使关门闭户，郭嘉可使白词念赋，张辽可使击鼓鸣金，许褚可使牧牛放马，乐进可使取状读诏，李典可使传书送檄，吕虔可使磨刀铸剑，满宠可使饮酒食槽，于禁可使负版筑墙，徐晃可使屠猪杀狗。夏侯称为'完体将军'，曹子孝呼为'要钱太守'。其余皆是衣架、饭囊、酒桶、肉袋耳。"

祢衡称别人是酒囊饭袋，称自己"天文地理，无一不通；三教九流，无所不晓；上可以致君为尧、舜，下可以配德于孔、颜。岂与俗子共论乎！"更有甚者，当曹操录用他为打鼓更夫时，祢衡击鼓骂曹，扬长而去。对这种人，曹操自然不肯收留。祢衡又去见刘表、黄祖，依然边走边骂，最后被黄祖砍了脑袋，做了个无头"狂鬼"。

狂妄与无知是联系在一起的，"鼓空声高，人狂话大"。举凡狂妄的人，都过高地估计自己，过低地估计别人。他们口头上无所不能，评人评事谁也看不起，只有自己最好；在他们眼里，自己好比一朵花，别人都是豆腐渣，不是吗？

有的人读了几本书，就自以为才高八斗、学富五车，无人可比，现时的文学大家、科学巨匠全部不在话下；有的人学了几套拳脚，自以为武功高强、身怀绝技，到处称雄，颇有打遍天下无敌手的气势。然而，狂妄的结局就像祢衡那样，是自毁，是失败。

人们常说："天不言自高，地不言自厚。"自己有无本事，本事有多大，别人都看得见、心里都有数，不用自吹，更不能狂妄。没有多少人乐意信赖一个言过其实的人，更没有一个人乐意帮助一个出言不逊的人。不论是庄子还是老子，都劝人要以谦抑为上，不可自作聪明地显示、夸耀自己的才能和实力。只有这样，才能不被人妒忌。

特里法则：真正的错误是害怕犯错误

提出者： 田纳西银行前总经理特里。

内容精解： 承认错误是一个人最大的力量源泉，因为正视错误的人将得到错误以外的东西。

应用要诀： 敢于认错，其本身具有很大价值。错误承认得越及时，就越容易得到改正和补救。主动认错也比别人提出批评后再认错更能得到谅解。承认错误并不是什么丢脸的事，在某种意义上，它还是一种具有"英雄色彩"的行为。

改正错误从承认错误开始

歌德说过，最大的幸福在于我们的缺点得到纠正和我们的错误得到补救。当问题发生时，应首先寻找解决的方法，而不是找替罪羊。改正错误是走向正确的第一步。如果一味地遮掩、回避，只会使错误越犯越多，带来更多的损失。正视错误，往往会得到错误以外的东西。

吃五谷生百病。人不是神，总有自己的缺点，谁都难免会犯一些错误。当我们犯错误的时候，脑子里往往会出现想隐瞒错误的想法，害怕承认之后会很没面子。其实，承认错误并不是什么丢脸的事。反之，在某种意义上，它还是一种具有"英雄色彩"的行为。因为错误承认得越及时，就越容易得到改正和补救。而且，由自己主动认错也比别人提出批评后再认错更能得到别人的谅解。更何况一次错误并不会毁掉你今后的道路，真正阻碍你的是那不愿承担责任、不愿改正错误的态度。

新墨西哥州阿布库克市的布鲁士·哈威，错误地核准付给一位请病假的员工全薪。在他发现这项错误之后，就告诉这位员工并且解释说必须纠正这项错误，他要在下次薪水支票中减去多付的薪水金额。这位员工说这样做会给他带来严重的财务问题，因此请求分期扣回多领的薪水。但这样一来，哈威必须先获得他上级的核准。"我知道这样做，"哈威说，"一定会使老板大为不满。在我考虑如何以更好的方式来处理这种状况的时候，我了解到这一切的混乱都是我的错误，我必须在老板面前承认。"

于是，哈威找到老板，说了详情并承认了错误。老板听后大发脾气，先是指责人事部门和会计部门的疏忽，后又责怪办公室的另外两个同事。这期间，哈威反复解释说这是他的错误，不干别人的事。最后老板看着他说："好吧，这是你的错误。现在把这个问题解决吧。"这项错误改正过来，没有给任何人带来麻烦。自那以后，老板更加看重哈威了。

勇于承认错误，使哈威获得了老板的信任。其实，一个人有勇气承认自己的错误，也可以使自身在良心层次如释重负下来，并且尽早解决由这项错误所带来的问题。

放下侥幸心，不怕犯错

众所周知，一个人即使再聪明也不可能把所有事情都做到完美无缺。正如所有的程序员不敢保证自己在写程序时不会出现错误一样，容易犯错误是人类与生俱来的弱点。这是墨菲定律一个很重要的体现。

想取得成功，我们不能存有侥幸心理，想方设法回避错误，而是要正视错误，从错误中汲取经验教训，让错误成为我们成功的垫脚石。关于这一点，丹麦物理学家雅各布·博尔就是最好的证明。

一次，雅各布·博尔不小心打碎了一个花瓶，但他没有像一般人那样一味悲伤叹惋，而是俯身细心地收集起了满地的碎片。

他把这些碎片按大小分类称出重量，结果发现：10~100克的最少，1~10克的稍多，0.1克和0.1克以下的最多；同时，这些碎片的重量之间表现为统一的倍数关系，即较大块的重量是次大块重量的16倍，次大块的重量是小块重量的16倍，小块的重量是小碎片重量的16倍……

于是，他开始利用这个"碎花瓶理论"来恢复文物、陨石等不知其原貌的物体，给考古学和天体研究带来意想不到的作用。

事实上，我们主要是从尝试和失败中学习，而不是从正确中学习。例如，超级油轮卡迪兹号在法国西北部的布列塔尼沿岸爆炸后，成千上万吨的油污染了附近海面及沿岸，于是石油公司才对石油运输的许多安全设施重加考虑。还有，在三里岛核反应堆发生意外后，许多核反应过程和安全设施都改变了。

每天进步1％，成功100％

前洛杉矶湖人队的教练派特·雷利在湖人队最低潮时，告诉12名球队队员说："今年我们只要每人比去年进步1％就好，有没有问题？"球员一听："才1％，太容易了！"于是，在罚球、抢篮板、助攻、抄截、防守一共五方面都各进步了1％，结果那一年湖人队居然得了冠军，而且是最容易的一次。

有人问教练，为什么这么容易得到冠军呢？

教练说："每个人在五个方面各进步1％，则为1％，12人一共60％。一年进步60％的篮球队，你说能不得冠军吗？"

让自己每天进步1％，只要你每天进步1％，就不用担心自己不快速成长。

在每晚临睡前不妨自我分析：今天我学到了什么？我有什么做错的事？今天我有什么做对的事？假如明天要得到我要的结果，有哪些错不能再犯？

反问完这些问题，你就比昨天进步了1％。无止境的进步，就是你人生不断卓越的基础。

你在人生中的各方面也应该照这个方法做，持续不断地每天进步1％，一年便进步了365％。长期下来，你一定会有一个高品质的人生。

不用一次大幅度的进步，一点点就够了。不要小看这一点点，每天小小的改变会有大大的不同，很多人一生当中连一点进步都不一定做得到。

人生的差别就在这一点点之间。如果你每天比别人差一点点，几年下来，就会差一大截。

如果你将这个信念用于自我成长上，100％地会有180度的大转变，除非你不去做。

鲁尼恩定律：笑到最后的才是赢家

提出者：奥地利经济学家鲁尼恩。

内容精解：赛跑时不一定快的赢，打架时不一定弱的赢。戒骄戒躁，笑到最后的才是真正的赢家。

应用要诀：竞争是一项长距离的赛跑，一时的领先并不能保证最后的胜利。同样，一时的落后并不代表会永远落后。脚踏实地，奋起直追，你就会成为笑到最后的人。笑到最后的才是赢家。

心急吃不了热豆腐

稍加留意就不难发现，在生活中，"急躁情绪"成了出现频率很高的一个词："工作中有时犯急躁情绪""希望今后注意克服急躁情绪"等。有的人甚至几年、十几年都犯"急躁情绪"。

急躁习惯的弊端是显而易见的：它会使人心神不宁，经常在惴惴不安中生活；它会打乱人生活、学习、工作的正常秩序，并常常会造成"忙中生乱、殃及他人""虎头蛇尾、不了了之"和"欲速则不达"等不良结果。急躁的人容易发怒，因而既影响了人际关系，又影响了自己的身心健康。

从前有这样一对师徒，在一个三伏天，小和尚看到庙里的草地上仍然是一片枯黄，对师父说："师父，快撒点草籽儿吧，这草地太难看了!"

师父说："好啊!等天凉了，随时吧!"

中秋，师父买了包草籽儿叫小和尚去种。

在阵阵秋风吹动下，草籽儿四处飘洒……小和尚急得喊了起来："师父，不好了!许多草籽儿都被风给吹走了!"

师父不动声色地说："嗯——没关系。吹走的多半是空的，撒下去也发不了芽儿。随性吧。"

种子刚刚撒完，就引来了一群麻雀。小和尚急得直跺脚："坏了，坏了!草籽儿都让麻雀给吃了。怎么办呢?"

师父心平气和地说："别急。种子多，吃不完。随遇吧。"

那天夜里，下了一阵暴雨。清晨，小和尚到院里一看，就三步并做两步地冲进禅房："师父，这下可完了!草籽儿都让雨水给冲走了!"

师父说："冲到哪儿就会在哪儿发芽，随缘吧。"

十几天过去了，枯黄的草地居然长出了一片青翠可人的绿色的苗儿!原先没有播种的地方也泛出绿意。

小和尚高兴得直拍手："太好了!"

师父眯起笑眼，点着头说："随喜，随喜!"

从这个故事中可以看出，徒弟的心态是浮躁的，常常为事物的表面所左右，而师傅的心态看似平和、顺其自然，其实是洞察了世间玄机后的豁然开朗。

无论办什么事都要保持冷静，从容镇定，不要急急忙忙，心慌意乱。要知道"心急吃不了热豆腐"，急切慌乱不但解决不了问题，还会更加拖延时间，于事无补。虽然这些事在一定方面决定于一个人的性格，但也反映了一个人的涵养功夫。因此，在这方面要多多锻炼。

戒除浮躁，脚踏实地

做人做事还需忍耐，步步为营。凡是成大事者，都力戒"浮躁"二字。只有踏踏实实的行动，才可开创成功的人生局面。急躁会使你失去清醒的头脑，在奋斗过程中，浮躁占据着你的思维，使你不能正确地制定方针、策略而稳步前进。所以，任何一位试图成大事的人都要扼制住浮躁的心态，只有专心做事，才能实现自己的目标。

古代有个叫养由基的人，精于射箭，且有百步穿杨的本领。据说连动物都知晓他的本领。一次，两个猴子抱着柱子爬上爬下，玩得很开心。楚王张弓搭箭要去射它们，猴子毫不慌张，还对人做鬼脸，仍旧蹦跳自如。这时，养由基走过来，接过了楚王的弓箭。于是，猴子便哭叫着抱在一块儿，害怕得发抖。

有一个人很仰慕养由基的射术，决心要拜养由基为师，经几次三番请求，养由基终于同意了。养由基交给他一根很细的针，要他放在离眼睛几尺远的地方，整天盯着看针眼。看了两三天后，这个学生有点疑惑，问老师："我是来学射箭的，老师为什么要我干这种莫名其妙的事，什么时候教我学射术呀？"养由基说："这就是在学射术，你继续看吧。"这个学生开始还能继续下去，可过了几天，他便有些烦了。他心想，我是来学射术的，看针眼能看出什么来呢？这个老师不会是敷衍我吧？

养由基教他练臂力的办法，让他一天到晚在掌上平端一块石头，伸直手臂。这样做很苦，那个徒弟又想不通了。他想，我只学他的射术，他让我端这石头做什么？于是很不服气，不愿再练。养由基看他不行，就由他去了。后来这个人又跟别的老师学艺，最终没有学到射术，空走了很多地方。

其实，如果他能脚踏实地，不好高骛远，甘于从一点一滴做起，他的射术肯定就会有很大的进步。

作家秦牧在《画蛋·练功》文中讲道："必须打好基础，才能建造房子，这道理很浅显。但好高骛远、贪抄捷径的心理，却常常妨碍人们去认识这最普通的道理。"从处世谋略上讲："是技皆可成名天下，唯无技之人最苦；片技即足自立天下，唯多会之人最劳。"若什么都只是浅尝辄止，不肯钻研却又想马上取得成效，是不可能的。好高骛远者并非定是庸才，他们中有许多人自身有着不错的条件，若能结合自己的实际制订切实可行的行为方针，是会有光明前途的。如果一味追求过高过远的目标，就会成为高远目标的牺牲品。

现在有许多年轻人不满意现实的工作，羡慕那些大款或高级白领人员，不安心本职工作，总是想跳槽。其实，那些人大多看似风光，但其中的艰苦搏杀也非一般人所能承受。没有十分的本领，就不应做此妄想。我们还是应该脚踏实地地做好基础工作，一步一个脚印地走上成功之途。

唯有埋头，方能出头

古人说："唯有埋头，乃能出头。"种子如不经过在坚硬的泥土中挣扎奋斗的过程，它将止于是一粒干瘪的种子，永远不能发芽滋长成一株大树。

许多有抱负的人忽略了积少才可以成多的道理，一心只想一鸣惊人，而不去做埋头耕耘的工作。等到忽然有一天，他看见比自己开始晚的、比自己天资差的，都已经有了可观的收获，他才惊觉到在自己这片园地上还是一无所有。这时他才明白，不是上天没有给他理想或志愿，而是他一心只等待丰收而忘了播种。

因此，单是对自己那无法实现的愿望焦急慨叹是没有用的。要想达到目的，必须从头开始。所谓"登高必自卑，行远必自迩"；正如爬山，你只要低着头，认真耐心地去攀登。到你付出相当的辛劳努力之后，登高下望，你才可以看见你已经克服了多少困难，走过来多少险路。这样一次次的小成功，慢慢才会累积成大的更接近理想目标的成功。

最终的目标绝不是转眼之间所可以达到的，在未付出辛劳艰苦和屈就的代价之前，空望着那遥远的目标着急是没有用的。唯有从基本做起，按部就班地朝着目标行进才会慢慢地接近它、达到它。

有时候，也不是我们对自己食言，而是缺乏成功所要求我们付出的相应的毅力和持之以恒。很多时候，成年人和小孩子是一样的。成年人也喜欢玩乐，喜欢游戏，喜欢拖延，或许比小孩子还更缺乏自制力。当我们需要面对为成功而设计的计划时，当我们需要开始做出具体的行动时，痛苦就来了。

举个简单的例子。你准备出国读MBA，这是你的近期目标；你的远期目标是当你拿到学位时，你要在国际大都市的跨国公司里谋得一个职位，然后从那个起点上进行新的人生奋斗，成为一个全方位的高级国际管理人才。这个目标无疑是美好的，但你得为实现这个目标开始付出努力。你得准备TOEFL，GRE，GMAT。当你需要坐在桌前面对英文资料时，你就会觉得辛苦。那种每天、每夜需要付出的实际努力，才是对你的真正考验。大量的记忆、重复枯燥的劳动会令你很容易就觉得厌倦，电影、书籍、娱乐、美食在时时向你发出诱感。如果没有足够的毅力，你很容易放松对自己的要求，向这些诱惑投降。

保持清醒淡定的头脑

做人要学会宠辱不惊。失败时须努力，得意时不要忘形，无论怎样的上升和降落，都泰然处之，以淡定的态度笑对人生。

许多人在运气好时，难免会自鸣得意。但一个懂得做人的人知道，当自己的人生处于得意之时千万不能忘形，千万别将得意之色在那些此时正处于低谷的人面前显露。这样你才能不伤人，也不会被伤。得意到了狂妄的地步，整个人飘到半空中，那就很容易摔下来，而且会摔得很惨。乐极生悲的例子总是屡见不鲜，因此，在得意之时，记得提醒自己保持头脑清醒。

李想调到市人事局的那段日子里，几乎在同事中连一个朋友也没有，他自己也搞不清是什么原因。

原来，他认为自己正春风得意，对自己的机遇和才能满意得不得了，几乎每天都使劲向同事们炫耀他在工作中的成绩，炫耀每天有多少人找他请求帮忙。他得意忘形的样子让所有人看了生厌，一听见他的吹嘘就唯恐避之不及。

后来，还是他当了多年领导的老父亲一语点破，他才意识到自己的症结到底在哪里。他很惭愧，这段时间太高兴了，根本没有心思打理手边的工作。从此，他开始有意地自我收敛，与同事打交道时谦虚低调，常向前辈请教，努力做好自己的本职工作。很快，他成了单位里最受欢迎的人，上级对他器重有加，下一次提拔的机会已经近在眼前。

从李想的亲身经历中，我们可得到一个宝贵的教训：得意时不要高兴太早，否则失意马上就到。

有些人因为顺境连连而甚感欣慰，愉悦之情不时流露于脸上。然而，不能只知道高兴，应该想想怎么才能维持好运，永葆成功。

在得意之时，请压抑自己过度张扬的欲望，把过去的辉煌当做是一种人生经历，你不可能从那上面得到更多了，所以暂且放下它，去迎接你的下一次辉煌。

Part2

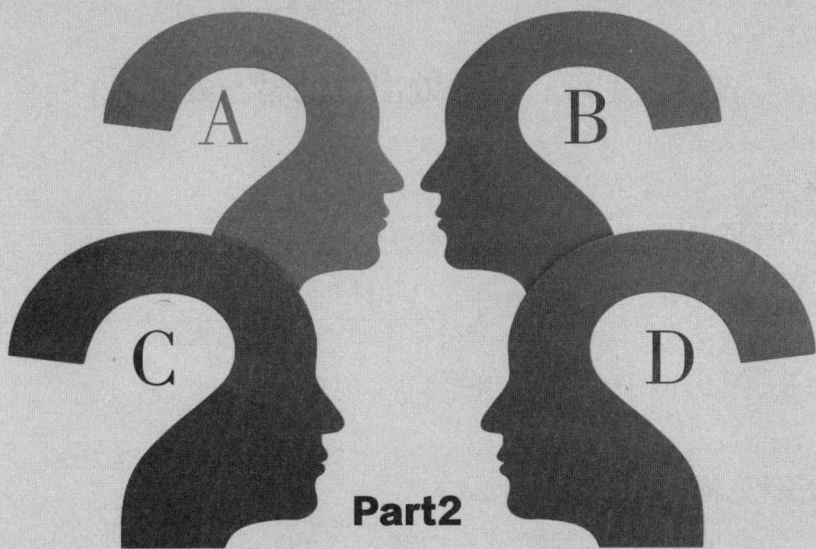

目标：知道做什么，才能做成什么

对于一只盲目航行的船来说，所有的风都是逆风。

——哈伯特（法国）

成功等于目标，其他的一切都是这句话的注解。

——博恩·崔希（美国）

有专一目标，才有专注行动。

——洛克（美国）

古特雷定理：每一处出口是另一处的入口

提出者：美国管理学家古特雷。

内容精解：每一处出口都是另一处的入口。

应用要诀：上一个目标是下一个目标的基础，下一个目标是上一个目标的延续。细分阶段目标，要保证目标的延续性。把最终目标分成几个台阶之后，就要把每一个台阶走好。实现大目标从小目标开始。

目标是什么样，人生就是什么样

有人问哈佛毕业的罗斯福总统："尊敬的总统，你能给那些渴求成功特别是那些年轻的、刚刚走出校门的人一些建议吗？"

总统谦虚地摇摇头，但他又接着说："不过，先生，你的提问倒令我想起我年轻时的一件事：那时，我在本宁顿学院念书，想边学习边找一份工作做，最好能在电讯业找份工作，这样我还可以修几个学分。我的父亲便帮我联系，约好了去见他的一位朋友——当时任美国无线电公司董事长的萨尔洛夫将军。等我单独见到了萨尔洛夫将军时，他便直截了当地问我想找什么样的工作，具体哪一个工种？我想：他手下的公司任何工种都让我喜欢，无所谓选不选了。便对他说，随便哪份工作都行！

"只见将军停下手中忙碌的工作，眼光注视着我，严肃地说：年轻人，世上没有一类工作叫'随便'，成功的道路是由目标铺成的！"

总统的话令人深思，而其母校哈佛大学商学院有一个非常著名的关于目标对人生影响的跟踪调查也印证了总统的话。哈佛商学院调查了一群智力、学历、环境等条件差不多的年轻人，调查结果发现：

27%的人没有目标。

60%的人目标模糊。

10%的人有清晰但比较短期的目标。

3%的人有清晰且长期的目标。

25年的跟踪研究结果发现，他们的生活状况及分布现象十分有意思。那些占3%者，25年来几乎都不曾更改过自己的人生目标。25年来他们都朝着同一方向不懈地努力，25年后，他们几乎都成了社会各界的顶尖成功人士，他们中不乏白手创业者、行业领袖、社会精英。

那些占10%有清晰短期目标者，大都生活在社会的中上层。他们的共同特点是，那些短期目标不断被达成，生活状态稳步上升，成为各行各业的不可或缺的专业人士，如医生、律师、工程师、高级主管等。而占60%的模糊目标者，几乎都生活在社会的中下层，他们能安稳地生活与工作，但都没有什么特别的成绩。剩下27%的是那些25年来都没有目标的人群，他们几乎都生活在社会的最底层。他们的生活都过得不如意，常常失业，靠社会救济，并且常常都在抱怨他人、抱怨社会、抱怨世界。

调查者因此得出结论：

目标对人生有巨大的导向性作用。成功，在一开始仅仅是一种选择，你选择什么样的目标，就会有什么样的人生。

因此，哈佛商学院在招募学生的时候，非常注重吸收那些有着卓越目标并愿意努力为之实现的学生。

有长期目标，还要有短期目标

设定人生目标，既要有长期目标，也要有短期目标。既要目光长远，锁定长期目标，又要脚踏实地，注重短期目标，从短期目标开始逐步实现长期目标。

有的人过于看重长期目标，一心想完成长期目标，操之过急，而忽视了短期目标。其实，匆匆忙忙不见得能够把事情办好，最好还是先坐下来，放松精神，想一想能够完成短期目标的办法，会很有好处。有短期目标的人，比轻率行事的人更明智。

除非有令人满意的解决方法，否则，最好把问题搁在一边。问题的解决并不在于一蹴而就，而在于步步为营，从冷静沉着中寻找出可行的办法。卡耐基在一次演讲时曾说："因为胸有成竹，所以不轻举妄动。时机尚未成熟便想一步登天，结果成事不足败事有余。"

所以，你要想顺利地、轻松地实现"未来远景"，就必须一步一个脚印，制定每一个事业发展阶段的"短期目标"。这样，你就可以踏着这些台阶，达到成功的目标了。

以下是制定长期目标下短期目标的方法：

（1）用明确的词句说明你的短期目标。

（2）广泛的目标能合理地延伸为明确的短期目标，你的短期目标有哪些？

（3）短期目标应当切实可行，不可以是狂妄的幻想。

（4）对于短期目标的完成，你应该具备计算其成功程度的能力。

（5）短期目标对于你应当有意义，而且与你的价值和长期目标协调一致。

（6）顾及环境，如此你的短期目标才算符合实际。

（7）给每个虽然紧张但是并非不可能实现的短期目标设定一个完成的期限。

（8）辨认你输出目标中隐含的能力目标，这样你才知道你应加强什么。

俗话说：慢工出细活。制定短期目标，正是对"慢工出细活"这一铁律的印证。

要完成大目标，先设定小目标

一只新组装好的小钟放在了两只旧钟当中。两只旧钟"滴答滴答"一分一秒地走着。其中一只旧钟对小钟说："来吧，你也该工作了。可是我有点担心，你走完3200万次后，恐怕便吃不消了。"

"天啊!3200万次。"小钟吃惊不已，"要我做这么大的事？办不到，办不到。"

另一只旧钟说："别听他胡说八道。不用害怕，你只要每秒钟'滴答'摆一下就行了。"

"天下哪有这样简单的事。"小钟将信将疑，"如果这样，我就试试吧。"

小钟很轻松地每秒钟"滴答"摆一下，不知不觉中一年多过去了，它摆了3200万次。

每个人都渴望梦想成真，成功似乎远在天边遥不可及。其实，我们有了清晰的目标后，只要想着今天我要做些什么，明天我该做些什么，然后努力去完成，就像那只钟一样每秒"滴答"摆一下，成功的喜悦就会慢慢浸润我们的生命。

曾经有一位63岁的老人，从纽约市步行到了佛罗里达州的迈阿密市。经过长途跋涉，克服了重重困难，她到达了迈阿密市。

在那儿，有位记者采访了她。记者想知道，这路途中的艰难是否曾经吓倒过她？她是如何鼓起勇气徒步旅行的？

老人答道："走一步路是不需要勇气的。我所做的就是这样。我先走了一步，接着再走一步，然后再一步，我就到了这里。"

要达成大目标，不妨先设定小目标，这样会比较容易达到目的。许多人会因目标过于远大或理想太过崇高而轻易放弃，这是很可惜的。若设定了小目标，便可较快获得令人满意的成绩。你在逐步完成小目标时，心理上的压力会随之减小，大目标总有一天也能完成。

目标的天梯要一级一级攀

目标的力量是巨大的。目标应该远大，才能激发你心中的力量。但是，如果目标距离我们太远，我们就会因为长时间没有实现目标而气馁，甚至会因此而变得自卑。山田本一为我们提供了一个实现远大目标的好方法，那就是在大目标下分出层次，分步实现大目标。

所谓"天助"，即当我们拟定目标努力实现之际，会觉得好像凡事都顺遂己意；当我们奋发图强积极进取时，一切都将变得比较称心如意。

当然，行进的路上不可能完全一帆风顺，有时也得苦辛如苦。无论遭遇多少打击都要永不气馁，坚持到底。一个怀抱鲜明目标的人从不叫苦，凡事总是默默耕耘。

首先，心中拥有目标，给人生存的勇气，在艰难困苦之际赋予我们坚韧不拔的毅力。有了具体目标的人少有挫折感，因为比起伟大的目标来说，人生途中的波折就是微不足道的了。因此，拥有科学的目标可以优化人生进程。

其次，由于目标事物存在于脑海某处，所以即使我们从事别的工作，潜意识里依然暗自思量对策。遂在不知不觉之中接近目标，终于梦想成真。拥有目标的人成大功立大业的概率，无疑要比缺乏志向的人高。

最后，实现目标好像攀登阶梯一般，循序渐进为宜，尽管前途险阻重重，也要自我勉励。当时认为不可能做到的事情，往往几年之后出乎意料之外地轻易做到了。

虽说某种偶然确能开创个人命运，不过对于有目标取向的人而言，与其相信偶然，不如掌握必然。尽管"机会"公平眷顾世上每一个人，但缺乏目标的人只能是眼睁睁地看着它溜掉。

心中拥有目标，便会使自己不太留意与之不相关的烦恼，这会使你变得豁达、开朗。因为人的注意力是很有限的，一旦他（她）全身心地为自己的目标去努力、去冥思苦想时，其他的事情是很难在其脑子里停留的。

洛克定律：有专一目标，才有专注行动

提出者：美国马里兰大学的心理学教授埃德温·洛克。

内容精解：可以为自己制定一个总的高目标，同时，一定要为自己制定一个更重要的实施目标的步骤。千万别想着一步登天，多为自己制定几个篮球架子，然后一个个地去克服和战胜它，久而久之你就会发现，你已经站在了成功之巅。

应用要诀：有专一目标，才有专注行动。要想成功，就得制定一个奋斗目标。目标并不是不切实际地越高越好。当目标既是未来指向的，又是富有挑战性的时候，它便是最有效的。

目标要"跳一跳，够得着"

目标不是越大越好、越高越棒，而是要根据自己的实际情况制定出切实可行的目标才最有效。这个目标不能太容易就能达到，也不能高到永远也碰不着，要高度适中，"跳一跳，够得着"最好。

这个目标既要有未来指向，又要富有挑战性。比如那篮圈，定在那个高度是有道理的，它不会让你轻易就进球，也不会让你永远也进不了球，它正好是你努力就能进球的高度。试想，如果把篮圈定在5米的高度，那进球还有意义吗？如果把篮圈定在15米的高度，还有人会去打篮球吗？所以，制定目标就像这篮圈一样，要不高不低，通过努力能达到才有效。

曾经有一个年轻人，很有才能，得到了美国汽车工业巨头福特的赏识。福特想要帮这个年轻人完成他的梦想，可是当福特听到这位年轻人的目标时，不禁吓了一跳。原来这个年轻人一生最大的愿望就是要赚到1000亿美元，超过福特当时所有资产的100倍。这个目标实在是太大了，福特不禁问道："你要那么多钱做什么？"年轻人迟疑了一会儿，说："老头讲，我也不知道，但我觉得只有那样才算是成功。"福特看看他，意味深长地说："假如一个人果真拥有了那么多钱，将会威胁整个世界。我看你还是先别考虑这件事，想些切实可行的吧。"五年后的一天，那位年轻人再次找到福特，说他想要创办一所大学，自己有10万美元，还差10万美元，希望福特可以帮他。福特听了这个计划觉得可行，就决定帮助这位年轻人。又过了8年，年轻人如愿以偿地成功创办了自己的大学——伊利诺伊大学。

所以说，一个人的目标不能定得过大，听起来很空洞，没有一点可行性，那这个目标只是一个空谈，永远没有可以兑现的一天。

千里之行，始于足下。汪洋大海积于滴水，成功都是一步一步走出来的。当然也有人一夜暴富，一日成名，但是谁又能看到他们之前的努力与艰辛。有人在俄国著名生理学家巴甫洛夫临终前向他请教成功的秘诀，巴甫洛夫只说了一句话："要热诚，而且要慢慢来。"热诚，有持久的兴趣才能坚持到成功。"慢慢来"，不要急于求成，做自己力所能及的事情，然后不断提高自己；不要妄想一步登天，要为自己定一个切实可行的目标，有挑战又能达到，不断追求，走向成功。

美国成功学励志专家拿破仑·希尔说过："一个人能够想到一件事并抱有信心，那么他就能实现它。"换句话说，一个人如果有坚定明确的目标，他就能达成这一目标。坚定是说态度，明确是讲对自我的认识程度。每个人都有自己的优点和缺点，有自己的爱好与厌恶，所以每个人所制定的目标也是不一样的。

要根据自己的实际情况，制定自己能够"跳一跳，够得着"的目标。要对自己的实际情况有一个清晰的认识，对自己的能力、潜力和自己的各方面条件都有一个明确的把握，经过仔细考虑定出属于自己的奋斗目标。有些人之所以一生都碌碌无为，是因为他的人生没有目标；有些人之所以总是失败，是由于他的目标总是太大太空，不切实际。因此，想要成功，就要先为自己制定一个奋斗目标，属于自己的可以"跳一跳，够得着"的奋斗目标。

目标越实际越好

　　目标应该不是伸手可及，但不可好高骛远。许多人在读过成功励志的书籍以后，往往会因一时激动而立刻拟订无法达成的大目标，结果却大都是踌躇不前。这种情形等于是把挫折当成了目标。做事情一定要量力而行、一步步来，设立目标也是同样的道理，目标只有切实可行才会有效，下面这个故事就说明了这样一个道理。

　　有一位大师隐居于山林中，平时除了参禅悟道之外，还对武术颇有研究。

　　听到他的名声，人们都千里迢迢来寻找他，想跟他学些武术方面的窍门。

　　他们到达深山的时候，发现大师正从山谷里挑水。他挑得不多，两只木桶里的水都没有装满。按他们的想象，大师应该能够挑很大的桶，而且挑得满满的。

　　他们不解地问："大师，这是什么道理？"

　　大师说："挑水之道并不在于挑多，而在于挑得够用。一味贪多，适得其反。"

　　众人越发不解。

　　大师从他们中拉了一个人，让他重新从山谷里打了两满桶水。那人挑得非常吃力，摇摇晃晃，没走几步就跌倒在地，水全都洒了，膝盖也摔破了。

　　"水洒了，岂不是还得回头重打一桶吗？膝盖破了，走路艰难，岂不是比刚才挑得还少吗？"大师说。

　　"那么大师，请问具体挑多少，怎么估计呢？"

　　大师笑道："你们看这个桶。"众人看去，桶里画了一条线。

　　大师说："这条线是底线，水绝对不能高于这条线，高于这条线就超过了自己的能力和需要。起初还需要画一条线，挑的次数多了以后就不用看那条线了，凭感觉就知道是多是少。这条线可以提醒我们，凡事要量力而行，而不要好高骛远。"

众人又问："那么底线应该定多低呢？"

大师说："一般来说，越低越好。因为这样低的目标容易实现，人的勇气不容易受到挫伤，相反会培养起更大的兴趣和热情，长此以往，循序渐进，自然会挑得更多、挑得更稳。"

挑水如同做事，同样的领导者在为企业设立目标的时候也要循序渐进，逐步实现目标，才能避免许多无谓的挫折。

因此，拟订目标时，首先要切合实际，兼顾理想与现实；其次要尽量减少定为目标的事项。要根据自己的情况来设定可行的目标，不能定得太高，也不能定得过低，要切实可行。只要你能定下切实可行的目标，然后按照这个目标去努力，目标就可以实现。

合理的目标是成功的一半

在设立目标时，你的目标必须是明确的，否则你付出再多的努力也是白费。这就犹如一个弓箭手，如果无法看清靶心，姿势摆得再正确、弓拉得再满也没有多大意义。

明确的目标可以让你少走弯路，是你制定工作计划、明确工作责任的基础。明确的目标会维持和加强你的行动动机，让你总能有足够的动力推进工作，创造更大的价值。

某商学院的学生集体到野外登山，老师想让这次活动更有意义，于是预先将一面红旗插在隐蔽的地方，对学生们说："在这座山上我插下了一面红旗，你们现在就出发去找到它。最先找到的人就将拥有这面红旗。"于是，学生们兴高采烈地出发去寻找了，可他们越找越累，最终失去了兴致，都在山石上坐了下来。

老师吹哨集合，对大家说："现在我把红旗放在了下一座山头的山顶上。从这里到那儿有四五条路径，你们分成三组，各选一条路，哪一组能率先到达，哪一组就能拥有这面红旗。"于是，三组学生各自推选出了一名队长，这三位队长各自选了一条路，同时出发了。

他们先后接近山顶，就在他们即将到山顶时都发现了那面红旗，结果每个队员都奋力向前，没有一个人因为劳累和疲倦而抱怨和放弃。

登山结束后，老师意味深长地说："山上的红旗就是目标。在你们长长的一生里，每一次行动都要有明确的目标作指引，千万不要漫无目的地到处乱跑，否则你们可能什么也得不到。天底下所有的收获都属于那些有明确目标的人。"

目标应该是合理的、可以达成的，只要努力一把，给自己一点点挑战就能够达成的。尤其是刚刚开始设定目标的时候，你应该让自己从小目标开始设定，最为重要的就是让你能够感受到达成之后的成就感。当你达成以后一定要记得给自己一些奖励，这样才会让你把目标和快乐的感觉连接在一起，以至于下次你会很愿意设定并达成更重要的目标！

制定一个合理的目标是实现目标的一半，目标关键在于内容而不是形式。设定目标很关键的一点是设定阶段目标，个人的一年、一季度、甚至一个月的目标。只有把目标分解，才能使目标完成的效果更好。

目标设置要遵循五原则

指向目标的工作意向是工作激励的一个主要源泉。也就是说，目标本身就可以告诉员工需要做什么以及需要作出多大的努力。但仅仅是设立一个目标并不能保证在员工中产生高水平的激励效果。要使目标能够有效地影响组织成员的行为，目标设置要遵循五项原则。

1. 目标应当是具体的

具体的目标比一般的含混不清的目标更能激发人的行为，达到更好的工作绩效。例如，制定每小时、每天或每月应完成的产量和质量的具体指标，比只含糊其辞的"你们好好干"的号召，会取得更好的效果。

2. 目标应当是难度适中的

研究表明，有一定难度的目标比容易的、唾手可得的目标更能激发人的工作行为，达到更好的工作绩效。但目标的难度必须适中，过于困难、无法达到的目标会使人受到挫折、丧失信心。在这种情况下，工作绩效甚至会低于比较容易的目标的绩效。此外，人们对目标难度的认识会受到个人对自己能力的估计、任务的性质以及个人完成该项任务经验的影响，所以在设置目标时也要考虑个体的差异。

3. 目标应当被个人所接受

目标可能是个人自己设置的，但在多数情况下，尤其是在工作情境中，目标往往是由组织、上级提出的。这时，个人必须接受这种目标，把组织对个人提出的目标转化为个人的目标，才能对个人的行为起激励作用，这就是目标的内在化。被迫接受的目标和自觉接受的目标，对于激励人的工作行为有不同的影响。只有自觉接受的目标才能最大限度地激发人的工作动机，调动人的工作积极性。而目标的内在化显然是指自觉地接受目标，即把组织的目标变成个人自愿努力要达到的目标。影响个人接受目标的因素也是多方面的，如提出目标的管理者的威信、同事的影响、奖励制度、竞争以及个人达到目标的信心等。

4. 必须对达到目标的进程有及时客观的反馈信息

一般来说，在通向目标的进程中，有客观及时的反馈信息比没有这种信息更能激励人的行为。反馈是对行为结果的了解，它可以帮助员工认清已做的和要做的之间的差距，保证行为向目标前进。反馈的效果取决于一系列因素：反馈的次数和时间；反馈的信息具有肯定的性质还是否定的性质（一般来说，肯定性质的反馈更为有效）；反馈的信息是否具体（具体的反馈往往比一般的反馈更有效）；反馈与设置目标的联系程度；接受反馈者的个体差异等。

5. 某些时候个人参与设置的目标更为有效

研究表明，除最简单的工作情境外，几乎在各种工作情境中参与目标设置过程都有助于个人更清楚地了解组织对他的期望，而对目标了解得更清楚也使个人更有可能达到目标。此外，一些研究表明，个人参与设置的目标在难度上可能高于别人为他设置的目标，而这种较难的目标在其他条件相同的情况下往往会取得更好的绩效。

目标置换效应：心往一处想，劲往一处使

提出者： 美国管理学家约翰·卡那。

内容精解： 在达成目标的过程中，"对于如何完成目标的关切，致使渐渐地让方法、技巧、程序、信息等问题占据了一个人的心思，反而忘了整个目标的追求"。换言之，"工作如何完成"逐渐代替了"工作完成了没有"。这一现象说明，手段再高明也不是目的，只有运用方法实现目标才算是真正的成功。

应用要诀： 以目标为中心，为了目标而不懈地努力，最终才能到达成功的终点。管理者要使组织的一切活动围绕着既定目标而展开和进行，让全体员工充分理解并形成自己远大的理想和希望，为目标群策群力，不屈不挠地工作、奋斗。

谁在"转换"你的目标

组织的一切活动都是围绕着既定目标而展开和进行的，但在管理实践中达不成或只达成部分既定目标的情况却比较多，原因当然是多种多样的，而"目标置换"就是其中比较普遍和典型的一种。

在实施目标的过程中，总是有或多或少、或直接或间接、或潜在或明显的因素干扰和阻碍着目标的达成。

若从"目标置换"的角度上分析大致有两类。

一类是客观上的，具体表现：

一是目标不明确，对目标的完成在数量、质量、时限、标准等方面规定得比较笼统，使目标缺乏方向感。

二是目标或过高，超出了人们的实现能力；或过低，激不起人们的兴趣，难以起到真正的激励作用；三是目标实现周期长，随着时间的推移和环境的改变达成目标的现实条件逐渐丧失；四是出现了不可预料的事件，分散了目标实施者的精力和注意力。

另一类是主观上的，具体表现：

一是目标实施者对目标的理解出现偏差，无意中使自己的行为偏离了既定目标。

二是因循守旧、思维僵化，不敢变通和创新，生怕"越雷池一步"。

三是缺乏团队精神，难以得到上级或同事的有力配合与支持。

四是实际操作能力低，缺乏达成目标的相关方法与手段。

五是缺乏信息意识，不能积极了解目标的实施进展情况并通过反馈来及时调整和纠偏。

纲举目张，以目标为本

目标是本，任何一项工作都必须以目标为中心。它是一种"行动的承诺"，有助于推进工作速度，藉以达成你背负的使命。它同时又是一种"标准"，藉以测度你的行动绩效。只有把注意力凝聚在目标上，你才能在事业上取得成就。

做任何事情都要有目标，以目标为中心，为了目标而不懈地努力，目标终会实现，最终到达成功的终点。

做事要有目标才能把事情做好，才有助于事业的建立。最常见的阻力也许就像很多人所表示的这个感觉，"我不太确定自己要干什么，所以我只有做一天算一天。"缺少长期的指引，往往使一个人不能集中冲刺的力量。成功人士断言，先准备好再上路是很重要的。从现在起十年的事业规划，必定会有点幻想，谁知道以后发生什么事情呢？任何一幅"事业图"都可能不完全，但令人吃惊的是，却有那么多人实现了他们长远的目标。期望最好的成绩，最好是根据实际情况做好计划，随时为意外发生事情妥善作好准备。你无法控制别人所为，但是你可以预期各种不同的情况，尽你所能作好万全准备，你也能控制你在意外发生时的反应。如果有明确的动机，还应该再将思考和感觉结合在一起，一天一天推进自己的成功。

总之，目标是做任何一项工作的中心，不管环境如何复杂多变，我们都要明确目标；要意识到明确目标是为了有效地配置资源，衡量一个目标体系是否有效的最终标准是它是否有助于我们有效地实现我们的追求；目标不是一成不变的，重要的是在任何时候都必须要有明确的目标；而要实现目标，就必须在实施过程中以目标为中心，围绕着目标开展各项工作。

树立共同目标，共同去冲刺

人的需要决定了人们行动的目标。当人们有意识地明确了自己的行动目标，并把行动和目标不断加以对照，知道自己前进的速度和不断缩小达到目标的距离时，他行动的积极性就会持续高涨。

那么，管理者如何通过目标引导下属完成任务呢？

目标是能激发和满足人的需要的外在物。目标管理是领导工作最主要的内容，设置适当的目标能激发人的主动性，调动人的积极性。目标既可以是外在的实体对象，也可以是内在的精神对象。

一般来讲，目标的价值越大，社会意义就越大。因此，管理者要善于设置正确、恰当的总目标和若干的阶段性目标，以调动人的积极性。设置总目标可使下级的工作感到有方向，但达到总目标是一个长期、复杂甚至曲折的过程，如果仅仅有总目标，只会使人感到目标遥远和渺茫，可望而不可及，从而影响积极性的充分发挥。因此，还要设置若干恰当的阶段性目标，采取"大目标，小步子"的办法，把总目标分解为若干经过努力都可实现的阶段性目标，通过逐个实现这些阶段性目标而达到大目标的实现，这才有利于激发人们的积极性。管理者要善于把近景目标和长远目标结合起来，持续地调动下属的积极性，并把这种积极性维持在较高的水平上。

在目标制定、分解时，目标的难度以中等为宜，难度太大容易失去信心；

目标难度过小，又激发不出应有的干劲。只有难度适中的目标，积极性才是最高的，因为这样的目标满足个人需求的价值最大。

管理者在制定目标的时候除了上述问题之外，还应注意：

第一，目标必须是明确的。要干什么，达到什么程度，都要清清楚楚。

第二，目标必须是具体的。用什么办法去达到，什么时候达到，要明明白白。

第三，目标必须是实在的。看得见，摸得着，达到应该有检验的尺度。

管理者不但要为下级树立远大的理想，而且要学会把这个理想和实实在在的工作结合起来，一步一个脚印地前进。

避免"目标置换"现象的发生

如何避免"目标置换"现象的发生呢？

1. 建立动态的目标体系

在目标的设立、分解、定责等过程中，要使诸目标间形成一个相互支持、关联、照应的有机整体，总目标要成为分目标的"标杆"，各分目标要自觉地、主动地、经常地向总目标"看齐"。另外还要使一些目标具有相应的弹性，以便在出现新情况和新问题时能根据具体情况进行调整与完善。

2. 实施全方位的目标管理

主要应抓好以下各环节：

其一，目标应建立在上下达成共识的基础之上，不能人为地"压任务""下指标"。最好由上下级协商确定，否则上下级往往会在目标问题上形成"博弈"关系。管理实践证明，上级亲自参与下级目标的制定过程，生产率的平均改进幅度可达56%，反之则仅达6%。

其二，目标要适度。过低则人忽其易，太高则人畏其难，应以"跳一跳够得着"为最好。

其三，目标间要建立其支持关系，以便于目标承担者之间的积极互动。

其四，为目标实施者创造必要的实施条件（如设备、技术、培训、资金等）。

其五，赋予目标实施者充足的权力，并使目标与权力、责任和利益挂钩，以更好体现"目标激励"。

其六，调整式改革一些有碍于达成目标的规章、制度。

其七，鼓励目标承担者在权限以内大胆创新、独立自主。

3. 解决"信息不对称"问题

从某种意义上讲，达成目标的过程也是处理信息的过程，能否拥有充分、及时、准确、优质的信息对达成目标起着至关重要的作用，否则就会因信息不对称而导致目标实施者"逆向选择"行为和"道德风险"现象的发生。

因此，一方面，管理者要为目标责任人提供必要的信息支持，并与其经常进行信息交流与沟通，帮助其正确分析形势、研究问题和解决问题；同时对目标责任者所采取的一些行之有效的新方法和取得的新进展、新成果要及时给予肯定和鼓励。另一方面，要定期对目标的进展情况进行检查和考评，并及时将检查和考评的结果反馈给实施者，因为知道干得怎样的人，往往也最易知道怎样干得更好。

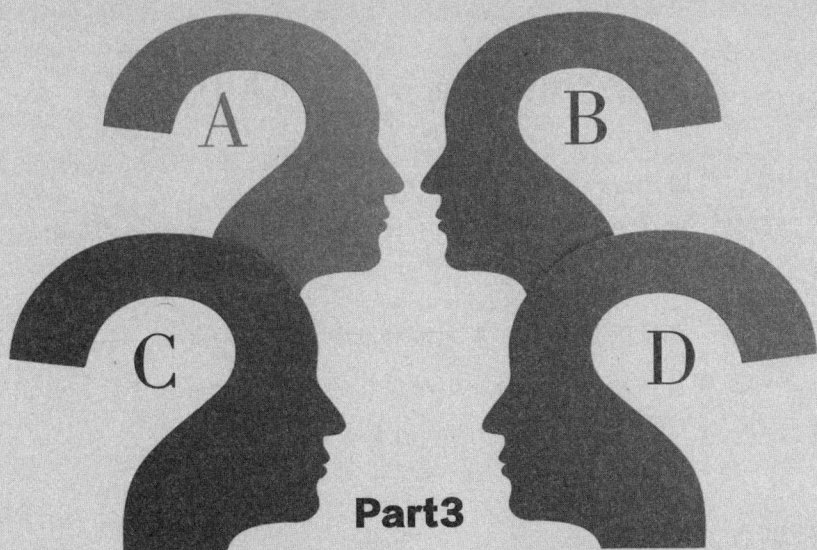

Part3

计划：想比做重要，准备比行动重要

做事没计划，盲人骑瞎马。

——佚名

事前多计划，事中少折腾。

——艾得·布利斯（美国）

计划的制定比计划本身更为重要。

——戴尔·卡耐基（美国）

布利斯定理：事前多计划，事中少折腾

提出者： 美国行为科学家艾得·布利斯。

内容精解： 用较多的时间为一次工作事前计划，做这项工作所用的总时间就会减少。

应用要诀： 不论做什么事，事先做好准备就能得到成功，不然就会失败。明确和详细的事前计划，可以帮我们对自己的设想进行科学分析，梳理实现设想的思路和方法，这可以大大节省我们的宝贵时间，同时减轻压力。

凡事预则立，不预则废

"凡事豫则立，不豫则废"，是《礼记·中庸》里的一句话，这里的豫，亦作"预"，是预先的意思。讲的是：不论做什么事，事先做好准备，就能得到成功，不然就会失败。

这是我国先哲在几千年前说的道理，这个道理在今天依然很受用。俗话说得好："不打无准备之仗。"无论做什么，都要提前做好准备，这样才有可能达到期望的目的。如果总想着"临场发挥"，很可能会发生现场"抓瞎"的局面。所谓：胸有成竹，方能妙笔生花。道理亦是如此。

美国著名的成功学大师安东尼·罗宾斯曾经提出过一个成功的万能公式：

成功＝明确目标＋详细计划＋马上行动＋检查修正＋坚持到底

从这个公式我们可以看出明确目标和详细计划的重要性。明确目标和详细计划都属于事前的计划，而事前的计划可以帮我们对自己的设想进行科学分析，预见一下我们的设想是否可以实现。同时，在做计划的过程中，也是在梳理实现设想的思路和方法，这可以大大节省我们的宝贵时间，同时减轻压力。

美国的心理学家曾做过这样一个实验：

组织三组学生，分别进行不同方式的投篮技巧训练。第一组在20天内每天练习实际投篮，并把第一天和最后一天的成绩记录下来。第二组学生也记录下第一天和最后一天的成绩，但在此期间不做任何练习。第三组将第一天的成绩记录下来，然后每天花20分钟做想象中的投篮，如果投篮不中时，他们便在教练的指导下在想象中做出相应的纠正。

实验结果表明：第二组的投篮技巧在20天里没有丝毫长进；第一组进球率上涨了24%；第三组进球率上涨了26%。心理学家们由此得出结论：行动前进行头脑热身，构思要做之事的每个细节，梳理心路，然后把它深深铭刻在脑海中，当你做这件事的时候就会得心应手。

这个实验要讲的其实还是计划的重要性。一个人做事如果没有计划，行动起来就会像一只迷途的羔羊，到处乱撞以致伤痕累累。如果事前拟定好了行动的计划，梳理通畅了做事的步骤，做起事来就会应付自如，迅速高效。

计划，是指引我们前进的明灯，是我们赢得成功的时间表。万事有计划，方向才会明确，目标才不会落空。学习、工作、生活都要有计划，都要定一个短期计划和一个长期计划。计划很重要，制订合理的计划更重要。无论是制订哪方面的计划，都是从个人的实际情况出发，从现实的环境基础入手，切忌"空大高"。目标定得很高，计划要求很严，但是都是一些自己完不成的任务，这样的计划订了也是白订。

一个人要对自己负责，每一天都应该活得充实和精彩。只有这样，才能不枉此生。怎样才能让我们的人生充实有精彩呢？首要的就是对自己的人生做一个整体的安排和规划。有了人生的目标，我们就会朝着这个奋斗目标一直坚持不懈地走下去。这样我们就会离自己的目标越来越近，总有一天会到达成功的彼岸。人生规划既是一个实现你终生目标的时间表，也是一个实现那些影响你日常生活的无数更小目标的时间表。人生规划的设计是要使你的注意力集中起来，在一个特定的时间范围里充分地利用你的脑力和体力。事实上，注意力越集中，脑力和体力的使用就越有效。人生规划可以合理地分配你的精力和时间，让你的人生不虚度，每一天都会有精彩。

正如高尔基所说："不知道明天做什么的人是可悲的。"我们不应该做这种可悲的人，对于自己的人生、工作、学习都应该有一套切实可行的计划，要有每天的计划、每月的计划、每年的计划、十年的计划、一生的计划。

好的计划能节约精力和成本

不论做什么事都要有计划，计划对每个人来说都是必要的。别说没时间计划，如果你改变你的生活方式，留出时间作计划，将极大地节约你的精力和成本。

第一，制订短期计划

短期计划一般指从现在起的半年时间内的计划。

制订短期计划，需要有三个步骤。

步骤一：将需要在短时间内完成的工作确定下来。

步骤二：把所有工作都排列起来，重要的排在前面，次要的排在后面。

步骤三：把各项工作安排到每日的日程表中去。

一幅大的墙历可以使日程安排栩栩如生，挂在你的眼前。如果你的大部分工作是在办公室里完成的，不需外出访问客户或顾客，墙历是你最佳的选择。有些时候你需要匆匆记下约会时间，但手头没有日历，你可以将其记在袖珍笔记本或者一张纸上，然后在空闲时间里将它写到日历上。

如果你大部分时间是在路上或者客户的办公室里，那么一个精美的日记本日历是很有必要的。

尽管任何一种日历都可以用来记录每日工作及约会，但是每月日历对一位时间管理者来说应当是最有帮助的。因为它可以为你提供一次对近期工作的展望，有利于你掌握工作的进展情况。你还可以很精确地看到你正在干哪件事，可以在一段合理的时间内扩大工作量，也可以避免工作量过大。

有一个人谈到他使用日历的体会时，这样说道："今年我的最大突破之一就是我决定随身携带一个日历，我用的是那种墙上挂着的普通日历，但它可以对折放入我的包里。那种只有一周日期的日历对我不起作用，我需要立即看到整个月的日期，给我个整体概念。"

选择哪种日历并不是最主要的，重要的是要经常翻翻日历，特别是在星期天晚上回顾一下一周内所做的事情，然后看看下周的日程安排。翻阅日历的时间，也是你回头看看自己目标、检查一下自己是否走了弯路的最佳时刻。

你在每天晚上或早晨做一个简单的回顾也是很有必要的。在笔记本上写下你已完成的事情，以及第二天要做的事情。查看一下你每周或每月日历以及每天的日程事务安排表，看看日程表中的事情是否已经完成。如果完成得好，可以给自己一点奖励。如果没有完成，那么就要想办法尽快补偿回来，并要给自己一点惩罚。

第二，制订中期计划

中期计划是半年到一年时间内的计划。

无论是在你的生活中还是在你的工作中，中期计划无疑都起着很重要的作用。

中期计划的时间和内容总是在变化的。对于不同的时间管理者来说，中期计划可能是三四个月的时间，也可能是一两年的时间；而对一个大石油公司或一家国际银行来说，它可能会长得多，但它总是长期计划的一个组成部分。

要制订一个合适的中期计划就要将眼光放远一点，构想一下自己或公司在两年内可能发生的变化，根据预定的目标逐项进行安排。

比如，时间管理者打算在两年内将公司的利润提高到现在的两倍。那么根据这一目标，将目标细化为各项小的目标，又将每一个小的目标结合到具体的日程安排中去，使中期目标具体到多个短期目标，完成一个短期目标也就是向中期目标迈进了一步。

毕竟，中期计划是由相对较长的日常工作组成的，比较机械化，没什么灵活性，提不起人们的精神来，所以，在时间管理中常常被忽视。事实上，它们是非常需要花大量时间去考虑的。

因而，在下次计划前，时间管理者一定要找出既定的和重复出现的活动，把它们一一列举出来，摆在目的、目标和任务的面前对照一下，看看它们到底有多重要。使用这种方法可以轻而易举地发现那些花费时间不当的日常行为，以便你及时调整自己的工作节律。

第三，制订长期计划

长期计划一般是指一年时间以上的计划。

长期计划的时间跨度更大，它是一个远期目标。长期计划的实行，依赖于短期计划和中期计划。

长期计划是在长期的时间内都要遵循的一个计划，完成了这个计划，也就完成了其工作的目标。所以，完成计划所需的时间越长，那么目标相应就越大，也就越能吸引人。

许多成功的人士在计划开始时，都是因为怀有美好的、激动人心的目标，才开始他们的工作的。

例如，美国通用汽车公司在最初成立时只有2000美元的注册资金。公司的创始人比利·杜兰特在创业之初就给自己确立了一个目标，那就是要成为汽车工业的老大，独立成立若干汽车企业，再用联合的方式控制整个汽车工业。经过几十年的努力，杜兰特终于实现了这一梦想（长期计划）。

长期计划的制订是以短期计划和中期计划为基础，合理安排好时间，分期完成计划。同时，用短期计划带动中期计划，中期计划又带动长期计划。

长期计划的完成、目标的实现，是激动人心的。但是，这一切都需要时间管理者长期坚持不懈的努力，任何的中途退缩都不可能有长期计划的完成和梦想的实现。

不断翻新你的人生计划

执著的追求是应该嘉许的，但如明知道不行仍一条道走到黑，或明知客观条件造成的障碍无法逾越，还要硬钻牛角尖，就不可取了。

计划的调整实际上是一种动态调整，是随机转移的。若发现你原来确定的计划与自己的条件及外在因素不适合，那就得改弦易辙，另择他径。

这种动态调整有以下的基本形式：

一是主攻方向的调节。若原定计划与自己的性格、才能、兴趣明显相悖，这样的计划实现的概率趋零。这就需要适时对计划做横向调整，并及时捕捉新的信息，确定新的、更易成功的主攻计划。

扬长避短是确定计划、选择职业的重要方法。在科学、艺术史上，大量人才的成败证明，有的人在某一方面具有良好的天赋和能力，但他不可能有多方面的强项；有的人在研究、治学上是一把好手，而一到管理、经营的岗位他就一筹莫展，能力平平，甚至很差。

二是在原定计划基础上的调节。主攻方向不变，只是变革层次的调整。若是原计划定得过高了，只有很小的实现可能，必须调低，再继续积累，增强攻关的后劲。若原计划已实现，则要马不停蹄地制定新的更高层次的计划。若原计划定得太低，轻易就已跃过，则要权衡自己的能力、水平，使计划向上升级。

实现计划自然需要长期的努力。在为人生计划奋斗时不能幻想一劳永逸，而要务实笃行、稳扎稳打、奋力前行。同时也要看到，每取得一点成功，都是向总计划靠近一步。取得了全局性的成功也不是计划的终止，而恰恰是向更高一级计划攀登的开始。

三是在获得信息反馈之中调节。即在原定计划中受挫而幡然醒悟，调整通道，重新把计划定在自己拿手的领域。

美国科学家迈克尔逊，青年时曾入海军学校，但他学习成绩很差，特别是军事课长期不及格。学校多次批评教育不起作用，最后学校不得不把他开除。

但是，他对物理实验非常感兴趣，被开除后他投入对物理的学习和研究，很快显示出才华。他长期孜孜不倦、苦苦钻研，终于做出被荣称为"迈克尔逊光学实验"的伟大创举，为相对论奠定了实验基础，成为美国第一个获得诺贝尔奖的人。

四是从预测未来中进行调节。社会的需要和个人的兴趣、才能、性格等都经常会发生变化。

要善于打一个"提前量"，进行预测。如才能的发展与年龄大小关系极大，任何才能都有其萌发期、发展期和衰退期，这样顺势而为，做出设想、规划，显然对计划定向是大有益处的。

五是对具体阶段计划视情况进行调节。大的计划要终生矢志追求，而小的阶段计划则可以进行适当的调节。科研人员在研究方向的选择上有时为了能快出成果，改变思路而取得成功的案例在科学史上不乏先例。

随时修正计划，让人生更高效

那么计划在什么情况下需要适时调整呢？一般来说如下几种情况必须调整人生计划：

第一，环境发生重大变化的时候。任何人的人生计划都是特定时代、特定环境的产物，而各种环境中主要是社会环境对人生计划具有决定作用。社会环境、自然环境的变化，会影响人生计划的变化，特别是重大的环境变化常造成人生计划的重大改变。

所谓环境的重大变化时刻，是指两个方面发生的重大变化：一是国内外经济、政治、思想文化领域的大动荡，二是人们的家庭的经济、政治、亲属关系等发生重大变化。

这两个方面发生的重大变化对人生计划都将发生影响。我们的原则是，无论环境发生什么变化，具体的计划（某个阶段的计划或某个方面的计划）可以变通，随时做好调节，但总计划应该矢志不移。

第二，在人才竞争的胜败转折时刻。奋斗中的成与败，常常形成人生道路的转折点，这已为无数事实所证明。

第三，人生总流程中，前后两个阶段相更替的时刻。这种时刻，称为人生转折时刻。这种转折，或发生在人的生理发生转折时（发育和疾病造成的），或发生在人的社会地位发生突变的时候，或发生在人的社会智能结构发生质变前后。总之，是人自身某种或某些条件发生重要变化的时刻。这个时刻，也是容易引起人生计划发生改变的时刻。我们应努力防止在人生转折时刻发生人生计划的不良转变，防止因社会地位升高或降低而腐化或丧志、因疾病而颓丧、因智能提高而骄傲，应使人生计划始终保持正确的大方向，具体计划始终切实可行。

　　为计划下定义，不断修正，相信它会实现——成果就这样出现了。任何人都能完成他们所想的，你也一样。第一步，你必须知道这伟大的成就是什么；下一步，设计许多能令你保持高昂情绪的小计划，让它们逐步引导你迈向成功。

　　每天对工作选择实行，对优先顺序做了解，对你大有助益。确信自己的努力没有白费，而且要求事半功倍。谨慎而自觉地决定事情先后，一般人从不这样做，他们只是任性而为，随波逐流；他们是基于恐惧、气愤和报复，而非为了活得更好而努力；他们不求提高效率，梦想终幻化为泡影。

　　了解自己的需要和如何得到自己所想的。明了这些事情的轻重缓急，你可以按部就班地计划自己的一天。

列文定理：没有能力去筹划，只有时间去后悔

提出者：法国管理学家列文。

内容精解：那些犹豫着迟迟不能作出计划的人，通常是因为对自己的能力没有把握。

应用要诀：如果没有能力去筹划，就只有时间去后悔了。不论做什么事，事先要做好计划和准备，要按优先次序安排工作、分配时间，这样才能避免工作中的忙乱现象，提高效率。

让你的工作承前启后

使工作有条不紊地进行的一个秘诀，就是在采取行动前就有条理地安排好自己，然而，把今天安排得井井有条的最佳时间却是在昨天。回顾今天的最佳时间是在这一天快结束的时候，这个时候同时也是把明天安排得井井有条的最佳时间。

1. 利用一天快结束的时间，趁热打铁地回顾一下今天的进展

这个方法可以在适合的任何时候完成，譬如离开办公室之前，在车上，甚至是在家里。花点时间看看哪些工作你已经完成了，又有哪些工作遗留下来了？你是怎么做的？今天的工作清单上还剩下了哪些工作？本周开始的时候，你给自己安排的重要任务完成得怎么样了？

2. 一定要把没有完成的任务移到明日的清单上，同时看看你把时间花在了哪里

时间是你最宝贵的财富，用完了它你就会一无所有。如果你得填写公司发的日程登记表，就在一天快结束的时候做吧。如果没有人要你这么做，你应

该利用行动清单检查一下自己把时间花在了什么地方。你做了些什么事，这些事用去了你多长时间？你有没有设法把时间用在那些需要优先考虑办理的事情上？有没有偏离目标？

3. 增强工作意念的妙法

将平常该做的事情列成一张表，做好之后就用红笔划掉，这么一来，每划掉一项就可确认"这项工作已经完成"，当时心中的成就感与满足感即成为下回工作意念的来源。如此看来似乎没什么意义，不过在工作无甚进展的情况下，多半原因都在于工作流于单调、冗长。大部分的工作都是由小作业累积而成的，由于这样很容易造成烦琐，所以可以用列表方式来处理。此外，采用这个方式还可免于遗漏某项工作。

4. 防止厌倦单调工作的"成功画面思考法"

撰写一本书着实需要有强烈的意志力，但多达数百页的稿纸，虽说用口述录音机或文书处理机之类的文明工具可达到很高的工作效率，不过，有时候也是一件非常痛苦的事。在这种情况下，只要想到这是完成一本书的必经过程，就会再次提起干劲。重要的是，如果一心只想到眼前单调的工作，不但会心生厌烦，而且工作效率也会一落千丈。试用成功画面思考法，想象计划成功或完成工作时的成就感，是防止这些弊端的方法之一。

5. 要诚实地对待自己

看看哪些事你还没有做。那会不会成为问题呢？再看看哪些事你已经完成了？完成这些任务的时间预算是多少？比你一天的工作时间是长了还是短了？你还做了其他什么事情？

怎样做可能会更好些？什么地方出了差错？如果没有完成一定的任务，是否是因为有一个不可预料的危机突然降临了？如果确实如此，那是否有必要考虑一下你所能采取的措施，以防止危机的再度发生呢？

有没有给自己兜揽太多的任务，以致于无从下手呢？如果处于这种情况，你需要更实际地确定自己一天所能完成的任务。另外，你有在一天中对工作不感兴趣的时候吗？问问自己为什么会出现那样的情况？是不是你设定的目标不能充分地激励自己呢？

也许你把所有的事务都处理好了，还额外完成了一些任务。那无疑会增强你的自信。或许明天你可以设立高一些的目标，但不要太高，以免导致失败。

真正可取的是，你能从今天吸取经验教训，使明天做得更好。设想一下如果你每天改进工作的百分之一，那么几个月后你的工作效能就可以提高一倍。

养成有条不紊的做事习惯

一天中午，小猪正在家中的园子里悠闲地晒着太阳，它小时候的玩伴山羊突然造访。多年不见，小猪很高兴，也很兴奋，忙不迭地去给山羊泡茶。但因为平时懒散惯了，不知道茶杯、茶叶放在哪个角落。于是，在招呼山羊之余，小猪开始翻箱倒柜地找，好不容易找到一只落满灰尘的茶杯。它洗好茶杯，才想起茶叶还没有找到，又费了九牛二虎之力找到茶叶。正准备泡茶，却发现壶里的开水早已用完。于是，它又摇着尾巴开始烧开水，等到水烧开了，才发现山羊早已等得不耐烦离开了。

客人来了要泡茶，这就要洗茶杯、找茶叶、烧开水。而完成这件事，可以有各种不同的顺序：

找茶叶→洗茶杯→烧开水

洗茶杯→找茶叶→烧开水

找茶叶→烧开水→洗茶杯

洗茶杯→烧开水→找茶叶

烧开水→找茶叶→洗茶杯

烧开水→洗茶杯→找茶叶

前面两个顺序最费时，最后两个顺序效果好。可不是吗？等洗茶杯与找茶叶这两件事做完后才想起烧开水，就费时了。如果先烧开水，在烧水的同时洗杯子、找茶叶，效果就好多了。

在我们的周边，可能存在这样两种人：个性急躁的人，做起事来雷厉风行，却不免粗心大意，常常会为杂乱的事物所折磨。结果，他的事务总是一团糟，他的办公桌简直就是一个垃圾堆。他经常很忙碌，从来没有时间来整理自己的东西，即使有时间，他也不知道怎样去整理和安放。

另外一种人与上述那种人正好相反。他们做起事来不慌不忙，显得平静而有条不紊；与人交谈的时候也总是慢条斯理，对人彬彬有礼。他每天下班前都要整理自己的办公桌，做什么事都是井井有条。

看起来，第一种人能够做更多的事情。但事实是，他们经常为自己所制造出来的一些"困难"束缚了手脚，降低了办事的效率；第二种人，刚开始觉得办事缓慢，但是他们少走弯路，最后能够将速度赶上来。

工作中，为了避免做事无效率，应该培养有条不紊的习惯。

常言道：万物有理，四时有序。这里的"序"，是顺序、次序、程序的意思。自然界是这样，人类社会也是这样。序，就是事物发生发展、运动变化的过程和步骤，是客观规律的体现。反映到实际工作中，它要求我们做事情必须讲程序。

对于程序及其重要性，长期以来存在着某些片面的认识。有人认为程序属于形式，没有内容那么重要；有人觉得程序是细枝末节，可有可无；有人甚至把程序当作繁文缛节，不但不重视，而且很反感。由此而来，现实生活中不讲程序、违反程序的现象屡见不鲜，结果既影响做事的质量和效率，又容易助长不正之风，给工作和事业带来损失。

为什么做事要讲程序呢？我们不妨从程序的客观性来作一些分析。事物存在的基本形式是空间和时间，事物的发展变化都是在一定的空间和时间上展开的。事物的发展变化，从空间方面看，可以分解为若干个组成部分；从时间方面看，各个部分都要占用一定的时间并具有一定的次序。比如"种植"这一行为，就可以分解为播种、施肥、灌溉、收割等部分，这些部分均需占用一定的时间，并且有相应的先后次序。如果不在一定的时间播种，或者把收获和施肥的次序颠倒，那么种植行为就无法达到预期的目的。所以，顺时而动，不违农时，是务农必须遵守的程序。尊重程序，实质上是尊重规律。这就是做事情需要讲程序的道理所在。

工作是以方法和效率取胜。有序地做事，不要拖泥带水，将时间变得更有价值。

提高能力，克服忙乱现象

让不少人经常感到最苦恼的事就是"时间危机"，没有工夫来思考和处理那些重要的事情。许多领导者每日工作达十几个小时，但还是有许多事情处理不完。

不可否认，忙，是正常现象，也是工作积极、事业心强的一种表现，只有什么事也不干的人才不感到忙。但是，忙应该有限度、有秩序、有效率，用一句更通俗的话说，就是不能"瞎忙"。

产生忙乱现象的原因大致如下：缺乏实际工作经验，对要处理的问题难决难断，一拖再拖，考虑再三；对所担当的工作没有比较妥当的通盘安排，没有正常的工作秩序，头痛医头、脚痛医脚，赶上什么就抓什么，这样势必杂乱无章、顾此失彼；主观上愿意多做工作，总觉得对什么事情都有责任，惟恐哪件事情没办好会被人家说工作不努力、能力差，等等。

那么，怎样才能克服忙乱现象呢？以下有几点经验可供参考。

1. 工作要有计划性

这是使整个工作有秩序前进的中心环节。要具备定量控制自己时间的能力，也就是说，对时间要实行计划分配。事实证明，不做计划的人只能消极地应付工作，在心理上处于受摆布的地位；有计划的人则居于支配者的地位。时间计划有下列几种：

（1）长期计划。即在较长的一个时期内，或3年，或5年，或10年，自己的工作和事业要达到什么水平，在单位要取得多大成就，都要有一个积极进取、宏伟明确的目标：这个目标通过几步来实现，每一步的大致起止时间，都要有一个大致的安排。

（2）年度计划。当最后一页日历被撕下，新一年的钟声敲响的时候，应当回顾上年的时间利用和事业进展情况，作出新的年度计划，以便更有效地使用一年的时间。

（3）月份计划。机关或部门的工作常常是以季或月为单位的，人的生理变化也会呈现出月周期现象，体力、智力，情绪处于最佳状态时为高潮期，其次是过渡和低潮期。每个人都可以根据本单位的工作和自己的生理月周期来安排自己一个月的活动，把难度较大的重要工作和学习任务安排在高潮期，其他时间则可以安排相对容易的内容。

（4）周计划。有许多工作是按周来安排的，把月计划分解到每周里面，便于分步骤实施。

（5）日计划。在前一个工作日接近终了时编好第二天的计划，有助于克服紧张忙乱的现象，避免丢三落四、顾此失彼。

2. 掌握用时之道

许多人懂得所有关于时间管理的知识，但是在利用时间方面仍然很麻木。

用时之道，就是认识自己的时间，管理好时间，合理使用时间的思想、原则、方法。尽管你的性格、作风、知识、经验等情况不同，尽管时间具有复杂性、综合性、随机性、多样性等特点，有其自身的客观规律，但只要在实践中注意观察、分析和总结，就可以把握用时之道。

时间管理是一项基础工作。时间对每个人而言都是公平的，你并不能获得更多的一份。但是，有些人看起来用他们的定量时间做了比别人更多的事，他们显然掌握了合理使用时间的窍门。这种窍门是你也可以获得的，它可以成为你能获得的最有价值的资产。

提升效率的13个策略

如果你不得不拖延处理某一份文件时，应预先定下最终完成的期限，在完成期限内无论如何也要处理完毕。不久，你就会惊奇地发现，庞大臃肿的"文山"已经被轻而易举地搬走。

下面这些建议将帮助现代领导者"创造奇迹"。

策略一：确定优先性。决定今天要做的最重要的事情，然后着手去做。不要因为在这一天的过程中发生了某些事情，就从自己本来要做的事情中分散精力或转移方向。更重要的是，不要用别人确定的优先性来替代自己的。

策略二：不要拖延。因为不确定性或者因为我们不知道该如何去做，所以我们拖延做某事。延误会扰乱日程，它们不可避免地在下游形成更大的延误和中断。因此，在一天刚开始的时候先去解决最困难的事情，把容易的事情留在最后。

策略三：对于一天将发生的事情做好准备。许多问题是可以预期的，预测什么环节发生问题，然后做好准备对付它。

策略四：做今天能做的每件事。如果今天做了某件小事就不会发展成为今后必须进行修缮的工程，那并不意味着在深思熟虑后不能推迟某件不急需做的项目，对于那些放到以后进行的活动要做记录。

策略五：建立一个系统来提醒自己和提醒别人。明白自己有多少时间是浪费在一而再、再而三地索要信息或请别人做某件事上，使自己能够记录下每个未能得到答复的要求。当人们知道你总是在做记录，他们会在你第一次提出时就做出反应。

策略六：作出决策。时间浪费大致总是发生在为等待更多信息而推迟决策的时候，但信息永远不会是完全的。决策延误了，行动也会延误。

策略七：放权。是否总有一排人站在你的办公室门口等着你对这件或那件事作决策。给下属成员一些决策的责任，不但使他们也使自己有自由的时间。

策略八：清理你的办公桌。如果你的办公桌上堆满了备忘录、电话记录、报告、信件、散页的纸张等，时间就会在你寻找某个需要的东西时浪费掉。

策略九：建立一个好的但是简单的文件系统。有多少时间被浪费在寻找重要文件的过程中？把文件收好，放在今后容易找到它们的地方。

策略十：不要求完美。"完美就是没有效率"，在一个过程中总是吹毛求疵直到每件事都绝对完美无缺，是对时间的巨大浪费。

策略十一：对错误承担责任并且改正。承认错误要比试图隐瞒它花费少得多的时间。简单的错误不会发展为大的灾难。

策略十二：建立工作进展情况的自动检查系统。有了它你就能够知道每件事在什么时候是按日程并且正确进行，你将在问题还很小、还可以控制的时候及时发现它们并且加以处理。

策略十三：对过去的做法要怀疑。仅仅因为某项任务总是以一个特定的方式去做，并不意味它就必须照着那种方式去做，会有一种更好的方法。实际上，几乎肯定存在一种更好的方法，关键是如何找到它。

有些经理有一种不好习性，即实施项目干了一段时间就会半途而废，又重新开始另一件事。他们这样做的原因是在遇到障碍或问题之前努力工作，一旦遇到障碍或问题，不是想办法冲破障碍和解决问题，而是躲开去做另一件事。他们喜欢做简单和熟悉的事情，因为他们害怕失败。

然而，他们最终还得回到这些项目上，但是为了赶上进度不得不花费更多的宝贵时间。而且，原先困扰的问题仍然需要解决。

弗洛斯特法则：一开始就把事情做对

提出者： 美国思想家弗洛斯特。

内容精解： 要筑一堵墙，首先就要明晰筑墙的范围，把那些真正属于自己的东西圈进来，把那些不属于自己的东西圈出去。

应用要诀： 开始就明确了界限，最终就不会做出超越界限的事来。做任何事情之前都要有一个清晰的界定：什么能做，什么不能做；接受什么，拒绝什么。

一开始就想好如何去做

有这样一个故事：

两个农民比赛谁的土豆窝挖得直。议定好之后，A农民就拿起工具开始行动。他是怎么做的呢？挖第二个土豆窝的时候和第一个对齐，他以为这就是最妥当的方法。谁知，等到他挖完了一行的时候，发现土豆窝已经向一边倾斜了很多。

这个时候，B农民刚刚拿好工具，他先在田的另外一头插上了一根长长的竹竿，然后开始不紧不慢地挖起窝子来。不多时，一条笔直的土豆窝线便挖出来了。

A大感不解，和B交谈起来。B告诉他，在开始行动的时候，他先仔细考虑了究竟什么叫直，怎么才能挖得直。他得出的结论是，直就是从田地这边到田地那边定好的一段笔直线段，单单两个土豆窝子是直的是不行的。他便在田那边竖起一根竹竿，照着竹竿的方向挖，一发现微妙的偏差便开始调整。他评论A的方法说，看着前一个土豆窝决定第二个土豆窝的位置，如果第一个有所倾斜，第二个就会跟着倾斜，这样就越来越斜了。

一个简单的挖土豆窝子都有这么大的学问。你做事是怎样的方式呢？

B农民在做事之前，先弄清了目的。弄清楚目的，便可以为自己的行动设计出最有效率的方式。思考了之后再去做，你会发现，你做事情的效能增长了很多。

下面这个故事说的是同样的道理：

有一次，大哲学家苏格拉底领着他的三个弟子来到一片麦田前，他对弟子们说："现在，你们到麦田里去摘取一颗自己认为最饱满的麦穗，每个人只有一次机会，采摘了就不能再换。"

三个弟子欣然前行。第一个弟子没走多远就看到一颗大麦穗，如获至宝地摘下。可是，越往前走，他越发现前面的麦穗远比手中的饱满。他懊恼而归。

第二个弟子吸取前者的教训，每看到一个大麦穗时，他总是收回自己伸出去的手，心想：更大的麦穗一定在前头。

麦田快走完时，两手空空的弟子情知不妙，想采一颗，却又觉得最饱满的已经错过。他失望而归。

第三个弟子很聪明。他用前三分之一的路程去识别怎样的麦穗才是饱满的，第二个三分之一的路程去比较判断，在最后三分之一的路程里他采摘了一颗最饱满的麦穗。他自然满意而归。

汤姆·布兰德20岁进入工厂的时候，就想在这个地方成就一番事业。他并没有像很多年轻人那样迫不及待地寻找一切可以晋升的机会，相反，他首先弄清楚了一部汽车由零件到装配出厂需要13个部门的合作，而每个部门的工作性质不尽相同。他决心要对汽车的全部制造过程形成一个深刻的认识，所以，他要求从最基层的杂工做起。杂工的工作就是哪里有需要就到哪里工作，经过一年的认真工作与思考，他对汽车的生产流程已经有了初步的认识。

之后，汤姆申请调到汽车椅垫部工作，在那里他用了比别人更少的时间就掌握了做汽车椅垫的技能。后来又申请调到点焊部、车身部、喷漆部、车床部去工作。不到五年的时间，他几乎把这个厂的各部门工作都做过了。

汤姆的父亲对儿子的举动十分不解，他问汤姆："你工作已经五年了，总是做些焊接、刷漆、制造零件的小事，恐怕会耽误前途吧？""爸爸，你不明白。"汤姆笑着说，"我并不急于当某一部门的小工头。我以整个工厂为工作的目标，所以必须花点时间了解整个工作流程。我是把现有的时间做最有价值的利用，我要学的，不仅仅是一个汽车椅垫如何做，而是整辆汽车是如何制造的。"

当汤姆确认自己已经具备管理者的素质时，他决定在装配线上崭露头角。汤姆在其他部门干过，懂得各种零件的制造情形，也能分辨零件的优劣，这为他的装配工作增加了不少便利，没有多久，他就成了装配线上的灵魂人物。很快，他就升为领班，并逐步成为15位领班的总领班。

汤姆一开始就很明确自己的目标，知道自己需要什么，但是，他没有一蹴而就，而是按照自己的计划，从底层做起，把根基打牢，一步一步地实现自己的最终目标。

如果缺乏事前思考的习惯，每次一有了任务就急于去完成，就会每次都付出很多、收获很少。因为，这样总是会走一些弯路，很多时候不得不重新进行，害得自己总是匆匆忙忙的。

如果你属于比较善于思考的类型，总是把工作分成几部分，经过慎重考虑后再着手进行。这样工作起来会轻松很多，而且效率很高。

无论是做一件具体的工作，还是自己人生中的每一步，你都要想好了再去做。

做事盲目，难免做无用功。做事之前，头脑中要先有一个计划：想好如何去做。这有助于你少走弯路。

要事第一，优先排序

重要的任务能够给投入的时间以很高的回报，并能对你的长远目标和任务的实现起到不可忽视的作用。紧急的任务需要管理者做好计划，及时对其采取行动。

1. 将重要并紧急的任务排在最前面

你在行动之前，先研究所列出的事情，问问自己，是否列出的每一件事情都将使你向任务目标靠近；是否它们会使你朝着错误的方向前进。选出那些与你的目标直接相关的任务，并将它们按照优先原则依次排列。

将重要并紧急的任务排在最前面，然后列出重要但并不紧急的任务。而且，在你准备着手实施一项新任务时，不要每次都停下来决定该优先考虑哪项任务。如果你在工作的前夜便对此加以明确，或者将它作为你每天清晨的第一项工作，那么你就能够取得更高的工作效率，能够更好地掌握你的时间，并且能够知道那些重要的工作正在进行中。

2. 学会从事务性工作中摆脱出来

企业领导者最重要的是要弄清自己的岗位职责，用它来判断哪些事是自己必须做的，哪些是应该做的，哪些是能够做的。先做最重要的事，一个高效率的领导人应该把精力集中到少数经过努力就能突出成果的重要领域中去。不要什么都想干，一个领导人必须懂得什么样的事情不宜去做，不宜强行作出决定。"对于各种不同的事，是否分配了恰当的时间去做？""是否将有限的几小时利用得有效？"要将这些问题放在心中思索，仔细地分析所有的活动，然后，就必须决定哪件事应当先处理。有许多人都从公文堆最上面的一件开始做，结果很可能使堆在下面的旧公文"越陈越香"了。很多事，就是如被搁置以致成了无法解决的问题。要避免这种错误，只有在每天晚上或早晨，坐在办公桌前先看看那些堆在案上东西，花点时间浏览一番，并且归类，分成数堆，再分缓急依次排好，这样，"陈年老酒"就可绝迹了。

每个人都想成就一番事业，但现实生活中，纠缠你的东西太多了，它们从各个方面牵制你，迫使你就范。想做某些不同及矛盾事情的时候，理智、感情及身体的需要全部都必须满足，但又往往不能同时满足它们，有时候它们还必须争战一番。该如何决定呢？我们不妨听听如下的忠告，或许可找到一点解脱之法。

3. 例外管理法

如果你是个拥有下级的管理人员，那么这种技巧能大大节约无谓的时间浪费。你可能发现，你手头的文件和报告已积压了不少，再若送来，你简直就要被它们湮没了。这时你就可以采用例外管理的办法。只让下级报告那些违反一般规定和制度的材料，没有任何问题、完全按照计划执行的工作则不必报告，这样一来，自然会大大减少文件和报告的数量。按此法处理问题，就会使领导者从日常琐碎的事务中解脱出来，从而将更多的时间和精力从数量繁多的小事转到为数不多的大事上。

4. 对琐事敬而远之

当然这不是"随它去"的观点，而是为了使自己有时间处理重要的事情。你不妨这样试试，凡是你认为下级可以处理的事，就大胆放权。分配下去的工作，无论如何也不允许它再回到你的办公桌上来。只有当预先计划时设想的情况发生重大变化令下级无所适从时，才可以由你来解决。高效率的领导者不应陷入贪多嚼不烂的错误之中，事事都想试一试，结果哪一件也干不好。这需要领导人有胆识做出选择，要有很大的勇气敢于说"不"！敢于做出否定的决定。这就是为什么说勇气是领导者的一个重要素质。

一次只做一件事

做事成功有一把钥匙。在把这把钥匙交给你之前，先让拿破仑·希尔告诉你它有些什么用处。卡耐基、洛克菲勒、哈里曼、摩根等人都是在使用这种神奇的力量之后，成为了大富翁。它将打开监狱铁门，把人渣变成有用及值得信任的人。它将使失败者变为胜利者，使悲哀变成快乐。

你会问："这把'神奇之钥'是什么？"拿破仑·希尔的回答只有两个字："专心。"现在，把这儿使用的"专心"一词的定义介绍如下："专心"就是把意识集中在某个特定的欲望上的行为，并要一直集中到已经找出实现这项欲望的方法而且成功地将之付诸实际行动为止。

同时想做很多事的习惯会使人们焦虑，注意力不集中。

学生一面看电视，一面做功课；职员不将注意力放在他正在口述的一件事情上，却惦记着今天该完成的另外一件事，心里巴不得能马上同时解决。

这些坏习惯是在不知不觉中养成的。我们同时想着好多件未完成的事，极其容易感到神经过敏、忧虑、焦虑不安。我们紧张是因为我们想做不可能的事情，这样会无可避免地招来徒劳和挫折。正确的做法是：一次只做一件事，把这件事做好，会使自己有成就感，然后信心百倍地去做下一件事。

纽约中央车站问询处可能是世界上最忙碌的地方之一。在这个只有10平米的地方，每一天都是人潮汹涌，问询处前总是挤满了争先恐后大声说话的旅客。对于问询处的工作人员来说，工作的紧张和压力可想而知。但是，柜台后面的工作人员脸上却没有丝毫的紧张感。他身材矮小，戴着眼镜，看上去很文弱，却又显得自信而轻松。

此刻，他的面前是一个中年妇女，头上戴着一条丝巾，脸上充满着焦虑与不安的表情。显然，这是她第一次来纽约。问询处的工作人员身子向前倾斜，集中精神看着这个妇女："你要去哪里？"

旁边一个男士焦急地试图插话进来，但是这个服务人员却旁若无人，而是继续对这个妇女说："你要去哪里？"

"春田。"

"是俄亥俄州的春田吗？""不，马萨诸塞州的春田。"

他直接脱口而出："15号月台，10分钟之内出车。"

"你是说15号月台吗？""是的，太太。"

妇女走后，工作人员开始接待刚才插话的那位男士。但没多久，刚才那位妇女又回头问月台号码："你刚才说是15号月台？"工作人员仿佛没有听见，仍然集中精神在下一位旅客身上。

在如此繁忙的车站，他如何做到有条不紊的呢？

这个工作人员说："我没有和所有的公众打交道。我只是在单纯地处理一位旅客。忙完一个，忙下一个。我一次只为一位旅客服务。"

做事不能贪多。无论是对人还是对事，都需要集中精力。就好像凸透镜一样，将太阳光聚焦到一点，才能将物体燃烧。

当你从事一件伟大的事业时，或许操纵着很多部门的事情，来炫耀自己的博学多才，发挥自己的天才与威势；在奔驰于伟大的前程时，结果反而把自己推进了毁灭的深渊。反过来，你能小心谨慎地从事于一件小的事情，或者专心致志做一件事，埋头苦干，却能把你从渺小的凡人造就成伟大的人物。

自古以来，人不能在同一时间内既抬头望天又俯首看地，左手画方、右手画圆。所以说不能专心便一事无成。

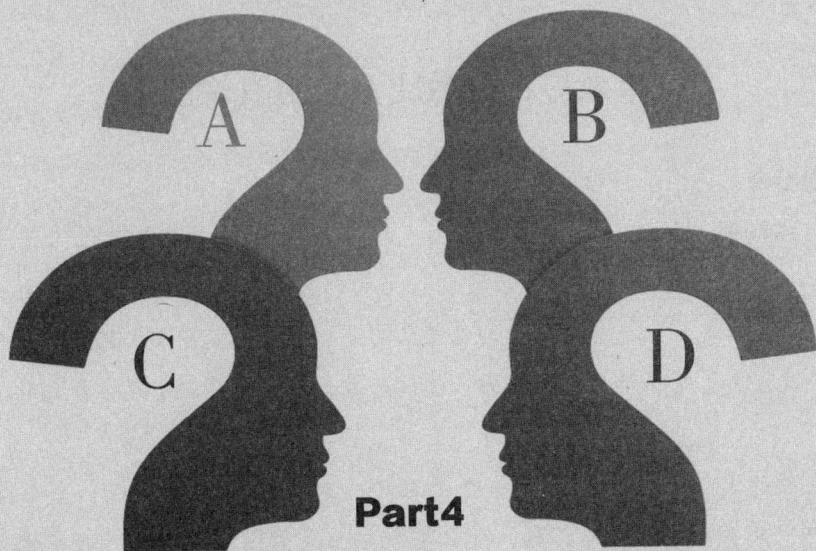

Part4

统御：魅力胜于权力，威信胜于权威

用自己的魅力，使得团队一致，简化、重复、坚持，成功就是这么简单。

——杰克·韦尔奇（美国）

一个领袖人物必须正直、诚实、顾及他人的感受，并且不把个人或小团体的利益和需要摆在一切衡量标准的首位。否则人们就不会追随他。

——约翰·科特（美国）

鲹鱼效应：身教比言教更具说服力

提出者：德国动物学家霍斯特。

内容精解：德国动物学家霍斯特发现了这个有趣的现象，他做了一个试验：将一只较为强健的鲹鱼脑后控制行为的部分割除后，此鱼便失去自制力，行动也发生紊乱，但是其他鲹鱼却仍像从前一样盲目追随，整个鲹鱼群行动都发生了紊乱，失去了抵抗外侵的能力。这就是我们在企业管理中经常提到的"鲹鱼效应"。

鲹鱼的首领行动紊乱导致整个鲹鱼群行动紊乱。同样，在一个企业或者组织中，只要管理者出现问题，那么整个企业或者组织也就不可避免地会出现问题。

应用要诀：下属觉得最没劲的事，是他们跟着一位最差劲的领导。领导者要做下属的表率，以身作则，带动下属成长。管理者就是一个企业的核心脊梁，必须为企业的发展承担责任。

身教是最好的示范

美国行政管理学家切克·威尔逊提出：如果部下得知有一位领导在场负责解决困难时，他们会因此信心倍增。因此说：身教重于言教。

1944年日本战败后，松下公司面临极大的困境。为了渡过难关，松下幸之助要求全体员工振作精神，不迟到，不请假。

然而有一天，松下幸之助本人却迟到了10分钟，原因是他的司机疏忽大意晚接了他10分钟。

他认为必须严厉处理此事。首先他以不忠于职守为理由，给司机减薪处分。其直接主管、间接主管也因监督不力受到处分，为此共处分了8个人。

松下幸之助认为对此事负最后责任的，是作为最高领导的社长——他自己。于是他对自己实行了最重的处罚，扣发全月的薪金。

仅仅迟到10分钟就处理了这么多人，甚至包括企业的最高管理者自己。此事深刻教育了松下公司的员工，在日本企业界也引起了很大振动。

毛泽东说："只有落后的领导，没有落后的群众。"这句话每一位管理者都应时刻牢记于心。在规定、制度、公约面前，人们是一律平等的。

从这个故事中我们看出：在企业管理中，身教不仅起到了导向和示范作用，而且还有凝聚人心、化解矛盾、鼓舞士气和催人奋进的特殊功能。身教还是密切管理人员与员工的黏合剂。

管理人员的职位越高，身教影响力的涉及面越宽、越广，管理人员只有自身过得硬，才能引起见贤思齐的广泛思想共鸣，带出过硬的团队。而且，从某个或某些领导身上往往可以看到一个企业的前途与希望。因此，企业的管理者要当好表率作用。

以身作则最具说服力

前日本经联会会长土光敏夫是一位地位崇高、受人尊敬的企业家。土光敏夫在1965年曾出任东芝电器社长。当时的东芝人才济济，但由于组织太庞大、层次过多、管理不善、员工松散，导致公司绩效低下。

土光接掌之后，立刻提出了"一般员工要比以前多用三倍的脑，董事则要十倍，我本人则有过之而无不及"的口号，来重建东芝。他的口头禅是"以身作则最具说服力"。他每天提早半小时上班，并空出上午七点半至八点半的一小时，欢迎员工与他一起动脑，共同来讨论公司的问题。土光为了杜绝浪费，还借着一次参观的机会给东芝的董事上了一课。

有一天，东芝的一位董事想参观一艘名叫"出光丸"的巨型油轮。由于土光已看过9次，所以事先说好由他带路。那一天是假日，他们约好在"樱木町"车站的门口会合。土光准时到达，董事乘公司的车随后赶到。董事说："社长先生，抱歉让您等了。我看我们就搭您的车前往参观吧！"董事以为土光也是乘公司的专车来的。土光面无表情地说："我并没乘公司的轿车，我们去搭电车吧！"董事当场愣住了，羞愧得无地自容。原来土光为了杜绝浪费，以身示范搭电车，给那位浑浑噩噩的董事上了一课。

这件事立刻传遍了全公司，上上下下立刻心生警惕，不敢再随意浪费公司的物品。由于土光以身作则点点滴滴的努力，东芝的情况逐渐好转。

身为一名管理者，要比员工付出加倍的努力和心血，以身示范，激励士气。言教不如身教，说一千道一万不如以身示范，自己做到了才能去教育员工，以身立教、以行导行，用自己的习惯去引导员工要比单纯的说教更具有效力。管理者的工作习惯和自我约束力，对员工有着十分重要的影响。如果管理者满腔热情，对工作尽职尽责，那么在管理的过程中自然就会事半功倍。

魅力永远胜于权力

曾经在一个报告会上有一位著名企业家说："在现实世界里，众所皆知的一流管理者无一例外地都具有一种罕见的人格特质，他们处处展现出魅力领袖的风范。他们不但能激发下属们的工作意愿，又具有高超的沟通能力，能够动之以情、晓之以理，浑身散发出热情洋溢的力量。尤其重要的是，他带领团队屡创佳绩，拥有一连串骄人的辉煌成就。运用奖赏力与强制力来领导，也许有效，但是如果你要提高自己的领导魅力、赢得众人的尊重和喜爱，我建议你们要尽最大的努力以影响和争取下属的心。假如你们谁能做到这点，谁就能成为一位成功的管理者，而且也可能完成许多不可能完成的任务。"

一个人为什么为他的主管或组织卖力工作？很重要的原因，就是因为他的主管所拥有个人魅力像磁铁般征服了他的心，激励他勇往直前。你可能会听到一个下属说："你和他在一起呆上一分钟，你就能感受到他浑身散发出来的光和热。我之所以卖命努力，乃是因为他强大的魅力深深吸引我所致。"

从领导效能的观点来看，我们不得不承认：魅力远胜过权力。优秀的领导才能，特别是个人的魅力或影响力，比他的职位高低和提供优越的薪资、

福利重要得多，魅力才是真正促使他们发挥最大潜力、实现任何计划和目标的
魔杖。

多少年来，有关统御、领导的书籍和研究报告数以千计，讨论的主题涉及
组织领导、管理者行为、权力领导，可谓数量众多，内容广泛。这些重要的主
题，都包含了许多不错的构想。

事实上，就一句话：与其做一位实权在手的主管，不如做一位浑身散发无
穷"魅力"的管理者。就是说，主管们需要更多的是令人佩服的魅力，而不是
令人生畏的权力。

带人要带心。做一位管理者，除非我们具备了相当程度的魅力与影响力。
否则，是很难实现领导统御的第一个课题：赢得下属的信赖和忠心。因此，是
否拥有这种魅力，是一个领导或主管能否成功的关键。

要有勇担责任的风范

鲦鱼效应说明，"鲦鱼"的首领行动紊乱会导致整个鲦鱼群行动紊乱。同
样地，在一个企业或者组织中，只要管理者出现问题，那么整个企业或者组织
也就不可避免地会出现问题。管理者就是一个企业的核心脊梁，必须为企业的
发展承担责任。

敢于承担责任，关键时刻上得去，是管理者在管理中管理到位的体现。当
自己分管的部门出现问题时，管理者不是推卸、溜肩膀、指责和埋怨，而是主
动承担责任，从自身的管理中去寻找原因，有主见、妥善地解决问题。这两方
面都是管理者管理到位很重要的因素。

所以，一个管理者想要更成功的话，就从现在开始，百分之百地对自己
负责。

在营救驻伊朗的美国大使馆人质的作战计划失败后，当时美国总统吉
米·卡特即在电视里郑重声明："一切责任在我。"仅仅因为上面那句话，卡
特总统的支持率骤然上升了10%以上。

做下属的最担心的就是做错事，特别是花了很多精力又出了错，而在这个

时候老板来了句"一切责任在我",此时这个下属又会是何种心境?

卡特总统的例子说明:下属对一个领导的评价,往往决定于他是否有责任感。勇于承担责任不仅使下属有安全感,而且也会使下属进行反思,反思过后会发现自己的缺陷,从而在大家面前主动道歉并承担责任。

老板这样做,表面上看是把责任揽在了自己身上,使自己成为受遣责的对象,实质上不过是把下属的责任提到上级领导身上,从而使问题解决起来容易一些。假如你是个中级领导,你为你的下属承担了责任,那么你的上司是否也会反思:自己是否也有某些责任呢?

一旦公司里上行下效,形成勇于承担责任的风气,便会杜绝互相推委、上下不团结的局面,使公司有更强的凝聚力,从而更有竞争力。

企业、部门与团队以及任何组织,只要出现了问题,管理者应该承担不可推卸的责任。领导要勇于承担责任,为下属树起担当责任、解决问题的表率。

权威效应：人微则言轻，人贵则言重

来源： 心理学实验。

内容精解： 在给某大学心理学系的学生们讲课时，向学生介绍一位从外校请来的德语教师，说这位德语教师是从德国来的著名化学家。实验中这位"化学家"煞有其事地拿出了一个装有蒸馏水的瓶子，说这是他新发现的一种化学物质，有些气味，请在座的学生闻到气味时就举手，结果多数学生都举起了手。对于本来没有气味的蒸馏水，由于这位"权威"的心理学家的语言暗示而让多数学生都认为它有气味。

权威效应又称为权威暗示效应，是指一个人要是地位高、有威信、受人敬重，那他所说的话及所做的事就容易引起别人重视，并让他们相信其正确性，即"人微言轻、人贵言重"。

应用要诀： 一个优秀的领导应当是企业的权威，或者为企业培养了一个权威，然后利用权威暗示效应进行领导。领导可利用"权威效应"去引导和改变下属的工作态度以及行为，这往往比命令的效果更好。

权威是无声的命令

权威效应说明，人们对权威的信任要远远超过对常人的信任。

"权威效应"的普遍存在，首先是由于人们有"安全心理"，即人们总会认为权威人物掌握着真理，权威人物的判断、选择、行为都会更加正确，服从权威人物便会使自己具备安全感，不会在众人面前出丑；再者，人们往往有获得认同和赞许的心理诉求，人们倾向于认为权威人物的要求和社会规范相一致，按照权威人物的要求去做会获得其他人的认同，以致赢得他们的好感。

权威暗示效应的寓意：迷信则轻信，盲目必盲从。在日常生活中，"权威效应"随处可见：你打开电视，常会看见某个权威人物在大力地推荐某个商家的产品；你翻阅报纸，发现文章中常会出现某些权威机构和权威人物的名字，作者以此在佐证自己的观点；你参加辩论会，人们在辩论说理时引用权威人物的话作为论据，增强自己文章的说服力；企事业单位以及商场、酒店、学校、娱乐场所大都愿意请领导人或名人雅士题写名称；很多书籍，也喜欢请名人题签；有的药品、保健品的宣传资料上，常常见到政界知名官员的题词和接见董事长、总裁的照片。这一切，都是权威效应在起作用。

在企业中，领导也可利用"权威效应"去引导和改变下属的工作态度以及行为，这往往比命令的效果更好。因此，一个优秀的领导肯定是企业的权威，或者为企业培养了一个权威，然后利用权威暗示效应进行领导。当然，要树立权威就必须要先对权威有一个全面深层的理解，这样才能正确地树立权威，才能让权威保持得更加长久。

要区分权威效应与名人的心理实质。权威效应是借助权威的名声、势力，推动式推行、强化或拔高某种事物；而名人效应是人们效仿名人、追逐名人的心理倾向。两者有着作用方向的差异，也有作用力的不同。

有一种影响力叫"权威"

航空工业界里，有一个现象叫"机长综合征"。说的是在很多事故中，机长所犯的错误都十分明显，但飞行员们没有针对这个错误采取任何行动，最终导致飞机坠毁。下面这个有趣的故事，就是"机长综合征"的一个典例。

一次，著名空军将领乌托尔·恩特要执行一次飞行任务，他的副驾驶员却在飞机起飞前生病了，于是总部临时给他派了一名副驾驶员做替补。和这位传奇的将军同飞，这名替补觉得非常荣幸。在起飞过程中，恩特哼起歌来，并把头一点一点地随着歌曲的节奏打拍子。这个副驾驶员以为恩特是要他把飞机升起来，虽然当时飞机还远远没有达到可以起飞的速度，他还是把操纵杆推了上去。结果飞机的腹部撞到了地上，螺旋桨的一个叶片飞入了恩特的背部，导致他终生截瘫。

事后有人问副驾驶员："既然你知道飞机还不能起飞，为什么要把操纵杆推起来呢？"他的回答是："我以为将军要我这么做。"

从心理学角度，这个故事反映了社会中普遍存在的一种心理现象——权威效应。也就是说，尽管我们每个人都对身边的人或者对社会有一定的影响力，但影响力的大小有所不同。一般来说，权威人士容易对其他人产生更大的影响。

例如，某天你眼部不适，到医院就诊。如果其他条件相同，有一位眼科专家和一位刚从医学院毕业的年轻大夫供你选择，相信你一定会选择专家。还有，一篇医学论文是被推荐到联合国的某个组织去报告，还是刊登在普通杂志上，这种反映医学成就的信息，其影响肯定是不同的。

权威对我们的影响力要超出常人，崇尚权威、迷信权威人士成了社会大众的一个普遍特征。社会中大多数处于中下层地位的人学识有限，心理脆弱，对超出自身生活经验的问题不甚了解、不辨真伪，因而盲目相信所谓权威的意见。他们甚至不在乎"说什么"，而在乎说者本身的权威地位。古往今来的君主枭雄、教主领袖，乃至市井中有号召力之人，他们的号召力往往正是来源于对大众心理的这种控制。

在现实生活中，无论是做人还是做事，我们都要擦亮双眼、理智思考，不要让权威成为遮盖事实真相的心理面纱。

树立令人心悦诚服的权威

作为一个领导，应该如何来管理好员工，让员工能接受管理。这靠的是什么？靠的是自己的权威。管理者的权威指的是作为管理者使人信服的权力和威望，具体表现为管理者对周围环境及下属的影响与感召力。

所谓"权威"，是指管理者在组织中的威信、威望，是一种非强制性的"影响力"。权威不是法定的，不能靠别人授权。权威虽然与职位有一定的关系，但主要取决于管理者个人的品质、思想、知识、能力和水平；取决于同组织人员思想的共鸣，感情的沟通；取决于相互之间理解、信赖与支持。这种"影响力"一旦形成，各种人才和广大人民都会吸引到管理者周围，心悦诚服地接受管理者的引导和指挥，从而产生巨大的物质力。

权力是支配他人行为的制度性力量，一个人只要在某个组织中担任某个职位，就可以获得与这个职位相应的权力。而权威则是一种不依靠权力就能够使人心甘情愿追随你的能力。

作为管理人员，在工作中最希望看到的事情就是下属承认自己的地位，乐于接受自己的指令，并遵照执行。在这样的过程中，所体现出来的就是管理者的领导权威。

权威是存在于正式组织内部的一种"秩序"，一种信息交流的对话系统。如果管理者发出的指示得到下属的执行，在下属身上就体现了管理者的权威；同样的道理，如果下属违抗命令，也就说明了他否定了这种权威。因此，管理者是否具有权威性，检验的根本标准是接受其指示的下属，而不是发布指示的管理人员。一些管理者之所以不能在组织内部树立自己的权威，就是因为他们不能建立起这种体现权威的"秩序"。

有威慑力的领导一般决断力强，办事爽快果断，常常是一字千金，凭这就可使人折服。部下也会因为佩服你而不自觉地向你靠拢。

管理者要树立自己的权威，这种权威不仅依赖于组织赋予其的权力，更有赖于其个人能力的体现和表现出来的人格力量。所谓做任何事首要的就是先做人，只有个人权威建立起来了，他才有能力去感召别人，才能组织开展一项活动。在要求好自身的同时，就是如何去引导下属。要正确引导下属，首先需帮助其设置适当的目标，这个目标的设定，有赖于个人能力的培养和组织绩效评估系统的公正性、客观性。因此，对下属的知人善任和分配难度、适合的工作任务对于引导成员行为有重要的影响。打个比方，管理者可以通过小组的活动，使成员在进行活动过程中能感到自己的价值、拓宽知识面以及看到自己尚存的不足和应奋斗的方向，还能培养团队协作精神等，并使个人目标有效的与组织目标结合起来。

领导的良好行为、模范作用、以身作则就是一种无声的命令，有力地激发下属的积极性。权威是暗示成功的重要心理条件，领导者良好的行为具有权威性，使下属很快受到良好影响。领导者的行为通过模仿可能是无意识的，也可能是有意识的，更多的是无意识与有意识的综合模仿，下属对领导的模仿造成了良好的激励氛围。

"仁之所在，天下归之"。领导者人格上的魅力才具有最巨大的影响力，也最持久。在今天人性化管理大行其道的时候，领导们更要深明此理。

不要将权力等同于权威

权力与威信之间有着异常紧密的联系，这是毫无疑问的，但是它们又是截然不同的。无权的人同样可以有威信，而有权的人却未必拥有。领导人希望自己的权力给他带来威信，然而权力不等于威信，领导者如果明白这一点将会给自己及别人带来很大的好处，如果不明白这一点其结果可能是灾难性的。让我们来看看有权威的人是怎么样的。

1955年12月1日，是美国历史上一个永远值得纪念的日子。那天，在亚拉巴马的蒙哥马利，一位名叫罗莎·帕克的美国黑人妇女拒绝服从一位汽车司机要她离开座位到公共汽车尾部就坐的命令，这个命令符合当时盛行的公共汽车种族隔离惯例。由于冒犯了蒙哥马利的种族隔离法，帕克太太遭到拘捕。

这件事引起了当地浸礼会教堂一位牧师马丁·路德·金的注意，他认为这种境况可以而且必须得以纠正。随之，他在蒙哥马利号召开展联合抵制乘坐公共汽车的群众运动，以非暴力的群众运动形式反对在公共汽车上实行种族隔离政策。马丁·路德·金也因为在为期382天的蒙哥马利抵制乘坐公共汽车运动中发挥了领导作用，而受到当地广大黑人群众的拥护，这也使他以民主权力运动领导人的形象成为全国瞩目的人物。

马丁·路德·金在没有人授予他职务权力，自己也没有特意去追求权力的情况下，为什么仍然可以成为民权运动的领袖呢？罗伯特·塔克在他的著作《政治领导论》中称这种人为"非委任领袖"。

"非委任领袖"不拥有职务权力，但他们仍然可以成为政治领袖，领导他人。他人愿意、也乐于接受他们的领导，乃是为"非委任领袖"的个人权威所影响。

作者还认为"非委任领袖"能否最大程度地施展领导才能是以政治自由为

条件的。因为政治自由可为他们提供足够的机会，以便公开提出他们对局势的判断和他们对政策制定的设想，并动员支持。

1995年11月4日，历史将永远记住这一天。这一天对全世界，尤其是对以色列人来说，是一个让人悲痛不已的日子，押总理拉宾于该日在国王广场遇刺身亡。

拉宾遇刺受伤之后，以色列电台和电视台都中断正常节目，不停地播出从医院和国王广场发出的最新消息。当拉宾去世的消息公布后，守候在伊奇洛夫医院门外的数百名市民禁不住失声痛哭。数以千计的人伫立在国王广场，久久不愿离去。拉宾在特拉维夫市的住宅四周很快也围满了人，许多人自发地在街头点燃一支支蜡烛，以悼慰拉宾的亡魂。

按照犹太人的传统习惯，拉宾的遗体应于11月5日下葬，但因为有很多的外国元首、政府首脑或他们的代表要远道赶来参加葬礼，以色列政府临时决定推迟一天安葬。6日下午，拉宾的葬礼在西耶路撒冷隆重举行。参加葬礼的除以色列总统魏茨曼、代总理佩雷斯、拉宾夫人利扬和成千上万的市民外，还有来自世界80个国家的代表，其中有44位国家元首和政府首脑，包括美国总统克林顿，俄罗斯总理切尔诺梅尔金，英国首相梅杰，法国总统希拉克、总理朱佩，德国总理科尔等。此外还有包括美国前总统卡特、布什在内的数以百计的世界知名人士。埃及总统穆巴拉克、约旦国王侯赛因也参加了葬礼，他们是继埃及已故总统萨达特1979年出访以色列后首次踏足以色列的阿拉伯国家元首。他们的出席使拉宾的葬礼成了有史以来极为罕见的超级葬礼。拉宾作为以色列总理，其权力不可谓不大，但权力只有在有生之年才起作用，在他不幸去世之后，权力自然不复存在。是什么力量让如此多的国民对他恋恋不舍难抑悲痛呢?而又是什么力量使其他国家的政府首脑和世界知名人士们对拉宾如此肃然起敬、扼腕长叹呢?很明显，这里存在着权力之外的另一种力量，这便是权威。

拉宾和马丁·路德·金在权力上可以形成显明的对比，但是他们在对群众的威信上却有着他人不可比拟的相似，这一点可以猛烈抨击那种权威带来权力、等于权力的说辞。领导者有权力，但千万不要认为同时就拥有了权威，权力可以说只是权威获得的一个小小的优势。我们反对把权力等同于权威，但我们不否认从权力到权威的路走起来确实很有技巧性。

刺猬法则：亲密过头会"刺伤"人

来源： 生物学实验。

内容精解： 一位生物学家曾做了一个实验，他在冬季的一天，把十几只刺猬放到户外空地。这些刺猬被冻得浑身发抖，为了取暖紧紧地靠在一起，而相互靠拢后它们身上的长刺又把同伴刺疼，很快就分开了。寒冷又迫使大家再次围拢，疼痛又迫使大家再次分离。如此反复多次，它们终于找到了一个较佳的位置——保持一个忍受最轻微疼痛又能最大程度取暖御寒的距离。刺猬法则是指人际交往中的"心理距离效应"，人与人之间需要保持适当的距离，只有这样才能最大限度地感受彼此的美好。

应用要诀： 亲密过头会"刺伤"人。保持亲密的重要方法，乃是保持适当的距离。领导与下属保持适当的距离更有利于开展工作。

人与人之间，不必亲密无间

刺猬法则启发我们：人与人之间亦是如此，良好交际需要保持适当的距离。

我们先来做一个小小的选择题：

你要坐公交车出去玩，上车后你发现只有最后一排还有五个座位。走在你前面的两个人，一个选了正中间的座位，一个选了最右侧靠窗子的座位。剩下三个座位中，一个在前两个人之间，两个在中间人与最左侧的窗户之间。这时，你会坐在哪里呢？

想必，你多半会选择最左侧窗户的座位，而不是紧挨着两个人中的任何一位坐下。不要好奇，这是因为人与人之间也像前面讲的刺猬那样，彼此需要一定的距离。

这种距离，有时是环绕在人体四周的一个抽象范围，用眼睛没法看清它的界限，但它确确实实存在，而且不容他人侵犯。

例如，无论在拥挤的车厢里还是电梯内，你都会在意他人与自己的距离。当别人过于接近你时，你可以通过调整自己的位置来逃避这种接近的不快感；但是挤满了人无法改变时，你只好以对其他乘客漠不关心的态度来忍受心中的不快，所以看上去神态木然。

还有，法国前总统戴高乐在其十多年的总统岁月里，对新上任的办公厅主任总是这样说："我使用你两年，正如人们不能以参谋部的工作作为自己的职业，你也不能以办公厅主任作为自己的职业。" 所以，他的秘书处、办公厅和私人参谋部等顾问和智囊机构，没有任何人的工作年限能达到两年以上。用戴高乐自己的解释就是：第一，由于受军队流动性做法的影响，他觉得调动很正常，固定才是不正常。第二，他不想让这些人成为自己"离不开的人"，唯有通过调动才能够使相互之间保持一定的距离，以确保顾问与参谋的思维、决断具有新鲜感及充满朝气，并能杜绝顾问与参谋们利用总统与政府的名义来徇私舞弊。

关于这方面，一位心理学家曾做过这样一个实验：

在一个刚刚开门的阅览室，当里面只有一位读者时，心理学家进去拿了把椅子，坐在那位读者的旁边。实验进行了整整80人次。结果证明，在一个只有两位读者的空旷的阅览室里，没有一个被试者能够忍受一个陌生人紧挨自己坐下。当他坐在那些读者身边后，被试者不知道这是在做实验，很多人选择默默地远离到别处坐下，甚至还有人干脆明确表示："你想干什么？"

这个实验向我们证明了，任何一个人，都需要在自己的周围有一个自己把握的自我空间。如果这个自我空间被人触犯，就会感到不舒服、不安全，甚至恼怒起来。所以在现实生活中，我们在人际交往中，一定要把握适当的交往距离，就像互相取暖的刺猬那样，既互相关心又有各自独立的空间。

交往距离，多少才合适

既然距离在人际交往中如此重要，那么究竟保持多远的距离才合适呢？一般而言，交往双方的人际关系以及所处情境决定着相互间自我空间的范围。

美国人类学家爱德华·霍尔博士划分了四种区域或距离，各种距离都与双方的关系相称。

1. 亲密距离

所谓"亲密距离"，即我们常说的"亲密无间"，是人际交往中的最小间隔，其近范围在6英寸（约15厘米）之内，彼此间可能肌肤相触、耳鬓厮磨，以至相互间能感受到对方的体温、气味和气息；其远范围是6~18英寸（15~44厘米），身体上的接触可能表现为挽臂执手，或促膝谈心，仍体现出亲密友好的人际关系。

这种亲密距离属于私下情境，只限于在情感联系上高度密切的人之间使用。在社交场合，大庭广众之下，两个人（尤其是异性）如此贴近就不太雅观。在同性别的人之间，往往只限于贴心朋友，彼此十分熟识而随和，可以不拘小节，无话不谈；在异性之间，只限于夫妻和恋人之间。因此，在人际交往中，一个不属于这个亲密距离圈子内的人随意闯入这一空间，不管他的用心如何，都是不礼貌的，会引起对方的反感，也会自讨没趣。

2. 个人距离

这是人际间隔上稍有分寸感的距离，较少有直接的身体接触。个人距离的近范围为0.5~2.5英尺（46~76厘米），正好能相互亲切握手，友好交谈。这是与熟人交往的空间。陌生人进入这个距离会构成对别人的侵犯。个人距离的远范围是2.5~4英尺（76~122厘米），任何朋友和熟人都可以自由地进入这个空间。不过，在通常情况下，较为融洽的熟人之间交往时保持的距离更靠近远范围的近距离（2.5英尺）一端，而陌生人之间谈话则更靠近远范围的远距离（4英尺）端。

人际交往中，亲密距离与个人距离通常都是在非正式社交情境中使用，在正式社交场合则使用社交距离。

3. 社交距离

这个距离已超出了亲密或熟人的人际关系，而是体现出一种社交性或礼节上的较正式关系。其近范围为4~7英尺（1.2~2.1米），一般在工作环境和社交聚会上，人们都保持这种程度的距离。社交距离的远范围为7~12英尺（2.1~3.7米），表现为一种更加正式的交往关系。

例如，公司的经理们常用一个大而宽阔的办公桌，并将来访者的座位放在离桌子一段距离的地方，这就是为了与来访者谈话时能保持一定的距离。还有，企业或国家领导人之间的谈判、工作招聘时的面谈、教授和大学生的论文答辩等，往往都要隔一张桌子或保持一定距离，这样就增加了一种庄重的气氛。

4. 公众距离

通常，这个距离指公开演说时演说者与听众所保持的距离。其近范围为12~25英尺（约3.7~7.6米），远范围在25英尺之外。这是一个几乎能容纳一切人的"门户开放"的空间，人们完全可以对处于空间的其他人"视而不见"、不予交往，因为相互之间未必发生一定联系。因此，这个空间的交往大多是当众演讲之类，当演讲者试图与一个特定的听众谈话时，他必须走下讲台，使两个人的距离缩短为个人距离或社交距离，才能够实现有效沟通。

与下属保持一定的距离

管理心理学专家的研究认为：不管怎么说，企业领导和下属还是有区别的。领导和下属之间无论多么亲密，他们的位置始终是不能变的：领导在上，下属在下。上下颠倒只会招致失败。

不知是否因为社会变得富有，导致现今我们很难遇到为了伸张自己的信念而与人激烈辩论的人。大部分的人皆保持着无所谓的心态，而且避免伤害对方。在这种风气下培育出来的年轻人，很少有机会遇到挫折。他们未曾被父母亲责骂过，也不曾遭到邻居老人训斥，很多老师对学生也尽量采取温和教育。因此，要对这一代的下属批评并非易事。你必须做到一件事：就是必须与下属保持一定的距离。因为在下属的脑中没有上下的观念。领导者要搞好工作应该与下属保持亲密关系，但这是"亲密有间"的关系。特别要提醒的是，领导者与下属亲密无间地相处，还容易导致彼此称兄道弟、吃喝不分，并在工作中丧失原则。让一个领导完全放下架子、放下权力，走到下属中间，亲近是够亲近了，平等也是够平等了，但是总让人感到这个领导身上好像缺了一点什么。我们不提倡领导高高在上，但是也不提倡领导完全忘掉自己的身份和下属称兄道弟。还是那句话：毕竟领导和下属还是有区别的。当然，坚持交往的原则，并不是说领导和下属交往时处处提心吊胆、躲躲闪闪，相反，有原则交往能赢得下属的尊重，使人人感受到平等。

对企业领导而言，在一定原则指导下的相互往来，有助于加深上下级之间的理解，有助于确定上下级之间的正常而平等的关系。无数事实证明：企业领导如果过分注重没有原则的交往，往往导致庸俗的交往泛滥，这样就会形成亲疏远近，给管理工作带来许多矛盾和困难。这一点应当切记，不可用交往替换原则，而在原则性上丧失领导形象。要想避免失败，作为领导就必须始终和下属之间保持一段距离。这段距离不能太长，太长产生隔膜；也不能太短，太短则如同纵容下属胡作非为。

保持距离有时是很痛苦的，因为你需要忍受孤独。上班族都是与同事并排一起工作，职工则是贴着机器并肩工作，两者在休息时间都习惯聚在一起谈些无聊的话题，所以管理人员反而落单。如果是高级主管或是董事长，都各有一间办公室，这种情形就更加严重，到最后总不免要感叹："我是如此的孤独……"随着地位的提升，孤独的原因并不仅在于地位上的问题。所谓的干部，在其工作的性质、心理上，都得与下属保有某种程度的距离，这是职务调升后的必然情形。若是期望下属把自己当做朋友一样地对待，或是要下属直截了当地表达自己所想的事情，那简直是缘木求鱼。

职员为了解除上司在工作上赋予的压力，偶尔会放肆地说一些上司的坏话，以满足心理上的欲求。因此，介入他们的闲谈，反而会妨害他们的娱乐时间。

身为领导，时常会面临无法与下属商量而必须自己解决的问题。随着地位的提升，这些无法与下属商量、必须自己单独解决的事情将会愈来愈多。与下属之间保持距离，实属必要。不过，如果距离过大，就会招致失败。

让下属对你既"喜"又"惧"

不管用什么技巧，如果真正有了威信，那么领导者就应当达到这样的境界：下级喜欢和你一起工作，但又有点怕和你一起工作。这看似是一对矛盾，而实际上是领导者权威的最高境地。一般情况下，我们说一位领导者没有威信，实际上我们可以推断出领导者与下级可能有三种关系。

第一种，下级十分惧怕领导者，只有威，没有信。

第二种，下级十分喜欢这位领导者，领导者和下级打成一片，但是过于亲密以至失去应有的原则，使工作无法正常开展。

第三种，下级既不喜欢领导者，也不愿意领导者发号施令。这是最糟糕的情况，领导者没有任何威信可言。在现实情况中，前两者较多，组织成员对领导者的态度在"喜"与"惧"两者之间变换，如果稍有偏向，领导者就没有足够的威信。

对于刚刚到任的领导者来说，首先应该使下级"喜"的心态多一点，而不是人们经常说的"来个下马威"，技巧高的领导者通常不需要"下马威"就能成功地树立起威信。由于新任的领导者对各方面的情况还不熟悉，有必要作充分的了解，而这时恰恰需要领导者与组织成员打成一片。领导者与成员打成一片的前提是领导者必须非常准确地记住每个人的名字，这也是交际高手成功的绝招。他们见面一次就能准确地记住对方的姓名、外貌。这一点用在领导者身上也很适合，记住对方的姓名可以使对方拥有被人重视的感觉，他因此会感到无穷的动力而使他喜欢在这位领导的手下工作。

当领导者已经基本了解情况，而下级成员还没有对领导者产生一个非常清楚的认识时，领导者就应该在"威"字上下工夫了。要毫不留情地去掉不合理却存在着的制度或现象。这是对事不对人的，组织成员这时会意识到这位领导者有魅力，有胆量，产生敬佩之心。接下一步是针对某些个人的，对一些行为一贯不良的分子要"软硬兼施"，开始可以找他们单独交流，陈述自己的要求；如果没有效果，要坚决予以打击，决不手软，并要向其他人员表示这样做没有其他目的，就是要整顿纪律，并不针对其他任何人，同时告诫在下面蠢蠢欲动的其他个别成员好自为之。至此，领导者在组织成员的心目中树立了两个形象：一个是前面的和蔼、亲切、谦虚；另一个是当前的无情、威严。两种形象的结合就是领导者的威信。最重要的是让组织成员明白只要好好干，就会得到领导的表扬、关心及友好；如果马马虎虎，领导者就会不近人情、毫不留情。他们的心理在"惧"与"喜"之间取得了平衡。

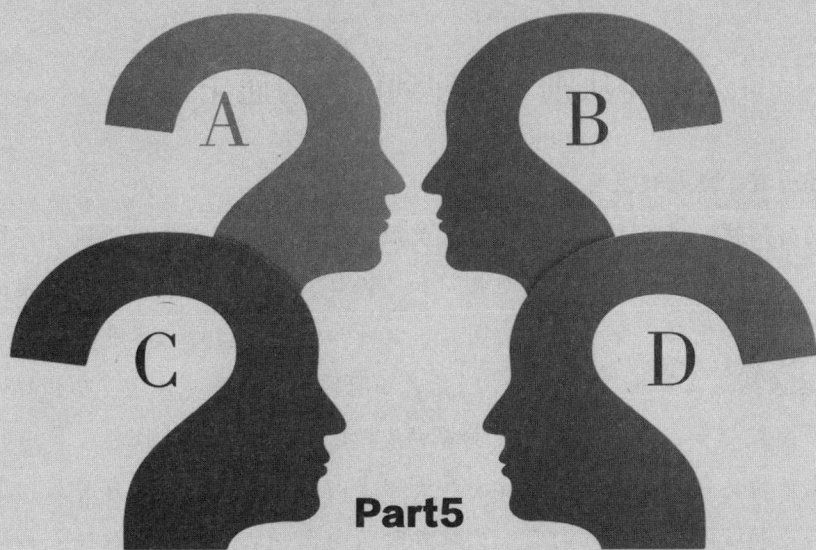

沟通：语言和心灵的双重交流

管理就是沟通、沟通再沟通。

——杰克·韦尔奇（美国）

沟通是管理的浓缩。

——萨姆·沃尔顿（美国）

管理者的最基本能力：有效沟通。

——L·威尔德（英国）

蜂舞法则：管理到位，沟通先到位

提出者：奥地利生物学家弗里茨。

内容精解：奥地利生物学家弗里茨经过细心的研究，发现了蜜蜂"舞蹈"的秘密。蜜蜂的舞蹈主要有"圆舞"和"镰舞"两种形式。工蜂回来后，常作一种有规律的飞舞。如果工蜂跳圆舞，就是告诉同伴蜜源与蜂房相距不远，约在100米左右。工蜂如果跳镰舞，则是通知同伴蜜源离蜂房较远。路程越远，工蜂跳的圈数越多，频率也越快。如果跳8字型舞，并摇摆其腹部，舞蹈的中轴线跟巢顶的夹角正好表示蜜源方向和太阳方向的夹角。蜜蜂跳舞时头朝上或朝下，与告知蜜源位置之方向有关：跳舞时头向上，表明找寻蜜源位置必须朝着太阳的方向飞行。蜂舞法则揭示的道理是：信息是主动性的源泉，加强沟通才能改善管理的效果。

应用要诀：管理中70%的错误是由于不善于沟通造成的。沟通是一个把组织的成员联系在一起以实现共同目标的手段。管理者要像蜜蜂采蜜一样，吸取各种沟通方式的特点，将"蜂舞"揉入自己的管理艺术中。

沟通决定兴衰成败

沟通决定管理成败，甚至可以决定企业生与死的命运！

1990年1月25日，恰恰发生了这种事件。那一天，由于阿维安卡52航班飞行员与纽约肯尼迪机场航空交通管理员之间的沟通障碍，导致了一场空难事故，机上73名人员全部遇难。

1月25日晚7点40分，阿维安卡52航班飞行在南新泽西海岸上空11277.7米的高空。机上的油量可以维持近两个小时的航程，在正常情况下飞机降落至纽约肯尼迪机场仅需不到半小时的时间，这一缓冲保护措施可以说十分安全。然而，此后发生了一系列耽搁。首先，晚8点整，肯尼迪机场管理人员通知52航班由于严重的交通问题他们必须在机场上空盘旋待命。

晚8点45分，52航班的副驾驶员向肯尼迪机场报告他们的"燃料快用完了"。管理员收到了这一信息，但在晚9点24分之前没有批准飞机降落。在此之间，阿维安卡机组成员再没有向肯尼迪机场传递任何情况十分危急的信息，但飞机座舱中的机组成员却相互紧张地通知他们的燃料供给出现了危机。

晚9点24分，52航班第一次试降失败。由于飞行高度太低以及能见度太差，因而无法保证安全着陆。当肯尼迪机场指示52航班进行第二次试降时，机组成员再次提到他们的燃料将要用尽，但飞行员却告诉管理员新分配的飞行跑道"可行"。晚9点32分，飞机的两个引擎失灵，1分钟后另两个也停止了工作，耗尽燃料的飞机于晚9点34分坠毁于长岛。

当调查人员考察了飞机座舱中的磁带并与当事的管理员交谈之后，他们发现导致这场悲剧的原因是沟通的障碍。为什么一个简单的信息既未被清楚传递又未被充分接受呢？下面我们针对这一事件作进一步的分析。

首先，飞行员一直说他们"燃料不足"，交通管理员告诉调查者这是飞行员们经常使用的一句话。当被延误时，管理员认为每架飞机都存在燃料问题。但是，如果飞行员发出"燃料危急"的呼声，管理员有义务优先为其导航，并尽可能迅速地允许其着陆。一位管理员指出，如果飞行员"表明情况十分危急，那么所有的规则程序都可以不顾，我们会尽可能以最快的速度引导其降落"。遗憾的是，52航班的飞行员从未说过"情况紧急"，所以肯尼迪机场的管理员一直未能理解到飞行员所面对的真正困境。

其次，52航班飞行员的语调并未向管理员传递燃料紧急的严重信息。许多管理员接受过专门训练，可以在各种情境下捕捉到飞行员声音中极细微的语调变化。尽管52航班的机组成员相互之间表现出对燃料问题的极大忧虑，但他们向肯尼迪机场传达信息的语调却是冷静而职业化的。最后，飞行员的文化和传统以及机场的职权也使52航班的飞行员不愿意声明情况紧急。正式报告紧急情况之后，飞行员需要写出大量的书面汇报。另外，如果发现飞行员在计算飞行过程需要多少油量方面疏忽大意，联邦飞行管理局就会吊销其驾驶执照。这些消极强化物极大阻碍了飞行员发出紧急呼救。在这种情况下，飞行员的专业技能和荣誉感可以变成赌注。

面对现代社会日益复杂的社会关系，我们希望自己能够获取和谐、融洽、真诚的家庭关系、朋友关系、同事关系以及上下级关系；在市场的激烈竞争中，我们希望自己能够锻造出一支上下齐心、精诚团结的企业团队；我们希望自己的企业能够生活在一种良好的外部环境中，能在与顾客、股东、上下游企业、社区、政府以及新闻媒体的交往中，塑造出良好的企业形象等。

上述问题的答案可能是由一系列相关的要素所构成，其中沟通是解决一切问题的基础。沟通不是万能的，但没有沟通却是万万不能的。

沟通力决定领导力

人活在世上，都会与人有关；不管是谁，每人每天都在反复地与人沟通。领导者更是如此。

具体地说，沟通在领导中的重要作用体现在以下几个方面。

第一，良好的组织沟通，尤其是畅通无阻的上下沟通，可以起到振奋员工士气、提高工作效率的作用。

随着社会的发展，人们开始了由"经济人"向"社会人""文化人"的角色转换。人们不再是一味追求高薪、高福利等物质待遇，而是要求能积极参与企业的创造性实践，满足自我实现的需求。良好的沟通使职工能自由地和其他人，尤其是管理人员谈论自己的看法、主张，使他们的参与感得到了满足，从而激发了他们的工作积极性和创造性。

第二，在有效的人际沟通中，沟通者互相讨论、启发，共同思考、探索，往往能迸发出创意的火花。

专家座谈法就是最明显的例子。惠普公司要求工程师们将手中的工作显示在台式机上，供别人品评——以便大家一起出谋划策，共同解决困难。

员工对于本企业有着深刻的理解，他们往往能最先发现问题和症结所在。有效的沟通机制使企业各阶层能分享他的想法，并考虑付诸实施的可能性。这是企业创新的重要来源之一。松下的意见箱制度就充分说明了这一点。

第三，沟通的一个重要职能就是沟通信息。

顾客需求信息、制造工艺信息、财务信息……都需要准确而有效地传达给相关部门和人员。各部门、人员间必须进行有效的沟通，以获得其所需要的信息。难以想象，如果制造部门不能及时获得研发部门和市场部门的信息，会造成什么样的后果。企业出台任何决策，都需要凭借书面的或是口头的，正式的或是非正式的沟通方式和渠道传达给适宜的对象。

第四，企业领导可通过信息沟通了解客户的需要、供应商的供应能力、股东的要求及其他外部环境信息。

任何一个组织只有通过信息沟通，才能成为一个与其外部环境发生相互作用的开放系统。尤其是在环境日趋复杂、瞬息万变的情况下，与外界保持着良好的沟通状态，及时捕捉商机，避免危机是企业管理人员的一项关键职能，也是关系到企业兴衰的重要工作。

架起一座沟通的桥梁

Jenny是一个护理医院的领导，手下有7个管理人员和125个员工。董事会决定裁去5个员工，因此她在星期五的早上寄出125封信，把她准备裁员的计划向125个员工作了陈述。到了星期一的早上，当Jenny步入办公室时，她感到十分异常，她发现所有的人——管理人员和员工似乎都炒了她的鱿鱼，因为她在那天早上失去了她以往的权威，所有的指挥全部失灵了。Jenny犯了一个严重的错误：缺少沟通。第一，她没有与她的7个管理人员沟通，7个领导者全然不了解她在上个星期五所做的事情。第二，没有选好适当的方式，她发出的125封信使每个员工感到不安全，因此他们在星期一早上联合起来抗议Jenny的计划。

虽然裁员可能是董事会的决定，但一位领导者要想办好这件事，却需要一定的工作能力和管理方法。缺乏沟通研究，将对管理工作不利。

现代企业管理越来越重视内部沟通，已经把谈心这种最直接、最具亲和力的沟通方式应用到企业管理中来。

据报道，由美国市民评选出来的百家最受员工欢迎的单位中，有一家名为英格拉姆的计算机批发公司。该公司董事长斯特德有一条号码为800的全天候免费专用热线，公司1300多名员工有什么烦恼都可以通过这条热线和他交流，这个免费电话被员工亲切地称为"谈心800"。

当前，企业面临日益激烈的市场竞争，迫切需要调动一切积极因素以应对竞争。员工作为企业最重要的生产要素，同样要面对严酷的市场竞争。人们的就业压力越来越大，职场内外的焦虑和浮躁情绪危害着在职者和求职者的健康。在我国，很多中青年患有"白领综合征"。因此，劳资双方都需要坐下来，多谈心、多沟通，舒解压力，增强创造性。

与员工进行有效沟通，有助于企业科学决策。在微软公司，由于人员分布在100多个国家和地区，公司给每一个员工提供一个免费的网址，用于和公司内任何人进行交流，包括与最高层人物谈心。这种即时互动的交流，确保了微软在世界各地的决策能够集思广益，提高了决策的科学性。

与员工进行有效沟通，能直接展示领导者的人格魅力。人格魅力在企业管理中具有很好的感染力和示范效应。通用汽车前总裁韦尔奇是一位与人沟通的高手，有很高的谈心技巧。他能说出1000名公司高级管理者的名字和职务，熟知公司3000名管理者的表现，并根据他们的表现授奖。韦尔奇还善于采取非正式方法与员工沟通，有时他会突然造访某个工厂或办公室，有时又会临时安排与下属共进午餐，工作人员还会从传真机上见到总裁的亲笔批示。

真诚沟通也是留人的一种技巧，公司不仅要以事业留人，还要以感情留人。有这样一个故事：公司一名很优秀的员工要辞职，该员工的上司觉得单位很需要这个人，想办法要让他留下来。经过交谈了解到，这名员工不满意他用电子邮件发指令的方式，但未向他提起过。了解了内情，上司主动和这位员工促膝交谈，留住了这名优秀员工。

有效沟通还有助于公司创名牌。松下公司很多产品的开发都是在与用户及员工的交谈中获得灵感的。如果员工有新的创意，松下甚至会拨一笔专款，让他去另开办一家工厂，实现他的创意。在这些交流中，公司不仅充分倾听到员工的意见，解决了员工悬而未决的问题，更便于找准经营思路创出品牌。

有人以为沟通只要人际交往时不隐瞒、真实地表达本意就行了。其实，这还不够。确实，不以诚相待就根本谈不上良性沟通，但往往真知灼见在合理碰撞时也会不欢而散。因此，沟通不仅需要真实，也需要技巧。这里有五个沟通的小技巧：对人对事皆以真诚欣赏与赞美为前提；先说自己错在哪里，然后才指出别人的错误；说话要顾及别人的面子；只要对方稍有改进即加以鼓励；嘉勉要诚恳，赞美要大方。从人性的角度看，每个人都是想被他人认可的。

沟通，除了知其讲话的本意外，还要知其所以然。在庭审辩论过程中，律师的一种辩论技巧就是并不会将对方的辩论意见做简单地条件反射，而是要知其论点的依据是什么，对方有怎样的意见，会如何反驳等。之后才去应战，否则就易坠入陷阱。人事工作也一样。如主试者问面试者："你家住在哪里？"面试者条件反射的回答是据实相告，而真正懂沟通技巧的面试者就会知道主试者的随意"开场白"可能是在判断其上下班的路程所要花的时间。因此可以回答："我只要乘一辆车就能到单位。""我家到贵单位只要半个小时。"这一问一答就是一次沟通的过程，深究其源往往能使沟通取得事半功倍之效。

沟通要做到"百花齐放"

"沟通"的特点和用途，在优秀公司中的明显表现与其在一般同业中的表现不同。优秀公司是信息和开放式沟通联络的一张庞大网络，其模式和密度，使员工彼此间沟通和联络的特权得以发展。系统内混乱的财产之所以能得到很好的管理，正是沟通的规律性和特性的反映。优秀公司非常注重无拘束的非正式沟通。例如，迪斯尼公司的每名员工都佩戴一个写着自己名字的标签；惠普公司也非常注重员工的名字，此外还实行"门户开放政策"；拥有35万员工的IBM公司绞尽脑汁地推行"门户开放政策"，受到全体雇员的推崇。该公司的董事长通过其雇员来答复顾客向他提出的所有抱怨；德尔塔航空公司也把它推行得颇具成效；在莱维·斯特劳斯公司，自由沟通甚至被称为"第五种自由"。

使管理不再只是局限于办公室内，是不拘形式沟通意见的另一大创举。联合航空公司的爱德华·卡尔森称自由沟通为"有形的管理"和"走动管理"，而惠普公司则认为这是"惠普方式"的重要一环。

提供精简的环境设备有助于自由沟通的开展。康宁玻璃公司在新盖的工程大楼内安装升降扶梯，用以增加面对面沟通的机会；3M协助任何申请者组成俱乐部，以便增加午餐时间意外解决问题的机会；一名花旗银行的职员发现，把意见分歧的不同部门的职员安排在同一幢楼上班后，分歧意见便很自然地被解决了。

是什么导致了这样的结果呢？答案是："全方位、多途径的沟通"。惠普公司所有的金玉良言均与加强沟通有关，即使是惠普的环境设备和精神信条也都更多地强调了沟通。在旧金山Palo Alto附近的公司里，你稍微走动一下，就会看到许多人聚在一起讨论问题。这种专案小组的会议可能都会包括研究发展、制造、工程、市场与销售部门的员工。但是有许多大公司的经理从不与顾客或销售人员谈话，也从不瞧一眼或摸一下产品！一位惠普公司的员工在谈到该公司的核心组织经验时说："我们也不清楚到底哪种组织结构最好，我们唯一明确的就是，先进行无拘无束的自由沟通，这是解决问题的关键所在。我们必须不惜任何代价来坚持！"

3M公司的信条同惠普公司的大同小异，该公司的一位主管说："我们抛开繁文缛节，与每一位员工进行自由的交谈。"以上所有的例子都可以归纳为"无拘无束自由沟通的技巧"。

避雷针效应：善疏则通，能导必安

来源：物理学实验。

内容精解：在高大建筑物顶端安装一个金属棒，将金属线与埋在地下的一块金属板连接起来，利用金属棒的尖端放电，使云层所带的电和地上的电逐渐中和，从而保护建筑物等避免雷击。避雷针效应说明这样一点：善疏则通，能导必安。

应用要诀：对矛盾和焦点要加以解决和疏导，否则会导致矛盾激化。领导要关注员工的心理和思想问题，要加强谈心、交流，多做思想工作。

有效沟通，从"心"开始

对于管理者来说，要想获得良好的沟通效果，抓住对方的心理是相当重要的。

抓住对方心理是和对方交往、说服对方的重要途径。沟通之难不在于见多识广或表达之难，而在于看透对方的内心，并在此基础上巧妙地表现自己。人的心理十分微妙，即使同样的一句话也会因对方的情绪变化而得到不同的理解。读懂对方的内心，才能控制其情绪的变化。

沉默的员工就是一扇关闭的门，如果管理者在交往中稍有不慎，那么对方就永远不会向你打开心扉。怎样才能使沉默寡言的人向管理者敞开心怀呢？首先应该进入对方的内心世界，引发其产生心理动摇。只要管理者抓住了沉默员工的心理，员工就会很容易地向管理者敞开心扉。

管理者可以使员工感觉到自己十分同情他的处境。如果员工因为遭遇挫折而不言不语，管理者不妨表示同情，可以用一种很宽慰的语气对员工说："如果我处在同样的环境，遇到同样的事情，肯定也会失败。"这样员工就不再担心管理者会严厉地批评他，进而也愿意和管理者展开交谈。

管理者不能老是等上级的指示，在妥善处理了自己份内的工作以后，要主动地为上级分担工作。管理者不能看到上级仍在忙碌也无动于衷，这种事不关己、高高挂起的心理和行为是不利于管理者的管理的。

管理者即使遇到了与自己没有任何关系的事，只要具备一定契机和理由，也应该像对待自己的事一样做出积极的姿态，这样才能感化别人。感化别人的关键在于情感、需求、本能等行为动机，不要跟员工或者上级空谈道理，那样是没有任何效果的。

拆除沟通的心理堡垒

现实的沟通活动还常为人的认知、情感、态度等心理因素所左右，有些心理状态常对社会沟通造成障碍。

1. 认知不当导致沟通障碍

（1）第一印象。是指在人际交往给人留下的印象特别深刻，以后要改变这些印象往往不太容易。这种现象显然是不利于人际关系的。因为我们认识、了解一个人，不是通过一次、两次交往所能完成的，而第一印象又容易限制我们对人的进一步了解。有的人可能给人的第一印象不太好，但进一步交往之后，则会感觉大不一样；有些人给人的第一印象特别好，而以后也许这种印象会逐渐淡漠下去。"路遥知马力，日久见人心"的古训是有一定道理的。在人际交往中，要注意克服第一印象的影响。

（2）近因效应。是指在与他人沟通时，对初识者形成印象，所依据的材料往往在时间上有一定间隔，因而，材料出现的次序对于印象形成的作用不一样。人们更倾向于根据最新的材料形成印象。

（3）晕轮效应。是指人们对他人的知觉容易产生偏差倾向。当一个人对另一个人的某些主要品质形成印象以后，那么就认为这个人的一切都很不错。这就像月亮周围的大光环是月亮的扩大一样，所以称为晕轮效应。

（4）定势效应。是指在人们头脑中存在的关于某一类人的固定形象。当我们认识他人时，常常会有一种有准备的心理状态，按照事物的外部特征对他们进行归类，从而产生定势效应。

（5）社会刻板效应。刻板印象，是在人际交往中对某一类人进行简单的概括归类所形成的不正确的印象。比如说英国人保守，美国人不拘小节，犹太人会做生意，等等。刻板印象使人们在无形之中戴上了涂有偏见色彩的有色眼镜。人们总是不自觉地将人概括分类，如说到南方人，人们心目中总有一个印象；说到北方人，又会出现另一个概括化的印象。虽然就总体来讲，南方人与北方人在某些方面（风俗习惯、风土人情以及性格特点等）是存在一些差别，但是如果以这种概括化的印象对待具体的人则是完全错误的。而我们的人际交往正好是具体的人与人之间的交往，因此必须防止刻板印象的影响。

2. 情感失控导致沟通障碍

人总是带着某种情感状态参加沟通活动的。在某些情感状态下，人们容易吸收外界的信息。而在另一些情感状态下，信息就很难输送进去。如果不能有效地驾驭情感，就会有碍正常沟通。

例如，不能摆脱心情压抑状态的人大多数表现出孤僻和不愿与人交往的倾向，在公共场合很少说话，对别人的话不感兴趣，对某些信息甚至有厌恶感。又如，感情冲动时往往不易听进不同意见。再如，情绪偏颇，像骄傲情绪、急躁情绪等，也会束缚沟通。

3. 态度欠妥当导致沟通障碍

态度是人对某种对象的相对稳定的心理倾向。除认知成分、情感成分外，态度还包括行为成分。凡以恰当的认知、健康的情感支配行为的心理倾向，就是科学的态度。反之，则是非科学的不端正的态度。态度不正确，也不能有理想的沟通效果。例如，迷信权威会带来沟通判断失误；爱面子也会造成判断失误。

用心沟通，用情交流

人与人之间由于认识水平不尽一致，有时会造成误解导致产生矛盾。如果我们能用心沟通，多注重思想和情感的交流，这样就会赢得时间，矛盾得到缓解。相反，如果只凭一己之见，忽视了情感和思想的交流，最终就会伤害感情，影响人际间的交往。

有一次，刘墉应邀在某大学做了一场关于人际沟通的演讲。在谈到待人礼节这个话题时，他这样讲道："我有个美国学生，有一天突然打电话来，说她需要一支狼毫毛笔，外面找不到好的，想跟我买。我说没问题，不但找了一支不错的狼毫笔，还翻出一支很好的羊毫笔。没过多久她来了，问多少钱。我说：'笑话！这么深的交情了！送你的！'

各位可以想象，那美国学生一定会作出很惊喜的样子，因为我等于送了她一百多美金的礼物。可是半年后，有个中国学生对我说，那个美国学生又托她去中国城找毛笔。我说，奇怪了！她明明知道我多得是，为什么不来找我呢？

中国学生笑了，说：'她说了，因为您不要她的钱，她不能再找您。'然后，那中国学生又说，'教授啊！您不知道吗？有时候美国人要跟您买，您不卖，送他，他们会觉得您是暗示他，您不愿意卖。'"

《如何使人们变得高贵》一书中说："把你对自己事情的高度兴趣跟你对其他事情的漠不关心互相作个比较。那么，你就会明白，世界上其他人也正是抱着这种态度！"这就是说，要想与人相处，首先要学会用心沟通。

一个年轻人因受不了妻子近来变得忧郁、沮丧，常为一些小事对他吵吵嚷嚷，甚至打骂孩子，无可奈何之下只好躲到办公室，不想回家。

有位经验丰富的长者见他这样，就问他最近是否与妻子争吵过。年轻人回答说："为装饰房间争吵过。我爱好艺术，远比妻子更懂得色彩，我们特别为卧室的颜色大吵了一架。我想漆的颜色，她就是不同意，我也不肯让步。"

长者又问："如果她说你的办公室布置得不好，把它重新布置一遍，你又如何想呢？"

"我绝不能容忍这样的事。"青年回答说。

长者解释说："办公室是你的权力范围，而家庭以及家里的东西则是你妻子的权力范围，若按照你的想法去布置'她的'厨房，那她就会和你刚才一样感觉受到侵犯似的。在布置住房上，双方意见一致最好，不能用苛刻的标准去要求她。要商量，妻子应该有否决权。"

年轻人恍然大悟，回家对妻子说："一位长者开导了我，我百分之百地错了，我不该把我的意志强加于你。现在我想通了，你喜欢怎样布置房间就怎样布置吧，这是你的权力，随你的便吧。"妻子听后非常感动，两人言归于好。

用心沟通，强调的是人与人之间心灵的交流。包括用心倾听、用心体会，一些心不在焉、左耳进右耳出的交流并不是真正的沟通。当两人的意见或观点出现分歧，通过用心的交流，就会使矛盾得以化解。只有读懂了对方的心，了解对方的感受，站在对方的立场，沟通才会起作用。

营造有效沟通的氛围

丹佛大学斯蒂芬·鄂斯克勒所做的一项研究表明，他所研究的46家公司之所以面对互联网带来的商机行动迟缓，最主要的两个原因就是沟通贫乏和行政上混乱。

如何能让员工愿意同你交谈？怎样把你的公司变成一架精干、平衡和适应性强的沟通机器？如果你同人力资源专家和人际沟通专家讨论这个问题，就能总结出以下三个提高沟通水准的必要条件：

（1）使沟通成为你公司里的优先事项，并且让每个员工都知道你重视沟通。

（2）为员工提供同管理层交谈的机会。

（3）建立信任的氛围。没有了信任，员工很可能不愿意同他人分享自己的想法和意见。在如今精简、重组、合并和收购成为主流的时代，员工们常常害怕说出他们的想法。

1. 使沟通成为优先选项

在你的组织里，如何能有效鼓励双向沟通？很简单，向他们表明，你重视他们的意见。

你需要向员工传递的最重要的信息就是，对任何问题的解决办法，永远决不会是单向的信息沟通，而一直都是交互式的，让所有人都参与讨论。换句话说，你必须确保员工知道你愿意倾听他们的意见。

鼓励员工向上级的沟通，其关键之一是清楚地表达出你希望这种沟通，鼓励这种沟通。在这种沟通出现时，你会重视它并给予回报。在明尼苏达矿业公司，明确期望员工进行跨组织结构的沟通，新的观点总是受到鼓励，这都是努力在公司内保持创新精神的措施的一部分。

重视沟通常常需要不同部门的经理采取协作和团队的行动，例如，负责人力资源和内部沟通的部门就需要统一步调。Unisys电子计算机公司人力资源部门的负责人是沟通的积极支持者，而且做出了切实的努力，如同参加沟通的人们密切协作，以提高内部沟通水平。由人力资源部门的负责人、公司总经理和参加沟通的员工联合组成的阵营，向员工们充分显示了公司对员工沟通的重视。

2. 尽力扩充有效沟通渠道

为了有效激励员工参与沟通活动，你需要各种不同的正式和非正式沟通渠道。正式渠道可能包括提出建议的流程、企业内部的网上论坛或者反馈表格等；非正式渠道可能包括部分职员的开会和其他类型的面对面交谈。员工们必须了解正式和非正式的所有沟通渠道。

3M公司的董事会主席兼行政总裁L.D. 迪西曼定时在明尼苏达的圣保罗召开会议，这不仅提供了交谈的机会，而且更重要的是提供了聆听的好机会。他安排会议中大多数的时间用来听取员工的意见、了解员工的思想。在每次会议的开始，他总是简明扼要地说明本次会议是"为员工介绍他们可能感兴趣的业务或话题的最新进展情况"。

随后，会议展开，议程主要由员工的提问和管理层的回答构成，讨论主题并非事先设定的，也没有什么规定来限制问题的范围。

然而，员工通常不愿意直接说出他们的想法。即使在最为开放的企业文化中，总有些员工有了好主意却由于某种原因难以公开表达出来。在这种情况下，这些员工就可以考虑使用允许他们保持匿名的意见反馈系统，使用可靠的意见箱是另一个选择。而且，现代技术（网络和电子化的沟通手段）为此提供了更多的表达途径。

位差效应：没有平等就没有真正的交流

提出者： 美国加利福尼亚州立大学。

内容精解： 美国加利福尼亚州立大学对企业内部沟通进行研究，他们发现，来自领导层的信息只有20%~25%被下级知道并正确理解，而从下到上反馈的信息则不超过10%，平行交流的效率则可达到90%以上。管理学上把这种现象归纳为沟通的位差效应，它说明：平等交流是企业有效沟通的保证。

应用要诀： 平等沟通，下情能为上知，上意迅速下达。作为较高层次的管理者，应努力坚持走群众路线，注重实际和调查研究，主动与下属沟通。管理者应加强自身民主意识的修炼，平易近人、谦虚谨慎，让员工愿意与自己沟通。

平等地与员工交流

进一步的研究发现，平行交流的效率之所以如此之高，是因为平行交流是一种以平等为基础的交流。为试验平等交流在企业内部实施的可行性，他们试着在整个企业内部建立一种平等沟通的机制。结果发现，与建立这种机制前相比，在企业内建立平等的沟通渠道可以大大增加领导者与下属之间的协调沟通能力，使他们在价值观、道德观、经营哲学等方面很快地达成一致。可以使上下级之间、各个部门之间的信息形成较为对称的流动，业务流、信息流、制度流也更为通畅，信息在执行过程中发生变形的情况也会大大减少。

由此，他们得出了一个结论：平等交流是企业有效沟通的保证。

要提高沟通效率，领导者就必须充分认识沟通的平等性。平等沟通，并不是平等地位的沟通，而是发自内心的情感交流。有修养的领导会以平常心态对待他人，言语表现得体，真诚用心地对待每一个员工。

领导与下属沟通，就是领导与下属之间在思想、观点、意见、感情、愿望、认识问题等方面交流的过程，通过相互作用，达到共同进步的目的。良好的沟通能够达成决策共识、建立相互信任、促进彼此感情、形成团队合力、提高落实效率。没有沟通或失败的沟通，会产生误解、相互猜忌、伤害感情，甚至形成对立或仇恨。

一个企业要实现高速运转，要让企业充满生机和活力，有赖于下情能为上知、上意迅速下达，有赖于部门之间互通信息、同甘共苦、协同作战。要做到这一点，有效的沟通渠道是必需的。

有效沟通，使组织成员感到自己是组织的一员；激励成员的动机，使成员为组织目标奋斗；提供反馈意见；保持和谐的劳资关系；提高士气，建立团队协作精神；鼓励成员积极参与决策；通过了解整个组织目标，改善自己的工作绩效；提高产品质量和组织战斗力；保证领导者倾听群众意见，并及时给予答复。

其实，企业管理中的工作最多无外乎员工彼此间的交流，大约占全部工作时间的60%以上。可见，一个企业中如果缺乏有效的交流，将会造成很大的障碍。作为领导，应该掌握有效的员工交流沟通方式、解除员工之间的沟通障碍及员工的冲突管理。

吩咐工作要少命令多商量

说到命令，人们可能会想到"军令如山"这个词，领导下了命令，下级不得不服从。于是有些领导认为以命令方式去指挥下属办事最快，效率最高，但在实际生活中却不尽然。

日本松下公司前总裁松下幸之助说："不论是企业或团体的管理者，要使属下高高兴兴、自动自发地做事，我认为最重要的，要在用人和被用人之间建立双向的即精神与精神、心与心的契合、沟通。"他看到了领导与下属的沟通的重要性，因而在实际中身体力行，终于取得了成功。要达成领导与下属心与心的契合、沟通，关键的就是与下属一起交流商量。

一些管理者颐指气使，有事就大嗓门地命令下属去干。他们认为只有雷厉风行才能产生最佳效果，命令别人去干事的时候也不听取他人的意见，反正一句话："做了再说!"一般来说这样的领导比较有能力，在下达命令之前是经过一番深思熟虑的。但久而久之，下属对领导产生了信任就会什么都不问，照领导说的去做，这样反倒失去了积极性和创造性而成为一台只会办事的机器。而有些下属呢，面对领导铺天盖地的命令，连问一句为什么的机会都没有，自己想不通当然就不愿去做了，而不愿做的事要被迫去做是很难做好的。

要吩咐下属去办一件事，命令的方式是不可少的，特别是在情况紧急的情况下，一分一秒都是宝贵的，没有时间详细解释。但更多的时候，最好还是以商量的方式。

如果采用商量的方式，下属就会把心中的想法讲出来，而领导认为有道理的话就不妨说："我明白了，你说的话很有道理。关于这一点，看看这样行不行？"诸如此类，一方面吸收对方的想法和建议，一面推进工作。这会让下属觉得既然自己的意见被采用，自然就应把这件事当做自己的事去认真做；同时由于热心，自然也会产生良好的效果。

另外，管理者在要下属去干一件事时，也可以给下属指一个美好的前景，他们便会欣然去做。所以在实际工作的安排中，管理者应做到：

（1）忌凭自己的权力压制他人。

（2）要仔细聆听下属的意见。

（3）若同意对方的意见，就可以说："我也是这样想的。"这样会使下属为自己的意见而感到骄傲。

（4）如果不同意，必须向部下说明理由。如果只是把上级命令发布下去，下属还是会我行我素。

建立诚实信任的双向沟通

组织对于员工意见的处理方式，直接影响到今后能够收到什么类型的反馈信息。员工如果都知道，即使最尖刻的评论也能得到积极、诚实的回应，不会有任何记恨，在心中就会产生信任感。但如果出现相反的情况：如果他们的反馈被忽视，或组织的对策只是做做表面文章，要么员工因为说出了自己的看法遭到报复，他们就不再敢于诚实地反馈信息。

Unisys的行政总裁Weinbach正是促使该公司企业文化逐步变得充满信任氛围的幕后推动力量。Weinbach在就任第二天通过电视向全体员工发表讲话："嘿，写信给我，我会回答。我想知道你们都在想些什么。"从此开始了改变氛围的计划。Weinbach亲自阅读并坦诚回复每一封收到的电子邮件的消息传开后，他继续收到的反馈信息数量呈指数级增长，几个月内就收到4000多封电子邮件。

促使员工参与或者鼓励员工反馈的唯一途径，就是建立信任的氛围，这样人们才知道自己可以自由地发表意见，而不必担心组织的报复。建立信任需要较长的时间。

Peggy Walkush是高科技公司SAIC（互联网内容服务商）负责公司同持股员工之间关系的董事。她始终坚持直接、诚实的双向沟通和对员工反馈信息的开放式回应："我们发现持股雇员提出了无数问题，他们是在挑战你的能力。你只能为此做好准备，并且要耐心和乐于回答。"但是Walkush同时认为，建立信任的氛围并不等于允许无理取闹或提出不当的要求。她说："你必须明白底线在哪里。我们会说：'这是我们给你的关于股票价格的信息；你无权查看董事会的决议；那些是你选出来的董事会成员的工作。'你必须十分清楚同员工沟通的界限在哪里，哪些事情他们有权过问、哪些无权知晓。"

在伊士曼·柯达公司，主管员工沟通的董事Dotty Luebke为信任这一概念增加了新的内容。Luebke常常在重要的沟通活动之前、期间及之后，选择部分员工提供反馈意见。她谈到，在其他组织工作的同僚常常十分惊讶，因为柯达员工常常在公司的重大决定正式宣布之前就已经知道了确切消息，并且还被要求提供反馈信息。即使如此，Luebke在这些沟通中还从未遇到过员工破坏信任、泄漏机密的情况。她指出："你应该信任你的员工，与你一同工作的人们同样希望公司能够成功。"

怎样才能了解增加沟通的努力是否有效？有趣的答案是：如果员工们不那么频繁地同你沟通，就是一种好迹象。当初Perkins就是这样告诉3M的一位经常同员工进行正式和非正式沟通的高级经理的。这位高级经理最近表示："我打算继续同这些人会晤，直到他们不再有问题提出为止。"

开展民主式的沟通讨论

管理就是借着他人自发性的协助与努力，以达到预先设定的目的。恐吓、薪酬、建立共识等三种使人听命行事的手段中，只有"建立共识"能起到很好的效果。

所谓恐吓是指不顾对方想法，完全照自己的意思控制他人。比方说以"下地狱"的说法恐吓他人，制造恐怖气氛，类似搞个人崇拜的心理控制手法，或是违反上级命令便施以严厉处分的军队纪律等，都属于这种手段。

强调薪酬的管理方式可说是有作用的，像那种比较艰苦的劳动工作或是危险的职务，往往必须靠这种强调薪酬的方式来让人听命行事。

领导者的态度，就看他对这三种激励手段的重视程度不同而有所差异。如果领导者没有具备自然激发部属自主性协助能力，就会仗其职位采取高压统治，甚至有自筑高墙拒绝沟通的倾向；就算部属主动提出看法，他也会强硬地说："你不用再说了，就照我说的去做。"或说："我才不会听你的。"

通常这类型的人多半行事胆小谨慎，自尊心也比一般人来得快。因对自己的领导能力不具信心，即使是一点点的意见交换也生怕防线失守，被部属破坏了自己身为领导者的威严。

具有某种程度自信的领导者，往往愿意虚心听取周围率直的意见。掌握部属的真心是互相了解的第一步。即使有时非得表现出身为长官的威严，等到最后一刻再表现也不算迟。

人们在非常时期的确无暇去做民主式的讨论，但是有些领导者在平常的公司组织中仍拒绝民主式的沟通讨论，这种管理心态大错特错。

斯坦纳定理：说的愈少，听到的就愈多

提出者： 美国心理学家斯坦纳。

内容精解： 在哪里说得愈少，在哪里听到的就愈多。只有很好听取别人的，才能更好说出自己的。说得过多了，说的就会成为做的障碍。

应用要诀： 第一，虚心听取别人的意见是一个人进步必要条件。第二，自己意见不成熟时不能发表，说得过多了，说的就会成为做的障碍。第三，多听、多做、少说是一个人成熟的表现。

兼听则明，偏听则暗

倾听是获取信息的方法，只有认真倾听，才会获得准确的信息，而许多准确的信息可为准确的决策提供依据。

英国作家拉迪亚德·吉卜林曾经这样描述恰当的提问与回答："我有6个忠实的仆人，他们可以告诉我所有想知道的事情。他们的名字是：什么、为什么、何时、何地、怎么样、谁。"在你倾听别人谈话的时候，如果你确保掌握了吉卜林的6个"忠实仆人"的要素，会对你有很大帮助。

国王收到了三个一模一样的金人，但进贡人要求国王回答问题：三个金人哪个最有价值？无论是称重量还是看做工，都是一模一样。最后，一位老臣拿着三根稻草，插入第一个金人耳朵里，稻草从另一边耳朵出来。第二个金人的稻草从嘴巴里掉出来。第三个金人的稻草掉进肚子里。老臣说：第三个金人最有价值！答案正确，使者默默无语。善于倾听，才是最有价值，是成熟的人应具备的基本素质。英国联合航空公司总裁L·费斯诺归纳类似的现象说，人有两只耳朵却只有一张嘴巴，这意味着人应多听少讲。这就是

"费斯诺定理"。

"金人"故事的实质其实是"善于倾听，才是最有价值；讲一定要讲得精悍。"这也就给"费斯诺定理"下了个概念：人要善于倾听，获取对方的信息越多，理解对方的意思就越明确，才能给予对方精确的答案。

作为一位领导者，首先要倾听问题，然后再去指导，这是田纳西州BUN公司总裁兼CEO给出的最有价值的建议。

只有很好听取别人的，才能更好说出自己的，虚心听取别人的意见是一个人进步必要条件。自己意见不成熟时不能发表，说得过多了，说的就会成为做的障碍。多听、多做、少说，是一个人成熟的表现。

因此，多听少说应该是我们的首要准则。我们大部分人都有点啰唆，告诉别人的比他们需要了解的要多。很多人说话爱跑题，喜欢不着边际地胡吹神侃。如果你认识到自己存在这些问题，就应该学会简洁表达，让别人喜欢听你说话，而不是不得不听你说话。如果你老是说的比听的多，你可能就会在与人沟通上受挫，也容易让别人感到厌倦。

倾听是和解的开始。让对方把不满的话讲出来，即吐出了心中窝着的火，又在你认真倾听中找到心理的平衡。你还可以从对方的话语中找到矛盾的根结所在，为化解矛盾打下了基础。

倾听是相互沟通的前提。想和对方沟通，就要先让对方把话讲完。通过说教是达不到沟通的目的的，而认真地倾听会在不知不觉中拉近双方的距离，达到沟通的目的。

倾听能力是企业领导最重要的能力之一。它可以使同事、下属乐意讲述甚至倾诉，令对话持续不断，有利于消除隔阂、减少误会。

微软CEO史蒂夫·鲍尔默曾说："我的大脑时刻不停。即使听完一个人说的事情，但不能真正消化理解这些东西，我也要认真倾听。这就是我大脑工作的方式，它总是在不停地接受、分析、思考、理解、反应。如果你真想激励人们干好工作，那就必须倾听他们所说的，并让他们感觉到你是在倾听。这对我及周围的人都有好处。"

适时关闭你的嘴巴

萨伏那洛拉的动人言辞，使得15世纪的佛罗伦萨从荒淫奢靡转变为严谨自律的城市；千千万万的男女老幼因为听信了彼得的蛊惑，纷纷拥入中东，为把耶路撒冷从异教徒手中夺回，参与了那场徒然而血腥的"十字军东征"。而这种惊人的语言表达能力并不是每个人都能学会，总有一些人在与人交流时会遇到各式各样的语言障碍，它们有的就像肢体伤残，需要施以整形外科的手术矫正；有的只需要像改旧衣服一样略加修整；有的则像一个松弛的腹部，要把它绷紧；还有些就像修理汽车一样需要调整零件，或者像车上的齿轮要上点油来润滑；另一些人的毛病则很像小男孩的脏面孔，要用热肥皂水使劲擦洗一下才行。

如果你发现实在无法让自己的舌头跳起桑巴舞，那就管好你的嘴，练就古人所说的"大音希声，大象无形"的境界。

有一家汽车制造公司准备购买一大批用于车内装潢的布料，参与竞争的有三家纺织品厂商。在做最后决定前，该公司要求三家纺织品厂商各派一名代表于特定日期来该公司进行最后一轮洽谈。

道尔是其中一家纺织品厂商的业务代表，当时正好患了严重的咽喉炎，但这一点却使他最后"因祸得福"获得了成功。他事后回忆当时的情景说：

"我被引进一间会议室，面对的是那家公司的多位高级主管，诸如丝织品工程师、采购经纪人、业务经理及该公司总裁等。我站起身，尽最大努力想讲几句话，却只是徒费力气而已。

"众人围着会议桌坐下，静静地注视着我。我只好在纸上写道：'诸位先生，我因咽喉炎发不出声来，我没办法讲话。真抱歉！'

"'我来帮你讲。'该公司总裁说道。于是，他便代我展示样品，并说明那些样品的种种好处。接着大家开始讨论，也都极力称赞我的纺织品的优点。由于那位总裁取代了我的位置，便代替我参加讨论。而我唯一能做的，只是微笑、点头或打几个手势而已。

"这个极其特别的会议的结果是：我得到了那份价值160万美元的合同——

那是我有生以来争取到的最大订单。"

　　道尔带着庆幸的口气总结说："我知道，如果不是我不能开口说话，我一定得不到那份订单，因为我对整个事情的估计完全错误。经过这个事件，我发现多让别人开口讲话，实在有极大的好处。"

　　"谨言慎行"。没有经过大脑思考的话，不但是废话，而且往往会招来不必要的麻烦和灾祸。所以深谙说话之道的人不是在胸膛上"开窗口"，而是在嘴巴上"装阀门"。说话快、思考慢的人多是愚蠢的，因为他们总是说了又后悔；思考快、说话慢的人多是智慧的，因为他们总是非常检点自己的语言表达。说话是为了正确地表达自己的思想和意见，而不是为了自己光图个嘴巴痛快，乱发泄情绪。有些人总是批评别人没有大脑，总是爱随便说话，却很少检查自己发言有没有动脑子，有没有乱说话的时候。一个人的脑袋必须学会思考，一个人的嘴巴必须知道适时关闭。

善于倾听不同的声音

　　倾听的艺术算得上是无障碍沟通的关键所在，而无障碍沟通又是成功的企业管理之砥石。要想通过沟通清除工作中的摩擦和障碍，应该注意在沟通中非常重要的一个环节，那就是倾听。

　　倾听是沟通过程中一个重要的环节。几乎在任何交流中，我们所能做到的重要的事就是倾听。比如，作为一名管理者，在讲话前，只有倾听，才能帮助你在回答问题时提供更多的信息帮助。当我们养成倾听的习惯时，就必然会了解我们的员工的问题、挫折以及需求。

　　很多管理者都有这样的体会：一位因感到自己待遇不公而愤愤不平的员工找你评理，你只需认真地听他倾诉，当他倾诉完时心情就会平静许多，甚至不需你作出什么决定来解决此事。

　　美国著名银行家约翰·洛克菲勒说："我们的政策一直都是：耐心地倾听和开诚布公地讨论，直到最后一点证据都摊在桌上才尝试达成结论。"据说他的座右铭就是"让别人说吧"。惠普公司的创始人帕卡德也特别强调："倾听，然后去理解。"

"不善于倾听不同的声音，是管理者最大的疏忽。"玛丽·凯在《玛丽·凯谈人的管理》一书中，曾对倾听的影响做了如此的说明。玛丽·凯经营的企业能够迅速发展成为拥有20万名美容顾问的化妆公司，其成功秘诀之一是她非常重视每一个人的价值，而且很清楚员工真正需要的不是金钱、地位，他们需要的是一位真正能"倾听"他们意见的管理者。因此，她严格要求自己，并且使所有的管理人员铭记这条金科玉律：倾听，是最优先的事，绝对不可轻视倾听的能力。

西方有句谚语：倾听是最高的恭维。英国学者约翰阿尔代说：对于真正的交流大师来说，倾听和讲话是相互关联的，就像一块布的经线和纬线一样。当他倾听的时候，他是站在他同伴的心灵的入口；而当他讲话时，他则邀请他的听众站在通往他自己思想的入口。

管理是讲究艺术的，对人的管理更是如此。新一代的管理者更应认识到这一点：高谈阔论，教训下属，以自我为中心的领导方式已不适用了。倾听是一种有效的沟通方式。具有成熟智慧的管理者会认为倾听别人的意见比表现自己渊博的知识更重要。他要善于帮助和启发他人表达出自己的思想和感情，不主动发表自己的观点，善于聆听别人的意见，激发他们的创造性思维，这样，不仅使员工增强对管理者的信任感，还可以使管理者从中获取有用的信息，更有效地组织工作。

做一个会听话的沟通者

在一项关于友情的调查中，调查结果让调查者感到十分意外。调查结果显示，拥有最多朋友的是那些善于倾听的人，而不是能言善辩、引人注目的演说者。其实，这也没有什么不可思议的。生活中我们每个人都渴望表达自己。聪明的聆听者能够让说话者有充分的表达的机会，自然就更容易获得别人的好感。

有这样一位经理，他心存好意，请刘某到小吃店去喝酒，想要劝服刘某留下来，可是却没有收到效果。因为喝酒的目的是要使对方的心情放松，然后再引出他心中的话。可是经理一开始就在说教，自己这么严肃，让对方连说话的机会都没有，结果只能与自己所想背道而驰。

一方面，每一个人都喜欢叙述有关自己的事，都想美化自己，也都想让对方相信自己的叙述；另一方面，每一个人又想探知别人的秘密，并且都想及早转告别人。这种现象，也许可以说是人的本性。

从某种意义上讲，会听话比会说话更为重要。聆听越多，你就会变得越聪明，就会被更多的人喜爱，就会拥有更好的谈话伙伴。一个好听众总能比一个擅讲者赢得更多的好感。当然，成为一名好的听众，并非一件容易的事。首先，要注视说话人。对方如果值得你聆听，便应值得你注视；其次，靠近说话者，专心致志地听，让人感觉到你不愿漏掉任何一个字；再次，要学会提问，使说话者知道你在认真地听。可以说，提问题是一种较高形式的奉承。我们都经历过这样的场面吧：上学的时候，如果老师在上面做完演讲而听众没有一个问题，场面是多么的尴尬。另外，记住不可打断说话者的话题。无论你多么渴望一个新的话题，也不要打断说话者的话题，直到他自己结束为止；最后，还要做到"忘我"。你始终要明白，你是个"倾听者"，不要使用诸如"我""我的"等字眼。你这么说了，就意味着你不得不放弃聆听的机会，注意力已经从谈话者那里转移到了你这里，至少，你要开始"交谈"了。

高效倾听，离不开这8招

在人际交往当中，如何说、说什么非常重要，而同样重要的是如何倾听。倾听也是一种交往艺术，有时候无声的倾听比有声的语言更能达到良好的沟通效果。

如何做好倾听？这也是一门深奥的艺术，必须掌握以下8个要素：

1. 真诚倾听

即要带着"心"倾听。倾听一定要真诚，这才能实现通过倾听达到相互沟通的目的。若你一时还对对方存有误解，心态还没调整过来，就先不要开始交流和倾听。一定要把心态调整好后，抱有真诚的态度全身心的来倾听，才会达到倾听的效果。

2. 思考倾听

即要带着"脑"倾听。光带着耳朵来听是不行的，还要带着头脑边倾听便琢磨：他讲的是什么问题？要达到什么效果？对我有什么帮助？我应该如何回答？在倾听时要思考、要分析、要判断、要做答。

3. 关注倾听

即要带着"爱"倾听。倾听中没有爱，没有对人的关心和理解，坐在那里再认真地听也是流于形式。只要带着爱的真心关注，才会达到倾听的效果和目的。

4. 主动倾听

即要带着"热忱"倾听。特别是对自己的下属、对自己的员工，一定要带着满腔热情主动地联系他们，倾听他们的想法和意见。为改进自己的工作，与员工形成共鸣，达到齐心协力共同做好工作的目的。定期主动倾听员工的意见与建议，应在公司中形成一项长期的制度。

5. 交流倾听

即要带着"理解"倾听。人际交往中离不开语言的交流，与员交流中离不开倾听。不光要求能够听客户的心声，还要倾听供应商、竞争对手的呼声，这样才能达到知己知彼实现供应的目的。

6. 全面倾听

即要带着"公正"倾听。即要听好的一面、正面的呼声，更要听反面意见；即要听上司、同事的意见，更要听员工的呼声。倾听要做到纵向到底，横向到边，全方位的倾听是准确决策的基础。

7. 虚心倾听

即要带着"学习"倾听。倾听能使你获得了新的信息，了解了新的情况，扩宽了你的视野，获取了新的知识。这些，只有你虚心倾听才会做到。所以，倾听时一定要把自己这个"瓶子"里的水倒干净，只有虚心才会装进新的内容，取得新的收获。

8. 停止倾听

即要带着"手"倾听。当听清楚倾述对象的述说和目的后，可及时地停止倾听，张嘴说话了。一是要重复倾述者讲的主要内容，说明你认真倾听了、记住了；二是在自己职权范围类的、能够当场答复的可当场做答；三是一时不能回答的要告知，并积极向上级汇报，尽早答复。绝不能倾听后无下文了，那你就会失信于人了。

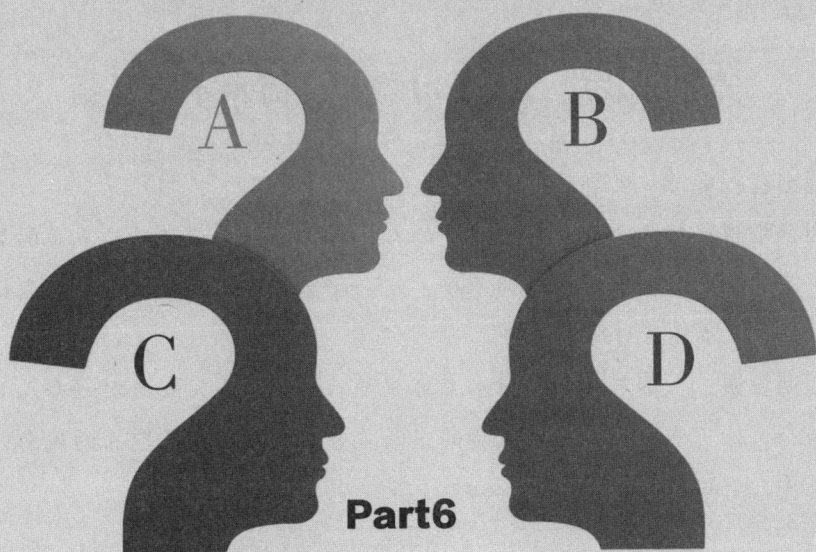

选拔：将合适的人请上车，不合适的人请下车

把适当的人选配到最适合的位置上去。

——唐纳德·肯德尔（美国）

将合适的人请上车，不合适的人请下车。

——詹姆斯·柯林（美国）

一个公司要发展迅速得力于聘用好的人才，尤其是需要聪明的人才。

——比尔·盖茨（美国）

美即好效应：人不可貌相，海水不可斗量

提出者： 美国心理学家丹尼尔·麦克尼尔。

内容精解： 对一个外表英俊漂亮的人，人们很容易误认为他或她的其他方面也很不错。印象一旦以情绪为基础，这一印象常会偏离事实。看不到优秀背面的东西，就不能很好地解读它。

应用要诀： 人不可貌相，海水不可斗量。以貌取人，或是对一个人的能力以偏概全，你可能会丢失很多宝贵的东西。领导要摒弃以貌取人的观念，坚持唯才是举，全面客观地选择任用人才。

以貌取人不可取不可靠

某些领导择才爱以貌取人，对相貌好、讨人喜欢的就关怀有加，对那些相貌平平的就避而远之。这其实是一种不正常的现象。相貌的好坏是父母给的，况且一个人的能力再强也不能使自己变美，更何来漂亮就能干事之说？

仔细分析一下，出现以貌取人也是事出有因。人的心里总会形成一种思维定式，如果看一个人不顺眼，很可能对这一长相的人都看不顺眼，因此一旦遇到同一长相的人来到身边，避之还来不及怎会委以重任呢？如果遇到长得很漂亮英俊的，领导一看心里就舒服，很自然地乐意往下谈。有人说："美丽是比任何介绍信更为伟大的推荐书。"此话真是一语中的。还有一种人员相貌平平，但有一张"甜嘴"，虽貌不惊人却会迷倒不少人。他们善于迎合领导的心理，说起事来好像头头是道与领导不谋而合。这些人是否真的有才能姑且不管，但领导的这种择人态度是不对的。

事实上，其貌不扬而有才能的大有人在。他们虽相貌一般，但有一颗善良

的心，有经验之才。领导者对这些人若疏而远之，则会失去很多。齐宣王的成功正是得益于不以貌取人。当时齐国有一丑女子，名叫钟离春，以才识知名。齐宣王闻说后下令召见她，问以治国安邦之道，钟离春从容应答、纵论国事、分析利弊、高瞻远瞩、策论服人。于是，齐宣王就按钟离春之策，传令拆渐台、罢女乐，退谄谀、招直言，立太子并拜钟为王后。这样，在钟离春的辅助下，齐国日益富强。齐宣王选人不以貌取，还把钟离春立为王后真是难得。

现实中，某些领导者偏好于以貌取人，但效果并不佳。原因很简单，相貌并不等于能力，相貌好也不一定就能办事。许多员工相貌堂堂却是"白痴"一个，什么都干不了，那领导者花了钱请这些人不是白搭了吗？

人不可貌相，海水不可斗量

"人不可貌相，海水不可斗量。"这是中国的一句古语。泰戈尔也说过："你可以从外表的美来评论一朵花或一只蝴蝶，但不能这样来评论一个人。"以相貌取人没有丝毫的科学根据。事实上其貌不扬的人有不少很有才学，而相貌出众的人也有不少平庸之辈。

澹台灭明是武城人，字子羽，他长相丑陋，欲拜孔子为师。孔子看了他那副尊容，认为难以成才不会有大的出息。因子羽是他的学生子游介绍来的，所以孔子虽看不起他，还是将他收留为弟子。澹台灭明在孔子那里学了三年左右，孔子才知他是貌丑而德隆的人，所以说"以貌取人，失之子羽"。子羽学成后曾任鲁国大夫，后来南下楚国。他设坛讲学，培养了不少人才，成为当时儒家在南方的一个有影响的学派。

如果管理者仅凭表面判断，必然导致"以貌取人，失之子羽；以言取人，失之宰予"。

领导者最应注意的是那些"不可貌相"之才。他们虽然相貌一般，但才气不少。他们或许碰壁多次，也可能由于同样的原因而未被重用，若领导者对之能以诚相待，委以重任，那么他们定会一心一意地跟随你。在多次接触之后，领导者一定会发现他们的才能。如果选任得当，奇迹在不经意中也就创造出来了。固然，某些行业选人时不可避免地要考虑人的相貌，比如服务行业，但也不应只看外表不重能力。

管理者用人必须学会综合考察。尽管有很多人在研究人才的科学测试方法，也出现了不少人才测评软件，但人毕竟不是机器，任何分析试验手段都无法完全准确地定义评价人才。因为人是千变万化的，任何人在不同的环境和情景下其情绪和表现是不一样的，加上人的一些本能反应，往往会出现种种假象。

对于管理者来说，只有深入调查、综合考核，才能较为准确地评价一个人，才能发现真正的人才。

走出凭印象用人的误区

凭印象用人的原因往往是领导者对自己十分自信，或者说感性占了上风，凭借自己对某些下属良好的印象而重用他，这是领导者的又一大忌。

凭印象用人常常使得一些巧言令色的小人有可乘之机。他们对领导者唯唯诺诺，投其所好，让领导者觉得这个人用起来很合自己的心意。没有哪位领导者喜欢用不好用的人，领导者往往在自己的头脑中盘算："甲最听话，乙不行，总是跟我作对。"在遇到较为重要的事情时，自然就会把事情交给甲做，对于甲是否真的比乙更胜任这项工作领导者就说不清了，反正印象中甲比乙好用……作为领导者，凭印象用人常常使自己被蒙在鼓里，重在表面而忽略事物的本质。久而久之，会使一些人争相投你所好，在你感觉形势一片大好之时实际上已是积重难返、众叛亲离，最后才发现坏事的恰恰是你认为用起来最顺手的人。

凭印象用人最直接的表现是以貌取人，觉得某人气度非凡能做成大事，或某人相貌出众一表人才，这是领导者受到各种外界因素误导而犯的错。其实，工作能力的差异与相貌并没有十分紧密的联系，只能说相貌好的人在某些方面较常人有一定的优势，但未必事事都强过常人。

也有领导感情用事，觉得谁看起来更顺眼就用谁，这是最危险的。相传，当年乾隆用和珅是因为和珅的长相特像一位已故的妃子，而这个妃子是乾隆非常宠幸的。我们今天评论清朝从乾隆后期开始衰败，和珅是一个不可忽视的因素。

　　凭印象用人还有先入为主的原因，就是如果某位下属做一件事，做得比较令人满意时，以后再遇到其他类似的事情时常常先入为主不假思索地考虑用他，这种行为其实是领导者懒惰的表现。他不认真考虑下属工作人员的分工配备，一旦某人干某件事情比较出色，便以后可能什么事情都找他做，而懒得找时间去仔细地分析、考察每个人的实际能力，尤其是不同的人在不同的具体工作上的表现。

　　凭印象用人一方面使一些庸才被领导重用，另一方面先入为主则使不少真正的能人得不到充分地任用。因此，领导一定要克服凭印象用人的习惯，全面、客观地看待和评价人才，做到不任用任何一个庸才，将那些有真才实学的人才选拔到岗位上来。

用人坚持"唯才是举"

　　"唯才是举"的思想在很久以前就有了，但真正作为一个用人方针是东汉时的曹操提出来的，意即大凡有用之才都应举用。以后历代明君都以此为准则大胆地用人，他们对人才的重视都是十分惊人的。对人才的看法，大致有"黄金累千，不如一贤""贤才，国之宝也""得一良将才，胜百连城壁"等。人才比金钱更重要，比城池更有价值，用砖石筑起的长城是可以攻破的，而以人才垒起的"长城"是永不倒的。项羽以失人才而亡，刘邦以得人才而兴，历史告诉我们只有任用贤能的人才，才能兴国安邦、成就大业。

　　值得注意的是，唯才是举并不是完全不考虑道德。道德对一个人才来说是很重要的，任用德才兼备之才当然更好，但更重要的是如何用好人才以发挥更大的作用；况且识才时所考虑的道德是以前的，以后还可培养造就。所以唯才是举更能保护培养一大批人才，并造就一批德才兼备之才。常言"近朱者赤"，在好的环境下人也会变的，又言"强将手下无弱兵"，究其原因乃是环境使然。

　　汉代刘邦虽未提出"唯才是举"，但在实际中他确实做到了唯才是举。举用郦生就是一例。在刘邦初起反秦之时，郦生贫苦潦倒，但很有战国策士遗风。听说刘邦喜结豪杰，便主动前去拜见。当他去刘邦的驿馆拜见，只见刘邦正傲慢地坐在床头张着两条腿让年轻侍女给他洗脚，对郦生却视而不见。郦生不动声色，说道："足下带兵如此，是想帮助秦国攻打诸侯各国呢，还是同诸侯各国联合攻秦？"听了这穷酸迂腐的老儒的一席诘，刘邦便破口大骂。郦生接口道："足下既想一举推翻秦朝，为啥这样坐着接见长者呢？足下用如此傲慢的态度接见贤下，以后还有哪个愿意为你献计献策呢？"沛公一听，立即停止洗足，将湿淋淋的双脚往鞋中一套，整衣而起，热情地接待郦生。于是郦生滔滔不绝地从六国的成败谈起直到当今灭秦的计策。刘邦听了很是佩服，立即下令款待郦生，共商伐秦大计。刘邦采纳郦生的计谋一举拿下陈留要地。此后，刘邦确认郦生果为能人，马上赐他为广野君。郦生为报答刘邦知遇之恩，还把自己有勇有谋的弟弟引荐给刘邦。事后，郦生之弟郦商为平定天下立下了汗马功劳。

上面的事例兴许较陈旧而没有一点新意，毕竟说"唯才是举"时，祖辈讲、父辈讲，今天我们还在讲。或许大家听过"乡巴佬受聘当教授"的故事吧！

1929年的一天，徐悲鸿偶然参观了一次中国画展览。宽敞的大厅里，一幅幅装裱精致的画令人眼花缭乱。但徐悲鸿看了一会儿觉得没什么意思，不少作品毫无新意，矫柔造作，使人昏昏然。正欲离开的时候，一幅挂在无人注意的角落里的画引起了他的兴趣。只见画面上几对大虾体若透明、活龙活现、笔法娴熟，徐悲鸿边看边慨叹不已：真没想到这个角落里还藏着一位这么出色的国画大师。

"哈哈，你真会开玩笑！它的作者齐白石不过是土里土气的乡巴佬，何以称大师！"一旁的友人说。

"我不是开玩笑。我不但要拜访他，还要请他当教授！"徐悲鸿严肃地说。

几天以后，身任要职的徐悲鸿果真聘请齐白石任北平大学艺术学院教授。一年后，由徐悲鸿亲自编集作序的《齐白石画集》问世了，齐白石因此名闻天下。

刘邦、徐悲鸿的事例告诉我们，只要是人才就应大胆地举用，要尽可能地减少其它次要因素对用人的影响。识才用才，不能因噎废食。唯才是举不仅在乱世是永恒的真理，在治世也同样正确。乱世需要建奇功、打江山的人才，在治世则需要更多的建设人才。没有人才，我们将一事无成，领导者也难为"无米之炊"。

简道尔法则：把适当的人放到适当的位置

提出者：原美国百事可乐公司总裁唐纳德·简道尔。

内容精解：企业要尊重人、培养人、锻炼人，各尽所能，人适其位，把适当的人选配到最适合的位置上去。现代社会的竞争就是人才的竞争，而人才在团队中能否被放在最恰当的位置、发挥最大的作用，也决定着一个团队战斗力的强弱，所以，如何识人、选人是领导最重要的一项功课。

应用要诀：选择人才对企业非常重要，只有先找对人，才能做对事。能当其位是选拔任用人才的首要原则，要把合适的人放到适当的位置上。

以能当其位为任人标准

能当其位是任人的重要原则，是判断领导者任人是否正确的首要标准。

1. 对人才要量体裁衣

既不能让统御千军的将帅之才去做伙头军，也不能让县衙之才去当宰相；既不能让温文尔雅坐谈天下大事的文官去战场上驰骋，也不能让叱咤风云金戈铁马的武将成天呆在官廷内议事。应该辨清各自的特长，派其到相符的地方或授予其相应的职位。不当其位，大材小用或者小材大用都是任人失败之处。

2. 领导不能仅仅以人才能力的高下来衡量，还得考虑人才的性格、品行

如果此人性格懦弱、不善言辞，则不宜让他担任公关和推销方面的重任；如果他处事较随意，且常出一些小错，不拘小节，就不应任用他做财务方面的工作；如果品行不太端正，爱占小便宜且比较自私，对这种人尤其要小心任用，最好不要委以重任或实权，使其处于众人的监督之下不至于危害大局，一旦发现其恶劣行为立即严惩不怠。所以，作为领导，在任时一定要就人才的能

力、性格和品行等方面综合考虑，再授予其一个适当的位置。

3. 领导者还需考虑年龄因素

一些工作岗位可能有两人可以胜任，一个年轻，一个年长。对此，领导者就应该考虑年轻人和中老年人在性格上的差异：年轻人热情奔放，充满活力，且敢拼敢闯，创造力强；中老年人沉稳、冷静、忍耐力强，且经验丰富、老到。年轻人缺乏的是经验，中年人缺乏的是闯劲。了解到这些，领导就可以根据该项工作的特征确定合适的人选。同时，领导还不能忽视年龄层次问题，机关部门、事业单位的年龄层次可以适当偏大一些，而企业的年龄层次宜年轻化一些，避免公司出现人才断层，有利于公司持续快速发展。

选拔人才要有标准

领导对人员的比较与选拔常常凭借直觉判断，主观性随意性很强。因此，为了确保选拔工作的客观公正性，领导们有必要制定一些标准作为选拔人才的客观依据。选拔标准包括以下几点：

（1）成就（包含教育背景和经历）。（2）一般智能。（3）体格、行为和能力。（4）特长。（5）兴趣。（6）气质。（7）环境。（8）人际沟通与交际能力。（9）对工作的渴求与动机。

在具体操作上，领导们可根据以上几方面分别给员工打分，按总分的高低来确定对员工的评价，并以此作为选拔的客观依据。通过这样的操作可以使人员的选拔更具可比性，从而避免了主观随意性。

从某种程度上来说，对选拔程序的评价总是推理性的。领导们通过对那些已经加入公司的人员进行随后调查，将会揭示出选拔的绩效水平。再从候选人中加以筛选，按绩效水平重新排序，将绩效水平较高者确定为最佳选拔人选。

在整个人员的选拔过程中，做好事前、事中、事后的监督反馈工作尤为重要。在某项职务的人员选拔前，领导要充分掌握手头人员的全面情况；在选拔过程中，要依据上述几个标准对员工打分综合评价；在选拔结束后，还要及时做好事后监督工作，及时撤销不称职的选拔任命。

选拔出最佳的人才

对一个企业来说，选择合适的人非常重要。美国西南航空公司在这点上与通用公司有异曲同工之妙。

作为一家航空公司，其对员工的最重要要求就是热情、真诚且富有幽默感。西南航空公司看重的就是这一点。它招聘员工的过程没有什么条条框框，招聘工作看起来更像好莱坞挑选演员。第一轮是集体面试，每一个求职者都被要求站起来讲述自己最尴尬的时刻。这些未来的员工由乘务员、地面站控制员、管理者甚至是顾客组成的面试小组进行评估。西南航空公司让顾客参与招聘面试基于两个认识：顾客最有能力判别谁将会成为优秀乘务员；顾客最有能力培养有潜力的乘务员成为顾客想要的乘务员。

接下来是对通过第一轮面试者进行深度个人访谈。在这个访谈中，招聘人员会试图去发现应聘人员是否具备一些特定的心理素质，这些特定的心理素质是西南航空公司通过研究最成功的和最不成功的乘务人员发现的。

新聘用的员工要经过一年的试用期，在这段时间里管理人员和新员工有足够的时间来判断他们是否真正适合这个公司。西南航空公司鼓励监督人员和管理人员充分利用这一年的试用期或评估期，将那些不适合在公司工作的人员解雇掉。但是有趣的是，西南航空公司很少不得不解雇一些员工，因为在这些员工被告知之前，他们已经知道自己与周围的环境显得格格不入而主动走人。

正是通过这样的选人策略，才保证了西南航空公司员工具有高水准的服务标准，从而创下了连续20多年赢利的骄人战绩。

管理者应当明确，企业需要什么样的人才，自己需要什么样的人才，用什么样的方法选择人才，而这些体现了一个管理者最重要的品质和修养。

用人先识人，找对人做对事

在日常的企业管理中，想要做到让人们交口称赞自己"大公无私"，亦要做到"知人善任"。也就是说，一个企业的管理者只有找对了人做对了事，才能让人信服他的管理水平。

有的时候，你也许已经给了你的员工很优厚的待遇，或是为了培养他们花费了巨大的心血和财力，而他们却弃之不顾，甚至将你的客户、内部资料乃至员工都席卷而去。这不仅会给你的企业造成重大损失，还对你本人的自尊造成莫大的伤害。为了尽可能减少这类事情的发生，你应该做些什么呢？那就是，要先找对人。

美国现代物理学之父爱因斯坦的故事可能鲜为人知。20世纪30年代初，美国著名教育家佛莱克斯纳立志改革教育。他接受两位富翁捐赠的一笔巨款，在风景优美的普林斯顿办起了一座高等研究院。为此，他到处特色世界一流的学者。1932年初，当爱因斯坦来到美国加州理工学院讲学时，佛莱克斯纳求贤若渴，立即前往拜访，并提出了聘请他讲课的要求，但爱因斯坦没有答应。后来，爱因斯坦去英国讲学，佛莱克斯纳又跟到英国再次请求，爱因斯坦还是没有答应。佛莱克斯纳并不灰心。这年夏天，爱因斯坦从英国回到柏林附近的寓所，佛莱克斯纳又一直跟到那里，再三恳求。精诚所至，金石为开。爱因斯坦有感于他诚心的邀请，终于答应前往普林斯顿担任终身教授。正是佛莱克斯纳的慧眼识英雄，才使得一个个著名学者齐聚普林斯顿，美国也从此成了世界物理学的中心。

由此看来，一开始找到优秀的人才对企业来说至关重要，这显然比以后解雇差的人员要容易一点。一般说来，只有找对了人才能做对事。因为，合适的人才较少犯错误，他可以让你的企业获得更高的生产率，更重要的是这种人能独立解决工作中出现的问题。所以你要试着只雇用那些聪明的并能够了解你的工作系统的人，这种人效率高，会以自己的方式去提供良好的服务，还不需要耗费太多的精力来指导他们，能节约培训成本。

如何解决这一问题呢？那就是在企业决定招聘人才的时候，就把人才的各个方面都考虑进去，从而让一个管理者真正能够做到"任人唯贤"和"知人善任"，而显示其"大公无私"的一面。

贝尔效应：慧眼识人，甘为人梯

提出者：英国学者贝尔。

内容精解：英国学者贝尔天赋极高，曾经不止一个人预计说，如果他毕业后进行晶体和生物化学的研究，一定会赢得多次诺贝尔奖。但他心甘情愿地选择了另一条道路——甘当人梯，提出一个个课题引导别人进行研究，登上一座座科学的顶峰。于是有人把他这种甘为人梯的行动称为"人梯效应"，也称作"贝尔效应"。

应用要诀：领导者具有伯乐精神、人梯精神，要以大局为先，慧眼识才、放手用才，敢于提拔人才，积极为有才干的下属创造脱颖而出的机会。

发扬伯乐和人梯精神

宋朝太尉王旦曾经专门在皇帝面前夸赞寇準的长处，推荐他为宰相，但寇準却多次在皇帝面前痛陈王旦的缺点。

有一天，皇帝忍不住对王旦说："你虽然夸赞寇準的优点，可是他经常说你的坏话。"王旦却说："本来应该这样。我在宰相的位子上时间很久，在处理政事时失误一定很多。寇準对陛下不隐瞒我的缺点，愈发显示出他的忠诚，这就是我看重他的原因。"

有一次，王旦主持的中书省送寇準主持的枢密院一份文件违反了规格。寇準马上将此事向皇帝汇报，使王旦因此受到责备。然而事隔不到一个月，枢密院有文件送中书省，结果也违反了规格，办事人员兴奋地把这份文件送交王旦，以为王旦定会报复寇準，可他没有这么做，而是把文件退还给枢密院，希望他们修正。对此，寇準十分惭愧，见到王旦时便恭维他度量大。后来，寇準升任武胜军节度使同中书门下平章事，寇準感谢皇帝对他的了解。不料皇帝却说："此乃王旦的推荐。"寇準更加敬服王旦。

王旦做宰相十二年，推荐的大臣有十几个，大多很有成就。王旦身上体现出来的就是现代人所说的贝尔效应。其实，也不妨叫做"王旦效应"。

管理者应该向贝尔和王旦学习，自觉运用贝尔效应，甘为人梯。一个成功的管理者应该以国家和民族大业为重，以单位和集体利益为先，发扬伯乐精神和人梯精神，慧眼识才、努力养才、放手用才。

公正无私地推荐人才

春秋时期，祁奚，即祁黄羊，是晋国大夫，后任中军尉。有一次晋国国君晋平公问祁黄羊说："南阳县缺个县官，你看，应该派谁去当比较合适呢？"

祁黄羊毫不迟疑地回答说："叫解狐去最合适了，他一定能够胜任的！"

晋平公很惊奇地说："解狐不是你的仇人吗？你为什么还要推荐他呢！"

祁黄羊说："你只问我什么人能够胜任，谁最合适，你并没有问我解狐是不是我的仇人呀！"

于是，晋平公就派解狐到南阳县去上任了。解狐到任后，替那里的人办了不少好事，大家都称颂他。

过了一些日子，晋平公又问祁黄羊说："现在朝廷里缺少一个法官，你看谁能胜任这个职位呢？"

祁黄羊说："祁午能够胜任的。"

晋平公又奇怪起来了，问道："祁午不是你的儿子吗？你怎么推荐你的儿子，不怕别人讲闲话吗？"

祁黄羊说："你只问我谁可以胜任，所以我推荐了他，你并没问我祁午是不是我的儿子呀！"

于是，平公就派了祁午去做法官。祁午当上了法官，替人们办了许多好事，很受人们的欢迎与爱戴。

孔子听到这两件事，十分称赞祁黄羊，说："祁黄羊说得太好了！他推荐人，完全是拿才能做标准，不因为他是自己的仇人心存偏见，便不推荐他；也不因为他是自己的儿子怕人议论，便不推荐。像祁黄羊这样的人，才够得上说'大公无私'！"

祁黄羊认为解狐是当县官的料，而自己的儿子可以胜任朝廷里法官一职，就任人唯贤地向晋平公举荐，最终连孔大圣人也称赞他推荐人完全是拿才能做标准，真正做到了"大公无私"。祁黄羊能够做到这一点的确让人敬佩。从中我们还能够看出，祁黄羊举贤不但能够做到大公无私，而且察人准确。试想，如果祁黄羊能够做到不存私心地推荐人才，但是，解狐却不能很好地为民办事，不但祁黄羊失去了大公无私的美誉，而且解狐也会在心里恨他把自己往风口浪尖上推；而他在推荐儿子的时候，如果儿子根本不是一个法官的料，那么，晋平公会怎么想？所以，这个"大公无私"还要以"知人善任"做后盾。

提携人才，雪中送炭

"先天下之忧而忧，后天下之乐而乐"的范仲淹，不仅是一位为官一任、造福一方的名臣，也是一位善于选择人才、提携人才的好领导。

范仲淹在淮阳做官时，有一天正在批阅公文，属下领来一个说是要面见他的瘦弱的年轻人。范仲淹见此人虽然衣衫破旧，倒也文质彬彬，便停下工作，问他姓名和来意。年轻人不愿说出自己的名字，只说自己姓孙，是位穷秀才，因生活窘迫，特来请求范仲淹帮助他十千制钱。

范仲淹没再追问，就叫人如数拿钱给了他。次年，属下又向范仲淹禀报，说去年曾来过的那位孙秀才又来了。范仲淹立刻命人将他领进来。见面后，孙秀才开门见山，仍然是再要十千制钱。范仲淹又如数给了他，并且关心地问："家中有什么天灾人祸吗？"

孙秀才十分不好意思地说："母亲年老多病，而自己是个读书人，不会耕田，不会做工，又不会经商，所以无计可施。自从流浪到此，不少人都称赞大人是位清官，爱民如子，所以才冒昧求见大人，请您赐怜。"

范仲淹听完孙秀才的话，情不自禁地想起了自己的身世：他两岁丧父，母亲带着他改嫁给一个姓朱的人。因为家境贫穷，买不起纸笔，自己四五岁时用木棍在沙土上学习写字。稍大后得知家事，含泪辞别母亲来到应大，住戚同义门下读书。因为没钱，每天只能吃些凝固的粥块。范仲淹想到这里，更加同情孙秀才。他思忖半天，突然兴奋地告诉孙秀才："我可以帮你谋一个学职，每天动笔抄写东西，大约能挣一百钱。这样你既能安心学业，又能养家度日。"孙秀才大喜过望，即刻答应，随后就到任了。不久后，范仲淹调离淮阳，到另外的地方任职去了。

这个孙秀才，名复，字明复，是山西平阳人。在范仲淹的帮助下，他逐渐减缓了生活压力，并且有了较好的读书条件。他刻苦学习，深入钻研，学业突飞猛进。但由于进京赶考名落孙山，他一气之下跑到了泰山，专心致志读《春秋》，成了当时著名的经学家，世称"泰山先生"。

数年后，范仲淹得知孙复学业已成，并且还很有建树，就把他推荐给了皇上。接着，孙复担任了秘书省校书郎，后来又任国子监直讲，即朝廷最高学府太学的教官。当时的人听说这件事情，都对范仲淹的慷慨相助、培育人才赞叹不已。

范仲淹培养人才是尽其所能给人才提供可以生活、学习的条件，解除人才的后顾之忧。当人才怀才不遇时，又顺手帮扶一把，使得人才才尽其用。这种对人才的培养看似无心，实则是培养者的素养积累和给人才的重大机遇。

领导者在下属困难时帮他一把，无异于雪中送炭。但是更重要的是培养下属独当一面的能力，当下属遇到困难时能够尽自己所能为下属排忧解难，为他发挥才能开辟一条阳光大路，下属的才能就会得到更好的发挥。

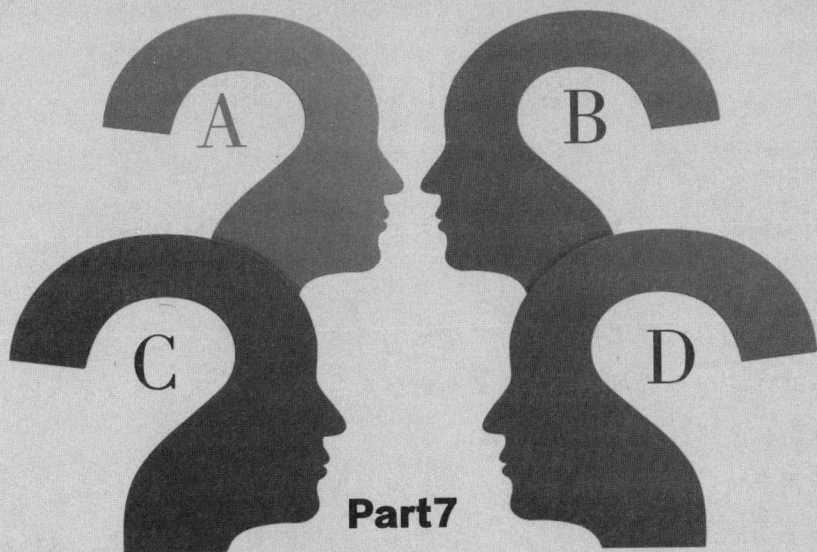

Part7

任用：用人不当事倍功半，用人得当事半功倍

用人不在于如何减少人的短处，而在于如何发挥人的长处。

——彼得·杜拉克（美国）

如果管理者永远都只启用比自己水平低的人，那我们的公司将一步步沦为侏儒公司；

如果我们都有胆量和气度任用比自己更强的人，那我们就能成为巨人公司。

——奥格尔维（美国）

韦尔奇原则：用人得当，事半功倍

提出者：通用电气前总裁杰克·韦尔奇。

内容精解：韦尔奇曾说："我们所能做的是把赌注押在我们所选择的人身上。因此，我的全部工作就是任用适当的人。"这一原则说明，管理者的任务就是用合适的人做合适的事，并鼓励他们用自己的创意完成手上的工作。这实际上提出了"管理者用人的前提是如何察人"的问题，做到既要察人所长、用人之长，又要察人所短、因人而用。

应用要诀：用人不当，事倍功半；用人得当，事半功倍。领导应以每个员工的专长为思考点，安排他们做合适的事，并依照员工的优缺点，做机动性调整，让每一个人发挥最大的效能。

知人用人，不知人不得人

不了解一个人，就不能用好一个人。这句话对任何一个企业领导而言都是真理！如此，才能力戒盲目用人。因此，现代企业中流行"识人才能用人"的口号。

人才犹如冰山，浮于水面者仅30%，沉于水底者达70%。怎样才能识人？其先决条件在于管理者能公正无私，一视同仁。管理者必须具备如此胸襟，方能发掘真正人才。

归纳知人之难原因，首先是客观障碍：

人之学行，因时而易；互有长短，隐显不一；其变化因时因地而各有不同，甚至同一人在同一日情绪亦有变异，起伏难测，捉摸不定。

其次是主观障碍：

好恶爱憎囿于个人心理偏见与成见，此即心理学上之晕轮效应，评价者对被评价者一两种品质具有良好印象时，对所有品质都评价高，反之亦然。因此，憎者唯见其恶，爱者唯见其善。孟子说："人莫知其子之恶，人莫知其苗之硕。"司马光也讲："心苟倾焉，则物以其类应之，故喜则不见其所可怒，怒则不见其所可喜；爱则不见其所可恶，恶则不见其所可爱。"

故爱憎之间，所宜详慎。若爱而知其恶，憎而知其善，人可去邪勿疑，任贤勿贰。有时管理者本身缺乏鉴评他人的能力，或忌真才、喜奴才，以求巩固其既得权益，因而埋没人才。

受资历、资望、资格、现实问题等因素的限制，人才易被埋没。若一旦误奸为忠，误恶为善，误愚为智，则必误人误己，败事有余。反之亦两失其平。故欲求知人善任，必先祛除上述障蔽，方能奏其功效。

个性各异，每个下属的个性都有差异，这是因为所处的环境、不同的经历、所具的学识等方面的影响形成的。具体讲，决定个人之因素甚多，包括出身、背景、环境、习惯、交友、阶层、职业、生理、动机、愿望等。

身为企业领导要知道下属的个性，必须客观了解对方体形、容貌、身世、品德、性格、修养、智能等情况，加以深切体察，设身处地了解对方本质及其环境，做出合乎情理的评价，万不可先入为主。

大材不小用，小材不大用

古人曰："君子所审者三，一曰德不当其位，二曰功不当其禄，三曰能不当其官。此三者乃治乱之源也。"可见，能当其位是任人的重要原则，是判断管理者任人是否正确的首要标准。在任人时，管理者对人才一定要量体裁衣，不当其位、大材小用或者小材大用都是任人失败的表现。

不当其位，当然就无法发挥人才的长处，空有满腹经纶却无处施展；大材小用造成人才的极大浪费，必挫伤人才的积极性，使其远走高飞另谋高就；小材大用只会把原来的局面越弄越糟，成为专业发展路上的绊脚石。"用人必考其终，授任必求其当"，古人已经给现代领导们做出了榜样。

狄仁杰就是一位善于任人的官吏。有一天，武则天问狄仁杰："朕欲得一贤士，你看谁能行呢？"狄仁杰说："不知陛卜欲要什么样的人才？"武则天说："朕欲用将相之才。"狄仁杰说："文学之士温藉，还有苏味道、李峤，都可以选用；如果要选用卓异奇才，荆州长史张柬之是大才，可以任用。"武则天于是擢升张柬之为洛州司马。过了几天，武则天又问贤。狄仁杰说："臣已推荐张柬之，怎么没任用？"武则天说："朕已提拔他做洛州司马。"狄仁杰说："臣向陛下推荐的是宰相之才，而非司马之才！"武则天于是又把张柬之升迁为侍郎，后来又任他为宰相。事实证明，张柬之没有辜负重任。可见狄仁杰多么懂得任人应当其位的道理！

不能让外行人做内行事

春秋时期，郑国的大夫子产很善于处理政事。担任相国期间，他注意举贤选能，任用人才。对不合适的人选，及时提出否定意见，并且讲清道理，使人心服口服。而对于那些有能力的人定会加以重用，给他们充分展现才华的机会。

一次，郑大夫子皮提出，要让尹何做他的封地长官。子产以商量的口吻对子皮说："尹何太年轻了，不知道能否胜任。"子皮说："尹何这个人挺老实的，我很喜欢他，他是不会背叛我的。让他去学习学习，也就懂得怎样管理了。反正是管理我的封地，我会照顾他的。"子产听了，皱皱眉头说："这样做不合适。大凡一个人喜欢另外一个人，总想对他有利。但是，因为你喜欢尹何而把政事交给他，就好像让一个不会拿刀的人去割东西，他不但不会割到东西，相反还会使自己受到损伤和伤害。这样一来，你所谓的喜爱一个人，其实是伤害了他，那谁还敢求得你的喜爱啊！你在郑国是栋梁，如果栋梁折了，椽子就会随之崩溃，我也会被压在底下的。"

子皮顿时陷入了深思，子产继续说："比如，你有一块华丽的绸缎，打算做成衣服，你绝不会把它拿出来让裁缝当做练习用的布料。同样，重要的官职，庞大的封邑，对你来说是不可缺少的庇护条件，而你却让人学着管理，你想想这不是比拿华丽的绸缎做练习更加可惜吗？我只听说学习好了才能参加管理政务，从来没有听说把管理政务当做学习的对象。如果您定要这么做，那么吃亏的一定是你。又比如打猎，只有射箭和驾车技术都很熟练的人才能擒获猎物，如果从没有射过弓箭，也没有驾过车，那么他一定担心翻车压人，哪里还有工夫琢磨如何猎获禽兽呢？"

子皮被说得面红耳赤，忙说："您说得对，我太笨了。我听说，君子专门研究大事和长远的事，小人只会注意细小的事、眼前的事。我就是小人啊！衣服穿在我身上，我知道爱护它；重要的官职、庞大的封邑对我来说是一个很重要的庇护条件，我却疏忽、轻视它。我真糊涂啊！没有您的一番话，我就不懂得这些得失的道理。过去我说过：您治理郑国，而我只治理自己的家族，保护好自己，那就万事大吉了。现在我知道，即使我自己家族的事也要按照您的意见办。"

子产说："人心各不相同，就像人的面孔各不相同一样。我怎敢说你的面孔就像我的面孔呢？我的想法和你的不一定相同。我只不过把我心里认为危险的事情告诉你，供你参考罢了。"

子皮认为子产很忠诚，因此把郑国的政事全部委托给他。

子皮因为喜欢尹何就决定委任他，实际上，尹何根本不懂得如何管理政务，子皮想让尹何边学边管理。事实上，封地对子皮来说是非常重要的，让一个不熟悉管理的人来管理，定会造成很大的失误。

对于重要的工作，不能允许外行边学边做，这样不但不能保证工作的质量，还可能对工作的人造成伤害，因此必须具有一定经验后才能胜任。如果择人是为了用人，那么用人一定要慎重，不能只凭个人的好恶，要根据这个人的实际能力来决定。

性情不同，任用不同

对一个人才来说，性情为人也许是天生。但作为管理者却能够"巧夺天工"地运用它，使之能够既显其长又避其短。

宋代司马光总结说："凡人之才性，各有所能，或优于德而强于才，或长于此而短于彼。"用人如器，各取所长。这是现代管理者的最基本的领导才能。

假如你是一位企业管理者，对待如下不同类型的下属，应当采取不同的用人之道，使他们克服短处，发挥特长，为组织发展增添人力资源：

知识高深的下属，懂得高深的理论，可以用商量的口吻；

文化低浅的下属，听不懂高深的理论，应多举明显的事例；

刚愎自用的下属，不宜循循善诱时，可以用激将法；

爱好夸大的下属，不能用表里如一的话使他接受，不妨用诱兵之计；

脾气急躁的下属，讨厌喋喋不休的长篇说理，用语须简要直接；

性格沉默的下属，要多鼓励他说话，不然你将在云里雾中；

头脑顽固的下属，若对他硬攻，则容易形成僵局，造成顶牛之势，应看准对方最感兴趣之点进行转化。

以下是10条用人的经验之谈：

（1）性格刚强却粗心的下属，不能深入细致地探求道理，因此他在论述大道理时就显得广博高远，但在分辨细微的道理时就失之于粗略疏忽。此种人可委托其做大事。

（2）性格倔强的下属，不能屈服退让，谈论法规与职责时能约束自己并做到公正，但说到变通他就显得乖张顽固，与他人格格不入。此种人可委托其立规章。

（3）性格坚定又有韧劲的下属，喜欢实事求是，因此他能把细微的道理揭示得明白透彻，但涉及大道理时他的论述就过于直露单薄。此种人可让他办点具体事。

（4）能言善辩的下属，辞令丰富、反应敏锐，在推究人事情况时见解精妙而深刻，但一涉及根本问题他就说不周全容易遗漏。此种人可让他做谋略之事。

（5）随波逐流的下属不善于深思，当他安排关系的亲疏远近时能做到豁达博大的情怀，但是要他归纳事情的要点时他的观点就疏于散漫，说不清楚问题的关键所在。这种人可让他做低层次的管理工作。

（6）见解浅薄的下属，不能提出深刻的问题，当听别人论辩时，由于思考的深度有限，他很容易满足，但是要他去核实精微的道理，他却反复犹豫没有把握。这种人不可大用。

（7）宽宏大量的下属思维不敏捷，谈论精神道德时知识广博、谈吐文雅、仪态悠闲，但要他去紧跟形势，他就会因为行动迟缓而跟不上。这种人可用他去带动下属的行为举止。

（8）温柔和顺的下属缺乏强盛的气势，他体会和研究道理时会非常顺利通畅，但要他去分析疑难问题时则会拖泥带水，一点也不干净利索。这种人可委托他按照管理者的意图办事。

（9）喜欢标新立异的下属潇洒超脱，喜欢追求新奇的东西，在制定锦囊妙计时，他卓越的能力就显露出来了，但要他清静无为却发现他办事不合常理又容易遗漏。这种人可从事开创性工作。

（10）性格正直的下属，缺点在于好斥责别人而不留情面；性格刚强的人，缺点在于过分严厉；性格温和的人，缺点在于过分软弱。这三种人的性格特点都要主动加以克服，所以可将他们安排在一起，借以取长补短。

奥格威法则：用强者更强，用弱者更弱

提出者：美国奥格尔维·马瑟公司总裁奥格威。

内容精解：如果管理者永远都只启用比自己水平低的人，那我们的公司将一步步沦为侏儒公司；如果我们都有胆量和气度任用比自己更强的人，那我们就能成为巨人公司。

应用要诀：如果你所用的人都比你差，那么他们就只能做出比你更差的事情。一流的人才才能造就一流的公司，领导要敢于任用能力比自己强的人才，这样事业才能做大做强。

任用强人企业兴效益高

现在什么最贵？人才！在竞争如此激烈的时代，一个公司要想立足于世界经济之林，靠的是什么？就是人才。有了人才，什么都会有。没了人才，什么都没了。

美国的钢铁大王卡内基曾经说过："即使将我所有工厂、设备、市场和资金全部夺去，但只要保留我的技术人员和组织人员，四年之后，我将仍然是'钢铁大王'。"这就说明了人才的重要性。卡内基之所以能成为钢铁大王，与他知人善任、重视人才是分不开的。他本人对于冶金技术一窍不通，但他总能找到精通冶金工业技术、擅长发明创造的人才为他服务。比如，世界知名的炼钢工程专家之一比利·琼斯，就终日位于匹兹堡的卡内基钢铁公司埋头苦干。在卡内基的墓碑上赫然地刻着："一位知道选用比他本人能力更强的人来为他工作的人安息在这里。"对于这样的评价，卡内基可谓是实至名归。

北京某著名品牌电脑公司的一位老总也曾说过："现在我们跟其他对手竞

争，表面上看是比产品，实际上是在比同一岗位上人的素质。从渠道到销售，从高到低各个环节，就看我们每个职位上的那个人是否能胜过对手公司同样职位上的人。我这个老总把销售理念分析得再清，讲得再明白，如果不能落实到我们在各地的销售人员的行动上，那能起多少作用呢？"这位老总说出了很多领导者的无奈和清醒。他们知道，当今时代最重要的就是人才，企业、公司拼的也是人才。没有人才，拿什么和人家竞争。什么事都是人做的，能力强的人往往能在最短的时间内很好地完成任务，而能力弱的人不仅要花更多的时间，而且说不定还完不成任务。

所以，一个公司要想发展壮大，就必须要雇佣尽可能多的人才。一个管理者要想高效地开展工作，快速地实现企业和组织目标，就必须敢于任用那些能力突出的人才。

一流的人才造就一流的公司

人才是一种动力，是企业、公司不断向前发展的动力。动力的马力有多大，企业、公司就会跑得多快。

像《三国演义》中的刘备就深知其理。他桃园三结义得到关羽、张飞，以义理感动赵云，三顾茅庐请出诸葛亮。他名下本无一寸土地，但是正因为有了这些将帅之才而终于雄霸一方。当时财大气粗、兵多将广的袁绍因为不识人才的重要性，最终不仅败光了领地，连性命也输了去。这就是识才与不识才的区别。一个知人善任的领导，即使起初一无所有，只要他有了人才，就会很快创造出奇迹。

好的产品、好的硬件设施、雄厚的财力，自然是一个公司不可或缺的资源，但真正支撑这个公司的支柱还是人才。因为一个公司光有财、物，并不能带来任何新的变化，只有具有大批的优秀人才才会有发展的潜力，因此人才是一个公司最重要、最根本的资源。如果想要使公司充满生机活力就必须选贤任能，雇请一流人才，敢于用比自己能力强的人。

一流的人才才能造就一流的公司。懂得这个道理的领导，才会是个好领导。领导不一定什么都懂，但一定要懂得用人，有容得下人才的胸襟，这样他的事业才能做大做强。

如果管理者永远都只启用比自己水平低的人，那我们的公司将一步步沦为侏儒公司；如果我们都有胆量和气度任用比自己更强的人，那我们就能成为巨人公司。

敢用强人，用好强人

一个好的领导者，要有专业的管理知识，要有良好的文化素养，但更要有广阔的胸襟和用人的智慧。敢于用比自己能力强的人，才能让自己的团队越来越强，事业越做越大。

西汉的开国皇帝刘邦出身于市井混混，正如他自己所言："运筹帷幄之中，决胜千里之外，吾不如子房。镇国家，抚百姓，给馈饷而不绝粮道，吾不如萧何。连百万之军，战必胜，攻必取，吾不如韩信。"但就是这样一个"不才之人"却打败了楚霸王项羽，统一了天下，开创了千秋霸业。他之所以能有如此成就，也如他所言："此三人者皆人杰也，吾能用之，此吾所以取天下也。"刘邦的角色是个领导者，对他最大的要求就是要善于用人，把各种人才放在他们适合的位置上，更重要的是要懂得欣赏人才、不妒才，敢于用比自己能力强的人。从这方面来说，刘邦是个很好的领导者，他之所以能得天下，也正是由于他能驾驭能人为其所用；而他的对手项羽，虽有万夫不当之勇、地动山摇之慨，但终因心胸狭窄，容不得比自己强的人，而无颜见江东父老。

一个人能做一个好的领导，能干一番大的事业，不在于你自身的能力有多强，而在于你能否吸引和接受比自己强的人为自己工作。

所谓奥格威法则，其核心讲的就是要知人善用。知人善用有两层意思：一是要知道这个人的专长，然后把他放在合适的位置让他发光放亮，尽显专长；另一层意思是知道某人的某些能力比自己强，敢于让他担当重任，信任他，不妒才。

也就是说，作为一个领导者，最要紧的不是各种技能，而是胸怀！善于选择人、任用人来补齐自己的短处，形成一个团体。即便一个才智出众的人，也无法胜任所有的事情，所以唯有知人善任的领导者，才可完成超过自己能力的伟大事业。在当今这个知识经济的时代，领导者更需要有敢于和善于使用比自己强的人的胆量和能力。只有这样，事业才会蒸蒸日上。

启用比自己优秀的人

成功的领导者都有一种特长，就是善于借用人才，并能够用比自己更强的人才，激发更大的力量。这是成功者最重要的、最宝贵的优点。

任何人如果想成为一个企业的领袖，或者在某项事业上获得巨大的成功，首要的条件是要有一种鉴别人才的眼光，能够识别出他人的优点，并在自己的事业道路上利用他们的这些优点。

如果你所挑选的人才与你的才能相当，那么你就好像用了两个人一样。如果你所挑选的人才尽管职位在你之下，才能却超过你，那么你用人的水平真可算得上高人一等。

在知识经济时代，管理者更需要有敢于和善于使用强者的胆量和能力。在企业内部激励、重用比自己更优秀的人才，就能让企业变得越来越有活力，越来越有竞争力。

在现实生活中，我们常看到这样的现象：有些领导人把别人的进步当成是对自己的威胁，对能力和学识超过自己的同事百般诋毁，说人家这也不行那也不是，甚至说得一无是处。

有的部门经理十分害怕优秀的人加入自己的团队，甚至害怕优秀的人被招聘到同一职能的其他团队，实在难不住时就孤立、不合作，直到把后者排挤到别的部门去，以除后患。但是，只用比自己能力低的人并保持这样状态的公司还能进步吗？还有什么机会建设自己的领导力呢？这种狭隘的做法既损害了公司的利益，也损害了自己的长远利益。

作为一名团队领导，要想做到善用比自己强的人，就必须克服忌贤妒能的心理。有些领导人之所以不用比自己强的人，除了怕这些人难以驾权，甚至会抢了自己的饭碗之外，主要还是忌贤妒能的心理在作怪。总以为自己是领导，自己应该是水平最高的，各方面都应该比别人高上一筹。因此，遇上比自己能力强、本领大的员工时就萌生妒意，采取种种办法压制他们。

对于团队管理者来说，忌贤妒能无异于是自掘坟墓。我国著名的文学家韩愈曾在他的传世名篇《师说》中讲道："师不必贤于弟子，弟子不必不如师。闻道有先后，术业有专攻。"这其中的道理同样适合于团队中领导和员工之间，你不必样样都要比你的员工强，你要做的就是要用好这些比你强的人。

酒井法则：让员工永久安家落户

提出者：日本企业管理顾问酒井正敬。

内容精解：在招人时用尽浑身解数，使出各种方法，不如使自身成为一个好公司，这样人才自然而然会汇集而来。

应用要诀：不能吸引人才，已有的人才也会留不住。管理者要努力创造条件，吸引和留住各种人才。

安心——给员工不走的理由

如今，员工的流动日益频繁，特别是优秀的人才，时刻面临着更好的机会或待遇，如何能让他们安下心为企业创造价值，成为很多经理人的心病。人才流失是许多经理人最不愿意看到的事，但对此你能做什么呢？要想让员工不走，作为企业管理者，你能给出什么理由呢？

1. 设立高期望值

斗志激昂的员工喜欢迎接挑战。如果企业能不断提出高标准的目标，他们就不会选择离开。美国新泽西州的一位管理顾问克雷格说："设立高期望值能为那些富有挑战精神的精英提供更多机会。留住人才的关键是，不断提高要求，为他们创造新的成功机会。"美国密歇根州一家医疗设备公司施萨克公司深谙此道。该公司要求各部门利润年增20%，没有一点可商量的余地。"成功者热爱这种环境，"该公司外科部人力资源副总裁布莱克说，"人们都希望留下，希望获胜。"当然，采取这种做法与公司文化也有很大关系。一般来说，在积极向上文化的公司里，这种做法容易取得成功。

2. 经常交流

员工讨厌被管理人员蒙在鼓里。没有什么比当天听说公司前途无量、第二天却在报上读到公司可能被吞并或卖掉更能摧毁一个公司员工的士气。解决办法是，公开公司的账簿。泉域公司正是这样做的，该公司的员工流失率不到7%。该公司行政总监斯塔克说："我们的每一个员工都有权利随时查看公司的损益表,这能让他们明白他们对公司利润有何影响。例如，一位需自行购买工作用品的看门人能看到他的支出如何影响了公司的利润。"

要是企业不想那么透明，也有很多其他交流办法。卡耐基顾问公司行政总监莱文每六周就会给世界各地的办事处捎去录像带，要求他们录下员工就公司方针向他提出的问题，以及对公司一些具体决策所要求的解释。

3. 授权，授权，再授权

员工最喜欢给员工授权的公司。惠普公司负责台式电脑的美国市场经理博格说："对我们来说，授权意味着不必由管理人员来决定每一项决策，而是可以让基层员工做出正确决定，管理人员在当中只担当支持和指导的角色。"

4. 提供经济保障

很多人对金融市场和公共基金等一窍不通，只得自己为自己安排养老费用。他们从现在起就得找人帮助。

很多企业即使不提供养老金，至少也会在员工的黄金年代给他们一些现金或股票，霍尼韦尔公司允许其员工拿出15%以下的薪金投入一个存款计划，同时还允许员工半价购买等值于自己薪金4%的公司股票。另外，员工能在公开股市上购买霍尼韦尔股票，而且免收佣金。这项政策旨在使所有霍尼韦尔员工都拥有公司的股份。如果员工是当家做主的，就与公司和公司的未来休戚相关了。

这能帮助员工肯定自我。如果公司理财有道，就能培养一批有高度自信心的员工，人们往往在感受到被关心的时候才会感到自信。他们希望这种关心能用金钱或无形的方式表示。作为领导者，只要员工感到你在关心他们，他们就会跟随你，为你苦干。

5. 教育员工

在信息市场，学习决不是耗费光阴，而是一种现实需求。大部分员工都意识到，要在这个经济社会中生存和发展就非锐化其技能不可。一家促销代理商爱森公司为其员工开设了一间"午间大学"。其中设有一系列内部研讨会，由外聘专家讲授，涉及的课题有直接营销和调研。此外，如果员工想获得更高学历，而这些学历又与业务相关、也能取得好成绩，公司会全额资助。

该公司的行政总监杰弗里说："我们将公司收入的2%投入到各项教育中去。员工对此表示欢迎，因为这是另一种收入形式。知识是放权的另一种形式。"

惠普公司允许员工脱产攻读更高学位，学费全部报销，同时还主办时间管理、公众演讲等多种专业进修课程。博格说："我们通过拓宽员工的基本技能，使他们更有服务价值。有些人具有很高的技术水平，但需要提高公众演讲能力。他们在这里能学到这些。也许有些人来到我们公司时没有大学文凭，但他们可以去读一个，这样就更具竞争实力了。我们愿意资助他们的教育。"

灵活借鉴上述几种方法和技巧，相信一定能够对企业领导者的工作有所裨益。

暖心——增强大家的归属感

IBM前任总裁曾说过，"你可以夺取我的财富，烧掉我的工厂，但只要你把我的员工留下，我就可以重建一个IBM！"这就不难解释为什么众多领导处心积虑地留住公司人才，且利用一切机会网罗公司外部人才的原因。

领导必须加强培养员工的归属感。

员工的归属感首先来自待遇，具体体现在员工的工资和福利上。衣食住行是人生存最基本的需求，买房、买车、购置日常物品、休闲等都需要金钱，这都依靠员工在公司取得的工资和福利来实现。在收入上让每个员工都满意是一项比较艰难的事情，但是待遇要能满足员工最基本的生活需求才能在最基本的层面上留住人才。因此，待遇在人才管理中只是一个保健因素，而不是人才留与走的激励因素。

个人的期望是赋予员工归属感的重要内容。每个人都会考虑自己在企业中的位置与价值，更注重自己未来价值的提升和发展。个人价值包括技术能力、管理能力、业务能力、基本素质、交涉能力等，领导提供机会帮助员工增强以上能力，是企业增强魅力、吸引人才的重要手段。

增强员工归属感还需要特别注重每个员工的兴趣。兴趣是最好的老师，有兴趣才能自觉自愿地去学习，这样才能做好自己想做的事情。作为领导应该尽可能考虑员工的兴趣和特长所在。擅长搞管理的，尽可能去挖掘、培养他的管理能力，并适当提供管理机会；喜欢钻研技术的，不要让其去做管理工作。

让员工感觉到个人的重要是归属感营造中的重要内容。任何人都希望让别人喜欢他，让别人认可他，让别人信服他，让别人觉得他重要。

舒心——创造理想的工作环境

一个适宜、安全、和谐、愉快的工作环境，是每个人都梦寐以求的，也是促使员工积极工作的条件之一。同样，作为一名企业领导或者一名顶尖的高层管理者，为企业塑造一个良好的工作环境是重要的工作之一。

这里所说的"工作环境"，是"硬件"和"软件"两个方面的综合。"硬件"包括物质报酬、办公设施等。惠普的观点是，良好的办公环境一方面能提高工作效率，另一方面能确保员工们的健康，使他们即使在较大压力下也能保持健康平衡。

惠普公司作为全球著名企业，一直以来都在倡导"以人为本"的办公设计理念，对办公桌、办公椅是否符合"人性化"和"健康"原则进行严格核查。惠普在每天上下午设立专门的休息时间，员工可以放轻松音乐来调节身心，或者利用健身房或按摩椅来"释放自己"。

相对"硬件"而言，惠普更重视"软件环境"的建设。作为一家顶级的跨国企业，惠普有着悠久、成熟的企业文化。

惠普公司的领导者遵奉这样一个原则："相信任何人都会追求完美和创造

性，只要给予适合的环境，他们一定能成功。"

本着这个信念，惠普着力营造轻松和谐的工作氛围，充分信任和尊重员工，让他们时刻保持良好的情绪，充分发挥才能和想象力。人力资源部在这方面起了很大作用，它不但注意协调公司内部的人际关系，还专门开设了各种各样的课程，免费为员工进行培训。

领导者希望员工为企业更好地工作，就必须为员工设计良好的环境，让员工处在这样的环境中身心都能够得到放松，以发挥自己最大的潜能。

一个良好的工作环境应该具备哪些条件呢？

首先，工作环境一定要健康、舒适。如照明光线、空气流通等最基本的办公环境设施要符合员工身心健康的最基本要求，让员工健康舒适地工作；工作环境优雅，能让员工从繁忙的工作中得以舒缓、放松和休憩，让员工快乐地工作。

其次，对员工采取人性化、个性化的管理。对员工与其说是管理，不如说是沟通、协调。如同顾客的需求，员工的需求也是多种多样的，比如员工要求调整工资、要求满足一些额外利益等。这些问题处理起来比较棘手，不能视大多数人的利益不顾，遇到这种情况宁可得罪个别人。当员工们知道你是怎样地关心和维护大多数人的利益时，他们怎能不为之动容，怎会不为之努力工作？当然，也要安抚部分人的不平和怨恨，保证企业的声誉。不论你是总经理还是部门总监，即使你仅仅是一位主管或领班，你的一句祝福的话语，一声亲切的问候，一次有力的握手，都会给员工莫大的动力。

再次，"理想的工作环境"还需要包括注重开放、真诚的沟通，绩效管理、薪酬、认可机制的一致性和公正性，彼此的相互信任和尊重，以及社区责任等。

留心——留人重在留心

很多企业都通过硬性措施囚禁人才，其结果是留住了人也没能留住心，到头来依旧是"竹篮打水一场空"。其实，真正能留住人才的，是在事业上给予他们足够的发展空间和制度上的来去自由。

企业领导强制留人，留得住下属的人，却留不住下属的心。

现在企业经常遇到这样的事，某些企业需要的技术骨干或重要岗位的员工如司机、业务员等要"跳槽"，到效果更好的单位（如"三资"企业）或大机关，这些员工都是企业的精华。一旦流失，企业损失很大。于是企业坚决不放，辞职都不允许，人走了也不给档案，有的甚至以退房等手段卡住不放人。想走的职工也托关系走后门，或者大吵大闹纠缠领导，有时甚至闹到剑拔弩张水火不相容的地步。

如何处理这种事呢？

首先，要搞清人才流动的意义、作用和发展趋势。人才流动是人事制度改革中的新事物，对传统的干部"部门所有制""员工服务厂家终身制"是一个冲击、一场革命。人才合理流动有利于生产资料和劳动力的最佳组合，充分发挥人的潜力。随着改革的深化，人才流动将有更大的自由度。发达国家的人才流动是很频繁的，不必赘述。我国很多开明的企业家也欢迎人才流动，一位求职大学生问著名企业家："调入后还可以再出来吗？"这个企业家爽快地回答："当然可以。"

其次，对企业来讲，人才流动也是好事。传统的国家统一分配的方法实际上已满足不了企业的需要，企业可以到广阔的人才市场去挑选人才。然而，人才流动对企业产生较大的压力，要留住人才，企业就要有凝聚力，就要重视人才，关心爱护人才，为人才成长创造一个好环境。我们的工作重点要放在如何增加企业凝聚力上，而不是用种种行政措施不让人走。有些人跳槽为了钱，但也有相当一部分人才跳槽是因为人际关系不融洽、特长得不到发挥、得不到领导重视。当然，这里指的是人才的合理流动，如仅为高收入抛弃了技术专长、人才流向过分集中、涉及保护国有企业技术机密等问题时，权威部门要有相应的政策，从宏观上调控人才流动的方向。

再次，对于执意要走的员工还要搞清他走的动机。是因为和领导、同事关系不融洽，离家远，还是因为企业效益差，然后再做说服下属工作。如果企业在用人关心人等方面确有失误，可以坦率地承认错误并立即改正。任何企业都不可能把所有事考虑得那么周到，承认失误，正好表示爱才的坦诚。可以劝告其眼光放长远点，着眼于企业前景，希望他增加点责任感、使命感，与企业同舟共济，共渡难关。总之要对症下药，但是千万不要说："只要我在一天，你就别想调走！"之类伤感情的话，这只会激化矛盾，他之前还有点犹豫不决的话，这会儿也铁了心，因为他明白，即使不走，今后也没好果子吃了。

最后，如果做了很多工作对方仍然要走，明智而现实的做法是开绿灯放行，因为强扭的瓜不甜。有些企业对要调离者降职、调换工作，企图"杀一儆百"，最后发展到意气用事，企业为不放人而不放人，个人为调走而调走。留人留不住心，人才潜能发挥不出来，只能产生副作用，或许此人以后不好好干甚至吃里爬外把单位技术资料外传；或许他整天搅乱人心，影响其他人。强制留人，不但对下属不利，对自己也不利，实际上是一种愚蠢的双输行为。

正确的做法是，开一个小范围的欢送会，肯定离职者过去的成绩，对其给予实事求是的评价，表明忍痛割爱的心情，这样的好聚好散是有战略眼光的做法。离职者感恩戴德，留下者看到企业爱才，处理问题实事求是，充满了温馨和人情味，不是人走茶凉，无形中企业树立了良好的形象。

Part8

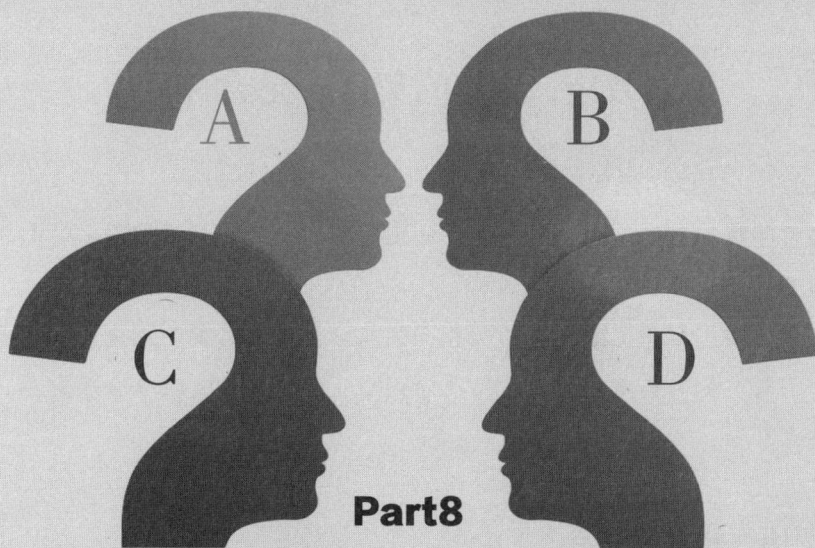

协调：打破堡垒、聚合能量的策略

最好的CEO是构建他们的团队来达成梦想，即便是迈克尔·乔丹也需要队友来一起打比赛。

——查尔斯·李（美国）

企业的成功靠团队，而不是靠个人。

——罗伯特·凯利（美国）

磨合效应：完整的契合 = 完美的配合

来源：一个生活现象。

内容精解：新组装的机器，通过一定时期的使用，把磨擦面上的加工痕迹磨光而变得更加密合。

应用要诀：要想达到完整的契合，须双方都做出必要的割舍。领导要善于调节部门与其他部门之间的矛盾，消除误会、解决分歧，倡导合理竞争，实现组织整体目标。

从"人治"转向"法治"

上海贝尔阿尔卡特对跨国公司和国有企业文化的艰难磨合，就是一个典型的例子。

上海贝尔的发展可以归结为四个阶段，而且在每一个阶段都抓住了机会：

第一个阶段是20世纪80年代，上海贝尔抓住了当时改革开放、打开国门、以市场换技术的机会，成立了业界第一家合资企业，当时的大胆探索获得了相对领先的优势；

第二个阶段是90年代初，邓小平南巡讲话，明确了加快改革开放和大力发展经济的方针，上海贝尔又抓住了中国电信业的大发展阶段——通讯改造带来的全面机会，在固网以及后来的移动网络领域抢得了先机。到90年代中后期买方市场形成后，上海贝尔又适时进行了一系列改革，创立了营销平台和服务平台，从"坐商"和"官商"顺利转变为"行商"；

到90年代末进入第三个阶段，就是抓住中国加入WTO和国企深化改革的大好机遇，在国务院和信息产业部的支持下制定了新的资产重组计划，与上市公司阿尔卡特联姻，使公司在2002年顺利地进入第四个阶段。

当时来讲，上海贝尔和阿尔卡特的联姻是前无古人的探索。上海贝尔是一家典型的中国"土"企业，而阿尔卡特则是一家地地道道跨国的"洋"公司。以结果为导向的本土企业和以过程为指向的跨国企业之间，存在文化冲突是在所难免的。

根据2001年10月23日中国政府签署的《上海贝尔公司中方部分股权转让阿尔卡特备忘录》，阿尔卡特拥有公司50%多一点的股份。股份制改造后，阿尔卡特变成阿尔卡特集团的中国成员。但实际上，上海贝尔阿尔卡特仍然是一个地道的中国公司：业务独立，研发自主，而且通过资产的纽带省去了其他外企开展中国业务普遍设置的机构——控股公司。在2002年合并后，得到了很多跨国公司的管理和运作经验，从这一点来讲，上海贝尔阿尔卡特在磨合中前行，合并的意义是1加1大于2的。

一般说来，很多中国企业的管理是人治，采取的是粗放的管理模式，可能是一个领导一个企业，一个项目一个企业，进入真正的市场中就会凸显劣势；而国际大公司是"法治"，希望通过一个完整的组织架构和完善的业务流程来对整个企业进行管理与控制，但在不成熟市场中往往缺乏灵活性和快速反应能力。上海贝尔阿尔卡特要做的是在两种文化中扬长避短，取得一种平衡，使"土狼"和"狮子"的优势都发挥出来。

新公司组建后，上海贝尔阿尔卡特吸收了很多跨国公司的优秀因子，对审计管理质量和经济运行质量都很看重。

第一个差异是，审计的概念在许多国有企业中并没有上升到很高的位置，有的甚至没有这一概念，往往出了事情才去审计。而上海贝尔阿尔卡特董事会则设立了审计委员会，从公司的管理组织架构开始，代表股东和董事会全方位对公司的各个业务环节进行审计，对公司有可能出现的问题进行审核，出现差异的话，要管理层在规定的时间内进行整改。

到2003年，阿尔卡特已经有一支独立的将近250人的审计队伍，差不多每一亿美元的销售就有一个审计师。现在上海贝尔阿尔卡特就有10多个专职审计人员，全年不间断地按审计计划对内部流程进行审计。

另一个差异是，大多数国有企业在财务上往往采取粗放式管理。例如，在一些行业经常碰到的问题是收款。上海贝尔阿尔卡特对应收款非常重视，要求销售人员不仅仅把产品卖出去，还要把款收回来。这些方面加大力度后，取得了非常好的效果，企业的现金流有了大幅度的增长，并对有可能出现的坏账采取预期的方式规避风险。

从管理方面来讲，阿尔卡特已经与国际充分接轨，从过去的"人治"全面转向"法治"，所有的流程都达到了国际上市公司的水平。

要想达到完整的契合，须双方都做出必要的割舍。

协调个性，梯次配备

人就会有很多个性，领导者在用人过程中应注意下属们的个性，安排合适的工作；不要在小事上过于苛求，使组织成为一个统一团结、不可拆散的整体。

即使如此，就一个组织来说，上下级之间、成员之间的矛盾和分歧仍是经常发生的。这并不为奇，黑格尔曾精辟指出：矛盾是无时无刻不在的。协调和排解这些矛盾，就是领导者的工作重点之一。

让我们首先关注一下组织中易产生矛盾的几个因素：一是利益的冲突。集体有集体利益，个人有个人利益，虽然说其根本利益是一致的，但就现实情况而言，大多数人还是极关注自己的个人利益的，工资、奖金、福利处理不好，极易产生矛盾；二是观点分歧。这种矛盾虽不由个人恩怨引起，但若不能及时排解，也极易变成人与人的对立；三是感情冲突。有些个人素质差，或出言不逊，或盛气凌人，招人反感，最终引起敌视。当然，引发矛盾的因素还有很多，但这不是本章重点，不再多说，现在把主要精力放在矛盾的解决上。

追本溯源，这些矛盾的产生主要是由于领导者在用人方面出现了偏差。在一个组织中，领导与下属不是一对一的关系，而是一对多的关系，这就要求领导不仅要重视个人，而且要重视整体，尽量做到协调用人。比如，一个课题需要由几个人来同时完成，那么在选用人才时不仅要注意人专其才，而且应尽量选取志趣相投的人一起工作，这样就减少了产生矛盾的隐患。另一方面，就是不要闲人，一个人能完成的工作就绝不安排第二个人，这一点也是极其重要的。如果人有其责，那么就没有更多的心思放在勾心斗角上了。

用人协调，并不是说一味地当和事佬，哪儿出现险情就去哪儿救火，而是要合理用人，设法使组织保持一种科学而合理的结构，各种人才比例适当、相得益彰，实现相互补充、取长补短。

用人协调，一般来说要从以下几点入手：一是注意年龄结构；二是注意志趣相投；三是注意健全制度。

就年龄方面而言，一般来说老年人深谋远虑，经验丰富，但思想易保守固执；中年人思想开阔，成熟老练，但创新精神锐减；青年人思想解放，敢想敢干，但缺乏经验和韧性。如能将这三个年龄段的人才合理搭配，梯次配备，就可以充分发挥各年龄段的自然优势，获得理想的整体效果。

当然这里说的合理搭配并不是要搞平均主义，总体比较而言，较为合理的方式是两头小、中间大，即以中年人为主，兼用老年人丰富的经验和青年人敏锐的创新精神。实践证明这种结构具有较强的耐压性，也能够保持工作的稳定性。

就志趣而言，不妨以马克思、恩格斯二者为例来说明。马、恩之所以具有非凡建树，不仅在于超人的天才，而且在于他们俩实现了知识、才能、性格上的互补。马克思善于思考观察，分析问题透彻，老成持重，从不讲未经深思熟虑的观点；恩格斯思维敏锐，性格外向，性子急，能及时捕捉到新思想、新事物。马、恩在一起工作，恩格斯能帮马克思捕捉灵感和信息，而马克思又能使恩格斯的认识得到深化和提高，二人相互配合，共同做出了伟大的贡献，堪称典范。这对今天的用人者来说，是有不少借鉴之处的。

最后，健全制度。没有规矩，无以成方圆。领导用人，如果一味靠感情用事，即使是再高明的领导恐怕也无法完全解决矛盾。制定一套健全的用人制度，则是实现协调用人、优化结构的保证。

化解矛盾要有策略

矛盾无时不在，无处不有。领导者解决矛盾的过程，便是建立威信的过程。领导者的思想水平、个性品质、领导才能、领导艺术，恰恰就体现在这里。

1. 把隔阂消灭在萌芽状态

上下级交往，贵在心理相容。彼此间心理上有距离，内心世界不平衡，积怨日深，便会酿成大的矛盾。把隔阂消灭在萌芽状态并不困难，方法如下：见面先开口，主动打招呼；在合适的场合，适时地开个玩笑；根据具体情况，做些解释；对方有困难时，主动提供帮助；多在一起活动，不要竭力躲避；战胜自己的"自尊"，消除别扭感。

2. 允许下属尽情发泄委屈

上级工作有失误或照顾不周，下属便会感到不公平、委屈、压抑。不能容忍时，他便要发泄心中的牢骚、怨气，甚至会直接地指斥、攻击、责难上级。面对这种局面，上级领导最好这样想：（1）他找到我，是信任、重视、寄希望于我的一种表示；（2）他已经很痛苦、很压抑了，用权威压制他的怒火无济于事，只会激化矛盾；（3）我的任务是让下属心情愉快地工作，如果发泄能令其心理感到舒畅，那就让其尽情发泄；（4）我没有好的解决办法，唯一能做的就是听其诉说。即使话很难听，也要耐着性子听下去，这是一个极好的了解下属的机会。如果你这样想并这样做了，你的下属便会平静下来。第二天，也许他会为自己说过的话或当时偏激的态度而找你道歉。

3. 敢于主动承担失误责任

领导者决策失误是难免的，因决策失误而使工作出现不理想的结局时，便须警惕，这是一个关键时刻。上下级双方都要考虑到责任，都会自然产生一种推诿的心理。领导者把过错归于下属，或怀疑下属没有按决策办事，或指责下属的能力，极易失人心、失威信。面对忐忑不安的下属，上级领导勇敢地站出来主动担责，紧张的气氛便会缓和。如果是下属的过失，而上级领导却责备自己指导不利，变批评指责为主动承担责任，更会令下属敬佩、信任、感激。

4. 要做到得饶人处且饶人

假如下属做了对不起你的事，不必过于计较。在他有困难时，还不能坐视不管。领导者对下属应做到：尽力排除以往感情上的障碍，自然、真诚地帮助、关怀；不要流露出勉强的态度，这会令下属感到别扭。不能在帮助的同时批评下属。如果对方自尊心极强，他会拒绝你的施舍，非但不能化解矛盾，还会闹得不欢而散。得饶人处且饶人，很快忘掉不愉快，多想他人的好处，才能团结、帮助更多的下属，他们会因此而重新认识你。

5. 发现下属的优势和潜力

为上级者，最忌把自己看成是最高明的、最神圣不可侵犯的，而下属则毛病众多、一无是处。对下属百般挑剔，看不到长处，是导致上下级关系紧张的重要原因。领导者研究下属心理，发现他的优势，发掘他自己也没有意识到的潜能，肯定他的成绩与价值，便可消除许多矛盾。

6. 要排除自己的嫉妒心理

人人都讨厌别人嫉妒自己，都知道嫉妒可怕，都想方设法要战胜对方的嫉妒，但唯有战胜自己的嫉妒才最艰巨、最痛苦。下属才能出众，气势压人，时常提出高明的计策，把领导者置于次等重要位置。这时领导者越排斥他，双方的矛盾越尖锐，最终可能导致两败俱伤。此时，领导者只有战胜自己的嫉妒心理，任用他，提拔他，任其发挥才能，才会化解矛盾，并给他人留下举贤任能的美名。

7. 在必要时候可采取反击致胜

对于不知高低进退的人，必要时领导者必须予以严厉的回击。和蔼不等于软弱，容忍不等于怯懦。优秀的领导者精通人际制胜的策略，知道一个有力量的人在关键时刻应用自卫维持自尊。唯有弱者才没有敌人，凡是必要的交锋都不能回避。在强硬的领导者面前，许多矛盾冲突都会迎刃而解。伟人的动怒与普通人的区别，在于是理智地运用它。

8. 要战胜自己的刚愎自用

出于习惯和自尊，领导者喜欢坚持自己的意见，执行自己的意志，指挥他人按自己的意愿行事，而讨厌"你指东他往西"的下属。上下级出现意见分歧时，上级用强迫的方式要求下属绝对服从，双方的关系便会紧张，出现冲突。领导者战胜自己的自信与自负，可用如下心理调节术：（1）转移视线、转移话题、转移场合，力求让自己平静下来；（2）寻找多种解决问题的方法，分析利弊，让下属选择；（3）多方征求大家的意见，加以折中；（4）假设许多理由和借口，否定自己。

倡导相互帮助，维护合理竞争

各部门领导之间在强调自己工作的地位和作用时，不能贬低而要同样肯定其他部门的地位和作用。工作的配合与支持不能仅是单向的企求，而应成为双向的给予，并用以取代"鸡犬之声相闻、老死不相往来"的自我封闭状态，以及"各人自扫门前雪，休管他人瓦上霜"的狭隘做法。

各部门领导之间互相支持，是圆满完成组织工作任务的前提。一个各部门之间相互支持的组织，才是有力量的组织。各部门之间的相互支持，体现在具体的工作之中。当某一部门工作遇到困难和阻力时，主动去排忧解难，在人财物方面给予帮助，是一种支持；当某一部门工作取得了成绩或出了问题，给予热情的鼓励或提出诚恳的批评，也是一种支持；当某一部门与其他部门发生矛盾，不是置之不理而是出面调解，帮助消除误会、解决矛盾，更是一种支持。各部门之间的相互支持，是避免冲突、消除矛盾和友好相处的重要原则。

由于各部门在组织系统中处于不同的地位和具有不同的功能，部门之间不但具有共同的利益和目标，而且还具有各自不同的利益和目标，因此必然存在竞争。组织内各部门的地位差、功能差，既反映了相应的权利和义务，也反映了相应的责任和贡献。这是组织系统各部门在协作过程中存在竞争的客观基础。在组织内部，竞争是一种最活跃的因素和力量，具有使组织系统不断发生变化的功能。这种功能既可以使组织系统发生进步性变化，使组织的作用充分发挥出来，也可以使组织系统发生破坏性变化，造成组织系统不稳定，产生结构内耗与功能内耗。合理竞争要求部门之间形成一种正常的竞争关系，最大限度地发挥积极性和创造性，努力实现组织系统的整体目标。

在合理竞争中，既反对封锁信息、相互拆台、制造矛盾，也反对满足现状、不思进取、得过且过，特别应反对的是那种不择手段、尔虞我诈的倾轧和竞争。

组织系统部门之间出现矛盾冲突时，如果涉及范围小，则可以采取"协商解决法"，即由相互冲突的部门彼此通过协商解决冲突。协商时双方都要把问题摆在桌面上，开诚布公，摆出各自的观点，阐明各自的意见，把冲突因素明朗化，共同寻找解决途径。如果冲突涉及面大，可采用"仲裁解决法"，即由第三者出面调解进行仲裁，使冲突得到解决。这是部门之间经过协调仍无法解决冲突时，才使用的方法。这里要求仲裁者必须具有一定的权威性，最好是冲突双方都比较信任的，或者社会和法律认可的，否则可能仲裁无效。

不过，不管用何种方法解决，领导者在此过程中必须保持公正与正直，像天平一样不偏不倚。

彼此谦让，一团和气

任何一个组织或团体在长时间的对内对外关系中必然会产生误解和矛盾。

作为一名现代领导者能否充分学会运用协调与沟通的技巧，消除误解和矛盾，对外取得理解和支持，对内使本部门成为一个坚强团结的战斗整体，已成为衡量其领导成功与否的重要标准之一。

在一个单位或部门，人们对某项任务或某个问题在利益和观点上不一致是常有的事。有时甚至双方会剑拔弩张、面红耳赤，搞到十分紧张的地步。

有人估计，领导者要花上20％左右的时间来处理各种冲突，但这并不能证明领导上的无能或失败。冲突在人际关系中是固有的、不能回避的，必须予以适当地处理，方能形成"人和"的气氛。

这需要领导者运用调停纠纷和处理冲突的技巧，协调各方在认识上的分歧和利益上的矛盾。那么如何来处理纠纷、冲突和分歧呢？说来并没有现成的公式可循，不过，领导者能不能成功地处理冲突主要取决于三个因素：一是领导者判断和理解冲突产生原因的能力；二是领导者控制对待冲突的情绪和态度的能力；三是领导者选择适当的行为方式来处理冲突的能力。具体说解决冲突，保证人和的方式一般可以采取"彼此谦让"的方式。

"彼此谦让"的协调方式，就是迫使争执双方各自退让一步，达成彼此可以接受的协议。这是调停纠纷、解决冲突最常见的办法。这种解决办法，关键在于找准协调双方的适度点。无论调停政治纠纷，还是解决日常工作和生活上的冲突，要使双方团结起来共同行动，就不能采取偏袒一方和压制另一方的做法，而应该运用"彼此谦让"方式解决问题。

木桶定律：加长所有的"短板"

提出者：美国管理学家彼得。

内容精解：一只沿口不齐的木桶，盛水的多少不在于木桶上最长的那块木板，而在于最短的那块木板。要想提高水桶的整体容量，不是去加长最长的那块木板，而是要下工夫依次补齐最短的木板；此外，一只木桶能够装多少水，不仅取决于每一块木板的长度，还取决于木板间的结合是否紧密。如果木板间存在缝隙，或者缝隙很大，同样无法装满水，甚至一滴水都没有。

应用要诀：管理者要善于整合团队资源，让所有的人都能在维持在一个"足够高"的相等高度，以充分发挥团队的整体作用。

不忽视"短木板"员工

在对于团队建设的指导性作用上，木桶定律表现在不仅要做到没有明显的短板，还要保证每块木板结实，整个系统坚固，各环节接合紧密无隙，这其中就涉及群体与团队的概念。

例如：一根没有磁性的铁棒，每个分子都在按自身的目标旋转，各自的磁性相互抵消，铁棒整体不显磁性，如同乌合之众没有组织力量一样，这只能称为是一个群体；如果将铁棒置入一个磁场中，每个分子在磁场的作用下朝同一方向旋转，铁棒整体就显示出很强的磁性，这个时候才是一个具有核心力的团队。对于一个企业来说，需要建设成为一个具有竞争力的团队，而不是一群各自为政的散沙，这就要不仅做到没有明显的短板，还要保证每块木板都结实牢固。

在实际工作中，管理者往往更注重对"明星员工"的利用，而忽视对一般员工的利用和开发。如果企业将过多的精力关注于"明星员工"，而忽略了占公司多数的一般员工，会打击团队士气，从而使"明星员工"的才能与团队合作两者间失去平衡。而且实践证明，超级明星很难服从团队的决定。明星之所以是明星，是因为他们觉得自己和其他人的起点不同，他们需要的是不断提高标准，挑战自己。所以，虽然"明星员工"的光芒很容易看见，但占公司人数绝大多数的非明星员工也需要鼓励。三个臭皮匠，顶个诸葛亮。对"非明星员工"激励得好，效果可以大大胜过对"明星员工"的激励。

家电的舞台上百家争雄，然而海尔一步一个脚印地跑在最前列。为什么？海尔的资本不是比别人厚，引进的国际人才也并不比别人多，人才素质不比别人高……一句话，海尔的"高木板"并不多，但海尔从不忽视每一个"短木板"员工，注重激发每一个"短木板"员工的潜能，使得其整体绩效不比任何"高木板"差；另一方面，海尔从产品研发、生产管理、市场销售到客户管理的每个阶段都加强建设，从而在整体上的实力赢得优势。

所以，在加强木桶盛水能力的过程中，不能够把"高木板"和"低木板"简单地对立起来。每一个人都有自己的"高木板"，与其不分青红皂白地赶他出局，不如发挥他的长处，把他放在适合他的位置上。

"短板"也可变为"长板"

木桶定律作为一个形象化的比喻，应用的范围越来越广泛，不仅象征一个企业、一个团队、一个部门，也象征着某一个员工，木桶的最大容量则象征着整体的实力。

一个组织，不是单靠在某一方面的超群和突出就能立于不败之地的，而是要看整体的状况和实力；一个团体，是否具有强大的竞争力，往往取决于其是否能完善薄弱环节。劣势决定优势，劣势决定生死，这是市场竞争的法则。

在市场异常激烈的竞争中，作为一个管理者，领导一个团队、一个集体往前走时，必须要意识到利用这个原理启发自己的员工，希望他们不要做团队中最短的那块"木板"。因为决定团队战斗力强弱的不是那个能力最强、表现最好的，而恰恰是那个能力最弱、最差的落后者影响了整个团队的实力。因此，企业要想成为一个结实耐用的木桶，首先要想方设法提高所有木板的长度，对员工进行教育和培训，让所有的木桶都维持最高度，并把他们的力量有效地凝聚起来，充分发挥团队精神，团结合作、同心协力发挥团队的作用。只有这样，才能在竞争中取胜。

管理者不应当将眼光只投注在优秀员工身上，而应当多关注一般员工，时常对他们进行鼓励和表扬。对一般员工多给予激励可以提高他们的自信心，激发他们的潜能，在工作中做出更好的成绩，达到"短板"变为"长板"的效果。

有一个企业员工，由于与主管的关系不太好，工作时的一些想法不能被肯定，从而忧心忡忡、兴致不高。刚巧，协助单位需要从该企业借调一名技术人员去协助他们搞市场服务。

于是，该企业的总经理在经过深思熟虑后决定派这位员工去。这位员工很高兴，觉得有了一个施展自己拳脚的机会。

去之前，总经理只对那位员工简单交代了几句："出去工作，既代表公司，也代表我们个人。怎样做，不用我教。如果觉得顶不住了，打个电话回来。"

三个月后，协助单位打来电话："你派出的兵还真棒！""我还有更好的呢！"该企业的总经理在不忘推销公司的同时，着实松了一口气。这位员工回来后，部门主管对他另眼相看，他自己也增添了自信。后来，这位员工对该企业的发展做出了不小的贡献。

这例子表明，"短木板"只要加以激励，将其置于适合位置，就可以使"短木板"慢慢变长，从而提高企业的总体实力。

人力资源管理不能局限于个体的能力和水平，更应把所有的人融合在团队里，科学配置，好钢才能够用在刀刃上。木板的高低与否有时候不是个人问题，是组织的问题。因此，企业管理者应该多发掘"短木板"员工的长处，加以激励，让他们变成"长木板"，从而更好地提升企业的整体实力。

修补"木桶"，打造团队战斗力

现代企业的团队建设与木桶理论有着异曲同工之处：一个团队的战斗力，

不仅取决于每一个成员与成员之间协作与配合的紧密度，同时，团队给成员提供的平台也至关重要！

领导在团队整合与建设的过程中，重点是要做好三项工作：

1. 团队建设的重点之一——补"短板"

"短板"不单单指团队中的人，也指团队缺失的核心能力。劣势决定优势，劣势决定生死，这是市场竞争的残酷法则。这只"木桶"告诉我们，一个团队的整合与建设，一是要协助个人把"最短的一块"，尽快补起来；二是要把管理者中存在着的"一块最短的木板"，迅速将它做长补齐。一个优秀的团队管理者，我们必须让团队的能力均衡发展，如果某些环节不到位、脱节了，或太弱，就会阻碍团队的发展，必须下力度及时地给予补上，因为在某一环节能力的缺失就可能给团队致命的打击。由于核心管理者的"短板"，会导致整个团队停止不前。

2. 团队建设的重点之二——团队协作与配合

加强团队的"紧密度"。首先，在工作过程中应善于营造团队氛围，提倡、鼓励和强化每个成员的团队精神；教导成员关注团队目标，努力去完成团队目标，防止个人主义思想蔓延。其次，做好团队分工，合适的人站在合适的岗位。比如，木桶的A位置应该站一个足够胖的人，才能使木桶"密不透水"、不留缝隙，可如果我们安排了一个骨瘦如柴的人，即使他再高也不管用。第三，强化团队的向心力和控制力。充分发挥管理者的影响力，有意识地强化领导的核心作用，使团队成员自觉主动地团结在管理者周围，跟紧团队的步伐。

3. 团队建设的重点之三——打造优秀平台

没有好的桶底，木桶就像"竹篮打水一场空"；没有好的平台，团队成员的才能就会被扼杀，团队的战斗力将荡然无存。

这就要求首先为团队成员搭建能力发挥的舞台——授权。既然是团队，不同的成员就应该具备不同的能力，发挥着不同的作用，作为团队的管理者即使能力再强也不可能大包大揽。团队管理者一旦不懂得授权，一方面自己会力不从心，另一方面团队成员会因为无用武之地而选择离去。

其次，建立让团队成员施展才华的支持性系统。团队是一个系统，一个团队成员如果只有权力，但缺乏应有的支持，也不一定能打胜仗。比如，一个企业的销售部领命去攻打全国市场，赋予了他们应有的权力，但要做好全国市场必须要有市场部的信息支持、物流部的及时到货支持，以及高层领导指导市场、点拨思路等。

第三，为团队成员提供个人发展的平台，为组织成员提供学习成长的空间。也就是说，一个人在优秀的企业是吸收知识方法，而在普通的企业却是输出知识经验，这也验证了为什么优秀的团队能让平凡者成功的道理。

整合团队出效益出成绩

康佳彩电资源在康佳多媒体营销新团队成立的同时也进行了整合，呈"开放式矩阵结构"。据了解，以往康佳在彩电方面分为康佳数字平板事业部、彩电事业部和康佳多媒体营销事业部，分别负责平板的研发、CRT的研发制造和营销管理。其中，康佳多媒体营销事业部下设平板电视和彩电（CRT）两大营运中心，全国共43个销售分公司。调整之后，康佳数字平板事业部整合进康佳彩电事业部，彩电事业部也仅保留研发制造职能。

在横向上，多媒体事业部按照产品线设了平板、CRT和白电营运中心，负责各产品线的产品规划和定义、供应链管理和营销计划。在纵向上，强化区域和客户管理，43个分公司划分为5大区域，对大客户资源深化管理。

销售仅是多媒体营销事业部的一部分职能，这种基于前端的体系结构，使产品规划、供应链管理到营销策略整个链条全部打通，对市场的响应速度将加快。康佳不仅掌握上游采购的走势，也了解终端的市场。

康佳多媒体营销新团队正式开始运营。在年中会议上，平板和CRT运营中心新负责人林洪藩和陶卫（同时兼管华中区域）正式亮相，并部署了下半年的工作计划，两人分别是原彩电营运中心总经理和原康佳华中区域营销中心总经理，五大区经理也已上任。此外，原康佳集团数字网络事业部副总经理沙刚也转战多媒体营销，担任总经理助理，分管物流和售后服务。这样的人力布局为之后的业绩改善提供了有力的保证。

从这个案例可以得出一个一般性结论，原有的团队资源经过优化整合之后，其效益亦可以得到提高。作为一个企业，获取利润是其目标，要想效益最优、利润最大化，整合原有团队实为不错的选择。

团队整合，其定义为协调团队内部关系、优化人员配置，使组织高效率地运转。领导在进行团队整合时，可从以下四个方面入手：

（1）慧眼识人。能够识别出员工的才干、优劣势和潜能，对其能否出色完成使命有良好的预见力。

（2）优势互补。能够根据团队任务的特点、团队能力的定位，在组建团队过程中，依据个体的才干有意识地进行优势互补性搭配，形成团队合力。

（3）建立信任。努力在团队中建设相互合作、相互支援和共同发展的团队信任关系。

（4）团队导向。以团队整体任务的出色完成作为团队的绩效标准，鼓励利于团队整体的行为。

华盛顿合作定律：一加一并不等于二

提出者： 法国著名企业家皮尔·卡丹。

内容精解： 一个人敷衍了事，两个人互相推诿，三个人则永无事成之日。多少有点类似于我们"三个和尚"的故事：一个和尚挑水吃，两个和尚抬水吃，三个和尚没水吃。

应用要诀： 组合失当，常失整体优势；安排得宜，才成最佳配置。

明确任务，减少内耗

华盛顿合作定律的实质就是群体成员的"不合作"现象，即中国的"一个和尚挑水喝，两个和尚抬水喝，三个和尚没水喝"，也是我们通常所说的"一个人是龙，两个人是熊，三个人是虫"。华盛顿合作定律说明，在管理中合作是一个问题，如何合作更是一个问题，华盛顿合作定律产生的最主要原因在于"旁观者效应"，众多的旁观者分散了每个人应该负的责任，最后谁都不负责任，于是合作不成功。具体说来，当一个人从事某项工作时，由于不存在旁观者，自然由他一个人承担全部责任，虽然有点敷衍了事，但也还能勉强成事，所以"一个和尚挑水喝"。如果有两个人，虽然两个人都有责任，但是因为有另一个旁观者在场，两个人都会犹豫不决、相互推诿，最后只好"两个和尚抬水喝"。如果有三个或三个以上的人，旁观者更多，情况就更加复杂，关系也更加微妙，彼此之间相互"踢皮球"，结果"永无成事之日"，最后"三个和尚没水喝"。

这就说明，当许多人共同从事某项工作时，虽然群体成员都有责任，但是群体的每一个成员都成了旁观者，彼此相互推诿，最后谁都不愿意承担责任，结果合作不成功，产生了华盛顿合作定律。

组织内耗就是由于组织成员"窝里斗"，不仅耗费了组织的资源能量，降低了组织的运转效率，而且影响了组织的正常效能，损害了组织的整体效益。组织内耗与组织群体的规模紧密相关，一般认为，合作群体的成员越多组织内耗就越严重，群体的主观能动性也就越差。因此，对于企业来说，只有明确每一个员工的任务，才能减少组织内耗现象的发生。

"三个和尚没水喝"的怪圈

著名童话作家克雷洛夫曾经写过一个寓言故事：天鹅、梭子鱼和虾一起拉车，它们三个使出浑身力气，干得十分卖力，但是无论如何努力，车还是原地不动。

其实就力气而言，它们三个拉动这辆车是绰绰有余的，可是为什么车总是拉不动呢？原来，天鹅拉着车拼命往天上飞，虾拉着车一步步向后倒拖，梭子鱼则朝着池塘把车向前推。他们谁也不想改变方向，车子自然就拉不动了。

这个寓言故事说明了组织内耗现象。

在做事过程中，合作是一个问题，如何合作更是一个问题。

人与人的合作不是力气的简单相加，而要微妙和复杂得多。因为人的合作不是静止的，它更像方向各异的能量，互相推动时自然事倍功半，相互抵触时则一事无成。"一个和尚挑水喝，两个和尚抬水喝，三个和尚没水喝"，说的正是这个道理。

"一只蚂蚁来搬米，搬来搬去搬不起。两只蚂蚁来搬米，身体晃来又晃去。三只蚂蚁来搬米，轻轻抬着进洞里。"这是团结协作的结果。团队合作的力量是无穷尽的，一旦被开发，这个团队将创造出不可思议的奇迹。

一个人一分钟可以挖一个洞，六十个人一秒钟却挖不了一个洞。这说明的一个重要道理就是协同和合作产生力量，实现双赢。人与人之间的有效合作，会减少人力的无谓消耗。

对于一个企业来说，分工明确，使员工清楚自己的工作内容和职责，这样会一定程度上调动员工的积极性，而且会锻炼员工的独立能力与分析能力。协作相对来说又要密切，通过大家的沟通交流使部门间有紧密的联系，同时有一定的激励体制来使大家的协作有力。

分工与协作协调一致，就会最大程度地减少工作中的瓶颈因素。

强化合作，提升执行力

一个团队的成功与否、执行的有效与否，很大程度上取决于构建团队的指导思想和行事技巧，看看这些在你的执行团队构建中是否充分领略并实施了。

1. 更多参与

保证让每个人都觉得可以自由表达意见：为了吸纳每个人的智慧，必须让团队里的所有成员都感觉到，可以很舒服地大声讲出自己的见解。

2. 容人，容可容之人

没有容人的胸怀，团队必然土崩瓦解。

3. 因事设人

具体做法如下：

各就其位。人事两宜是用人的重要原则。人事两宜有两个含义：一是按照需要量才使用；二是要了解人，而且要彻底地了解，量才适用、适才所用。

尽其所长。高明的管理人，总是根据人才的潜能、特长和品德合理地使用他们，分配给人才使用的权力必须足够使其发挥作用。

因人而异。用人需要根据人才的条件进行安排，人才发挥作用、建功立业同样需要有客观条件，条件不具备时，人才就是再有才能也是英雄无用武之地。

4. 相互信任且彼此尊重

信任会产生有效率的集体行动,朝向一致的目标。

5. 珍惜多样化的观点

当领导者提出一个问题，要设法确定有一个多元化的团队来评估新计划并讨论提案。领导者要了解其他执行人员根据不同经验与认知所产生的观点，同时尽可能地了解并信任他们。

6. 团队成员必须被鼓励积极行事、勇于冒险并承担责任

领导者必须支持每个执行人员，即使他们犯了错误，毕竟每个人都会犯错。

苛希纳定律：用最少的人做最多的事

提出者： 美国管理学者苛希纳。

内容精解： 在管理中，如果实际管理人员比最佳人数多两倍，工作时间就要多两倍，工作成本就多四倍；如果实际管理人员比最佳人数多三倍，工作时间就要多三倍，工作成本就多六倍。苛希纳定律可以用三句形象的话来概括：鸡多不下蛋，龙多不下雨，人多瞎捣乱。

应用要诀： 在管理上并不是人多力量大，管理人员越多，工作效率未必就会越高。在管理工作中，既不能有职无权，也不能有责无权，更不能有权无责，必须职、责、权、利相互结合、分工明确。缩减不必要的管理人员，才能减少工作时间和工作成本，而唯有精简才能达到这一目的。

兵不在多而在精

中国自古以来有"众人拾柴火焰高""人多力量大"以及"个人多好办事"等形容人多好处大的词句，但这些并非"放之四海而皆准"的真理。管理者们应具体问题具体分析，不要盲目应用。尤其在用人问题上，人多未必好办事，人并不在多而在精。

唐太宗李世民，用人就一贯坚持"官在得人，不在员多"的原则。他多次对群臣说："选用精明能干的官员，人数虽少，效率却很高；如果任用阿谀奉承的无能之辈，数量再多，也人浮于事。"

他曾命令房玄龄调整规划30个县的行政区域，减少冗员。唐太宗还亲自监督削减中央机构，把中央文武官员由两千多人削减为643人。他还提倡让精力旺盛、精明能干的年轻官员取代体弱多病的年迈官员。

通过这种方法，朝廷上下全都由能人主持，办事效率大大提高，使得政通人和，出现了繁荣昌盛的"贞观之治"。

相反，太平天国在南京建立政权以后，洪秀全滥封王位。至天京失陷前，封王竟达2700多人，造成多王并立、各自拥兵自重争权夺利的混乱局面，从而致使天京事变的发生，促使太平天国由盛而衰走向败亡。

社会上这种情况屡见不鲜，即某个官职由一人担任便足以应付，却安排了好几个人。这种现象表面上看是体制问题，实际上是管理者在用人上的严重失误。不用余人是管理者应该严格遵守的原则，否则就会造成机构臃肿、人员繁多、效率低下。

"兵不在多而在精"，管理者们在用人问题上一定要转变观念，杜绝任用庸才、闲人，做到任人唯能、任人唯贤，使团队里的成员个个都是精兵强将。只有这样才能使组织不断进步，企业实现良性循环，破除苛希纳定律的魔咒。

铲除"十羊九牧"的现象

管理大师德鲁克举过一个例子。他说，在小学低年级的算术入门书中有这样一道应用题："2个人挖一条水沟要用2天时间；如果4个人合作，要用多少天完成？"小学生回答是"1天"。而德鲁克说，在实际的管理过程中，可能要"1天完成"，可能要"4天完成"，也可能"永远完不成"。

有一家企业准备淘汰一批落后的设备。

董事会说："这些设备不能扔，得找个地方存放。"于是专门为这批设备建造了一间仓库。

董事会说："防火防盗不是小事，应找个看门人。"于是找了个看门人看管仓库。

董事会说："看门人没有约束，玩忽职守怎么办？"于是又委派了两个人，成立了计划部，一个人负责下达任务，一个人负责制订计划。

董事会说："我们应当随时了解工作的绩效。"于是又委派了两个人，成立了监督部，一个人负责绩效考核，一个人负责写深度概括。

董事会说："不能搞平均主义，收入应当拉开差距。"于是又委派了两个人，成立了财务部，一个人负责计算工时，一个人负责发放工资。

董事会说："管理没有层次，出了岔子谁负责？"于是又委派了4个人，成立了管理部。一个人负责计划部工作，一个人负责监督部工作，一个人负责财务部工作，一个人是总经理，对董事会负责。

一年之后，董事会说："去年仓库的管理成本为35万元，这个数字太大了，你们一周内必须想办法解决。"

于是，一周之后，看门人被解雇了。

这个故事讲的是"苛希纳定律"的现象。这样的例证与分析有很多。企业通常都有一种不因事设人而因人设事的倾向，造成企业机构臃肿、层次重叠、人浮于事、效率低下。其主要表现在：

（1）机构设置过多，分工过细；

（2）人员过多，严重超出实际需要。

这种状况使企业难以摆脱多头管理、办事环节多、手续繁杂的困境，难以随市场需要随时调整经营计划和策略，从而使企业难以培养真正的竞争力。

再来看一个"十羊九牧"的故事。

"十羊九牧"出自《隋书·杨尚希传》："当今郡县，倍多于古。或地无百里，数县并置；或户不满千，二郡分领；县寮以众，资费日多；吏卒又倍，租调岁减；精干良才，百分无二……所谓民少官多，十羊九牧。"

一则统计资料说，一个官吏，汉代管理7945人，唐代管理3927人，元代管理2613人，清代管理911人。今天我们，一个干部管理30人。这些统计数字的可靠性也许值得研究，但官冗之患确实日见其甚了。

苛希纳定律告诉我们：要想铲除"十羊九牧"的现象必须精兵简政，寻找最佳的人员规模与组织规模。这样，才能构建高效精干、成本合理的经营管理团队。

精兵简政，让企业"瘦身"

苛希纳定律的现象告诉我们：只有缩减不必要的管理人员，才能减少工作时间和工作成本。而唯有精简，才能达到这一目的。

那么，如何精兵简政呢？汤姆·彼德斯在其最近写的一本书中提到了"五人规则"，指的是营业额在10亿美元的企业配备5名管理人员就可以了。对此，他举了总部设在瑞士苏黎世的国际电气工程（ABB）公司的例子加以说明。

ABB公司是生产发电机、机车以及防公害设备的具有世界水准的重型机电设备企业，年销售额为300亿美元。1988年，年瑞典的阿塞亚公司和瑞士的布朗·保彼公司合并时，该公司总裁帕西·巴奈彼科将总部原有的1000多人缩减到150人，而且他们几乎都是负责生产一线的管理人员。通常由总部担负的职能，如财务、人事、战略规划等都下放给基层，由分布在不同国家和地区的业务部门自行完成。

该公司还有一个引人注目的地方，就是它拥有5000个"利润中心"，每个中心平均有50名员工。各中心分别拥有各自的损益计算表、资产负债平衡表，与客户保持直接的业务联系。这种利润中心的最大优势是具有独立性，它可以摆脱各种制约最大限度地接近市场，为客户提供全面、满意的服务，是一种最能代表顾客需要的企业组织形式。能够与市场保持最紧密的业务运营，可以说是精干的总部的最大优势。此外，它还有很多优点，如决策迅速、便于内部交流，以及对经营资源的分配较为高效。

铲除官僚主义，面对市场变化进行快速反应和决策，对提高员工的工作热情很有帮助。当然，在改革之初都会伴随着某种阵痛。如ABB公司在将总部上千名员工派往各业务部时，由于人员调动不可避免地涉及迁居等实际问题，也确实产生了某种不稳定和震荡。

建立精干的总部还有利于培养员工的创新意识。大幅度放宽权限后，促进了员工创新素质和能力的提高，打破了过去那种逐级晋升的垂直移动，取而代之的是以水平调动的方式来磨炼员工的创新精神。

这样，ABB公司作为一家大型企业就更能适应未来世界市场的变化。美国通用汽车公司（GM）总裁约翰·史密斯说，通用汽车在欧洲的事业取得成功，也正是因为他改变了以往的做法，采取了类似ABB公司精兵简政的策略。ABB公司的这个经验值得在全世界广泛推广。要想使你的组织更有效率、更有活力，就必须先给你的组织"瘦身"。

苟希纳定律告诫我们：确定责任人的最佳人数对企业"瘦身"计划的实施和提高企业效率至关重要。

预防"官场传染病"

苟希纳定律深刻地揭示了行政权力扩张引发人浮于事、效率低下的"官场传染病"。

企业和行政部门都存在苟希纳定律的现象。苟希纳定律的核心内涵有两点：一是不称职者的为官之道，并且因为非常有效所以普遍存在；二是这种不称职者所在单位的破落之因，因为两个助手既然无能，他们只能上行下效，再为自己找两个更加无能的助手。如此类推，就形成了一个机构臃肿、人浮于事、相互扯皮、效率低下的领导体系。具有这种领导体系的单位，多数都是当一天和尚敲一天钟的无激情团队，在固有的管理体制下这种团队是难有作为的。

一个具有本科学历的一把手，往往对具有博士学历的二把手抱有戒心，从而在商量相关事情时，往往喜欢和具有专科学历的三把手在一起，而不喜欢二把手参与，向上一级汇报工作时更不允许二把手随从。如果有可能，总是会选择一个冠冕堂皇的理由，将这个博士调离本单位甚至逼其辞职。一个在大企业干过营销总监的管理干部，即便是到了一个中小企业，如果不是老板先把原来的营销主管调离，这个新来者即使有再高的水平，也不会干出优异的成绩，因为那个"老人"在不断的"帮忙"。在生活中，一个本科毕业的男士，很难接受一个博士毕业的女士做老婆。

苟希纳定律发生作用的条件有哪些呢？

首先，必须要有一个团体，这个团体必须有其内部运作的活动方式，其中管理占据一定的位置。这样的团体很多，大的来讲，各种行政部门；小的来讲，只有一个老板和一个雇员的小公司。

其次，寻找助手的管理者本身不具有权力的垄断性，对他而言，权力可能会因为做错某事或者其他的原因而轻易丧失。

再次，这位"管理者"对他的工作来说是不称职的，如果称职就不必寻找助手。

这三个条件缺一不可，缺少任何一项就意味着苛希纳定律会失灵。可见，只有在一个权力非垄断的二流领导管理的团体中，苛希纳定律才起作用。那么，在一个没有管理职能的团体——比如网络虚拟学术组织、兴趣小组之类，不存在苛希纳定律描述的可怕顽症；一个拥有绝对权力的人，他不害怕别人攫取权力，也不会去找比他还平庸的人做助手；一个能够承担自己工作的人，也没有必要找一个助手。

苛希纳定律告诉我们这样一个道理：不称职的行政首长一旦占据领导岗位，庞杂的机构和过多的冗员便不可避免，庸人占据着高位的现象也不可避免，整个行政管理系统就会形成恶性膨胀，陷入难以自拔的泥潭。这样就会在官场中形成类似的"鲜花"插在"牛粪"上的现象，鲜花就好比是那些公司中的领导职位，牛粪就是那些公司中平庸的管理者，而这种"鲜花"插在"牛粪"上的危害是极大的。

权力的危机感是产生苛希纳现象的根源。恩格斯曾经说过："自从阶级社会产生以来，人的恶劣的情欲、贪欲和权势欲就成为历史发展的杠杆。"人作为社会性和动物性的复合体，因利而为是很正常的行为。假设他的既有利益受到威胁，那么本能会告诉他，一定不能丧失这个既得利益，这也正是苛希纳定律起作用的内因。一个既得权力的拥有者，假如存在着权力危机，就不会轻易过渡自己的权力，也不会轻易地给自己树立一个对手。在不害人为标准的良心监督下，会选择两个不如自己的人作为助手，这种行为是自然而然无可谴责的。

要想解决苛希纳定律的症结，必须把管理单位的用人权放在一个公正、公开、平等、科学、合理的用人制度上，不受人为因素的干扰。最需要注意的，是不将用人权放在一个可能直接影响或触犯掌握用人权的人的手里，问题才能得到解决。

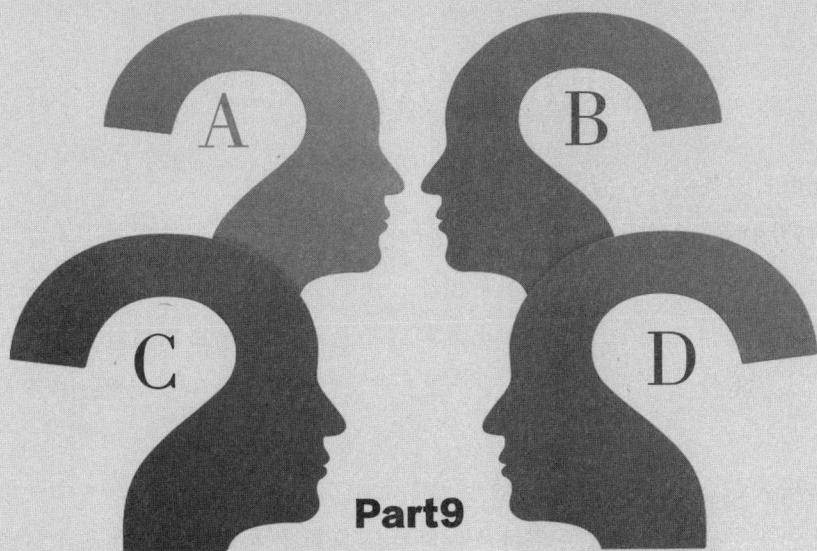

Part9

指导：管得越少，管得越好

管得少，就是管得好。

——杰克·韦尔奇（美国）

尽量去了解别人而不要用责骂的方式。

——戴尔·卡耐基（美国）

对于一个经理人来说，最要紧的不是你在场时的情况，而是你不在场时发生了什么。

——洛伯（美国）

超限效应：犯一次错，只批评一次

提出者：美国文学家马克·吐温。

内容精解：马克·吐温听牧师演讲时，最初感觉牧师讲得好，打算捐款；10分钟后，牧师还没讲完，他不耐烦了，决定只捐些零钱；又过了10分钟，牧师还没有讲完，他决定不捐了。在牧师终于结束演讲开始募捐时，过于气愤的马克·吐温不仅分文未捐，还从盘子里偷了2元钱。这种由于刺激过多或作用时间过久而引起逆反心理的现象，就是"超限效应"。

应用要诀：管理者对下属的批评不能超过限度，应对下属"犯一次错，只批评一次"。如果非要再次批评，那也不应简单重复，要换个角度、换种说法。这样，员工才不会觉得同样的错误被"揪住不放"，厌烦心理、逆反心理也会随之减低。

批评切忌喋喋不休

批评的质量与其数量之间并不存在正比的关系。有效的批评往往能一针见血地指出问题的实质，使下属心悦诚服，而絮絮叨叨的指责会增加下属的逆反心理，即使他能接受，也会因为你缺乏重点的语言而抓不住错误的症结。

严重的是，有些领导似乎就是喜欢"痛打落水狗"，下属越是认错，他咆哮得越厉害。这样的谈话进行后会是什么结果呢？一种可能是被批评者垂头丧气，另一种可能则是他忍无可忍，勃然大怒，重新"翻案"，大闹一场而去。这时候，挨骂下属的心情基本上都是一样的，就是认为："我已经认了错，还要抓住不放，实在太过分了。"性格怯懦者会因此丧失信心，较刚强者则说不定会发起怒来。显然，领导这么做是不明智的。有些领导认为下属并非真心认错，实际上不论认错态度真假，认错本身总不是坏事，所以应该先肯定下来。然后便可循此思路继续下去：错在何处？为什么会发生这样的错误？造成了什么恶劣后果？怎样弥补损失？如何防止再犯类似错误？只要这些问题，尤其是最后一个问题解决了，批评指责的目的也就达到了。

须知一千个犯错误的下属，就有一千条辩护的理由。下属能自我反省承认错误，就不应太过苛求。总之，犯错是第一阶段，认错是第二阶段，改错是第三阶段。无论如何，在下属认错之后，领导者只能努力帮助他迈向第三阶段，而不是其他。

批评切忌不分对象和场合

要做到有效的批评，就必须注意随着批评对象和场合的不同改变批评的方式和语言。那种用统一的模式裁判活生生现实的做法，只会处处碰壁。

就对象而言，我们应该着意于他的职业、年龄、性格、水平这样一些主要因素。不同的职业有不同的批评要求，譬如说对安全性要求很高的行业，批评就应严厉一些，而对于一些要求员工自由发挥程度较高的职业，批评则应注重于启发引导。不同年龄的人批评也应有所差别：年长者应用商讨的语气，对同龄人则可自由一些，毕竟彼此的共同点较多，而对年轻人则应多给予一些启发性的批评，促使其提高认识。

比如，对年老者称呼前加上谦辞，显得郑重有礼；对年少者用"小×"来称呼，增加亲近感，就能增强批评的效果。就性格上的差别来说，瑞士心理学家卡尔·荣格曾将人的性格分为外倾型和内倾型两类。外倾型的人开朗活泼，善于交际；内倾型的人则孤僻恬静，处世谨慎。对他们领导者应采取不同的批评方法：对于前者可以直率，对于后者需要委婉；对于前者谈话要干净利落，对于后者措词要注意斟酌。至于介乎二者之间的中间性格类型的人，可以随机应变，因人而异。知识和阅历水平也是很重要的因素，对水平高的人需要讲清道理，必要时只须蜻蜓点水，他便心领神会；对水平低的人必须讲清利害关系，他们看重的是结果如何，而不在意其中的奥秘究竟怎样；之乎者也、文绉绉的词句，只能使其如入五里云雾，辨不出东南西北。

同样，场合的不同也要求批评方法的改变。聪明的领导者往往知道根据不同的场合调整批评的方式，而鲁莽的领导者则往往不分场合，简单粗暴。一般来说，尽量不要在公开场合批评下属，实在无可避免时也应注意批评的力度。这一点尤为重要。古代有一位侠客，他的属下有求于人。一次朋友问他："有那么多弟子仰慕你、跟随你，你是否有什么秘诀呢？"他回答说："我的秘诀是，当我要责备某一位犯错误的弟子时，一定叫他到我的房间里，在没有旁人的场合才提醒他。就是如此。"领导应该明白，你既身为领导，无论如何你总该对单位的人和事负有责任，这是推不掉的。喜欢将"家丑外扬"，反而暴露出你的领导不力，或由你制定的领导体系有缺点、不健全。更不好的是，还会给人留下自私狭隘的印象。

批评重在以理服人

管理者对下属进行批评要注意方式方法，要逐步地输出批评信息，有层次地进行批评。

与表扬相比，管理者更要注意批评的方式方法了。

在现实生活中，由于人们在思维能力和心理素质上存在着明显差异，因而对待批评的态度和认识错误的程度也会有所不同。例如，有的人一点即通，知错便改；有的人虚荣心强，不愿听逆耳忠言，管理者对这些人进行批评就应该讲究方式方法，不宜直接进行批评；有的人思想基础好，性格开朗，乐于接受别人的批评，管理者对他们即使批评的言辞直露、激烈一些，他们也不会因此而耿耿于怀；还有的人执迷不悟，或对自己的过错矢口否认、搪塞掩饰，甚至转嫁他人，管理者对于这些人就最好进行有理有据的直接批评，促使他们尽早地认识和改正自己的错误。

管理者在进行批评时，对下属的错误和缺点不能"和盘托出"，而要有目的、有重点地逐步指出，由浅入深，耐心引导，一个层次接着一个层次、一个问题接着一个问题地逐步解决。这样做可以使下属对批评逐步适应、逐步接受，不至于因心理负荷过重导致心理失衡而产生抵触情绪，或者因此而背上沉重的思想包袱，从此一蹶不振。

愿意受表扬，不愿受批评，是人所共有的一种心理状态。这一特点在那些反应敏捷，性格倔强、暴躁，逆反、否定心理强的人身上表现得更为突出，他们对待批评的态度往往是遇批"色变"，一谈就"蹦"、一批就"跳"，致使正常的批评教育难以进行下去。但是，管理者如果换一个角度，从平等的地位、以商讨的口吻去进行批评，他们则比较容易接受。

管理者要针对下属的心理特点，改变那种居高临下教训人的批评方法，以商讨问题的态度，平心静气地对下属的缺点和错误进行畅所欲言、以理服人式的批评教育。这样做有利于改变被批评者可能存在的抵触情绪，提高批评意见的可接受性，使他们感到管理者的批评意见是充满诚意的，从而虚心地予以接受。

有效斥责的8个标准

要使"斥责"的行为保持指导下属的原来面目，你得留意下列几点。

1. 斥责之前，先使自己冷静

如果不先使自己冷静下来，斥责就会变而为"怒骂"或是"愤怒"。

2. 理由充分明确

要让下属了解何以被斥责，只要斥责的理由明确而且合理，受斥责的人定会心服口服。

3. 勿伤自信

斥责的目的在于"育才"，因此，必须考虑到"不伤及下属的自尊""不使下属的自信因而丧失殆尽"。例如，你应说：

"我相信你定能矫正这种习惯，所以才特地提醒你这件事。"

4. 使其反省

设法让下属能够"自动反省"。最高明的斥责方法是能叫下属在挨骂之后，说："这的确是我的过失，以后我一定改过来。"

5. 考虑到时间、场所、状况

斥责下属时必须顾及他的面子，尽量在"一对一"的情况下冷静地斥责。

6. 气氛要开朗

斥责时要保持开朗的气氛。气氛变得暗淡，双方的心情都会好不到哪里去。挨骂的下属一定更难过，甚至兴起抗拒心理，心中暗骂你："哼，你尽管骂吧?才不是那么容易就被你驯服的货色哩。"

如此一来，斥责的功用未生害处已出现，这一场斥骂不就等于毫无意义了?

7. 斥责得利落

通常，挨骂的下属心中都想："糟了。"悔意已生，理由嘛，他也心里有数。因此，要斥责得简洁、利落，切莫拖拖拉拉。

8. 斥责之后，立刻转变气氛

下面就是一个用批评来激励下属的好例子:

吉诺·鲍洛奇悉心经营的重庆公司是从一个家庭化的小作坊一跃而成为拥有近亿元资产的大公司。鲍洛奇对部下的严格要求是其成功的重要原因之一。有一次，鲍决定兴建一个新厂，由于时间紧、任务重，他派了一批得力的干将去。在预定开工前的三星期，他前去检查工作。在那里，他看到了一番令他不忍目睹的景象:员工们满脸是灰，身上是泥，满脸的疲惫，满身的狼狈，电灯没有装好，用一个临时的电灯泡替用……看到这里鲍又气愤又爱怜，本想宽慰一下他们，但又想到新厂如不能按时开工，将会给公司造成莫大的损失。他生来脾气暴躁，遇到这种情景更是火冒三丈，他不由地厉声训斥:"你们一个个无精打采，是干工作的样子吗?像你们这样的进度，公司不死在你们手里才怪呢?"他走后，员工们气愤激昂。你说我们不行，我们偏要做给你看看，员工们努力工作，终于如期完成任务。

虽然鲍洛奇爱批评下属，给人以暴君的印象，但正是这种独特挑剔的目光和做法促进了每一个员工奋发向上，激起员工们的干劲，从而促进公司的发展。

波特定理：对下属的错误网开一面

提出者：英国行为学家波特。

内容精解：当遭受许多批评时，下级往往只记住开头的一些，其余就不听了，因为他们忙于思索论据来反驳开头的批评。

应用要诀：总盯着下属的失误，是一个领导者的最大失误。再好的人也有犯错误的时候，不要总盯着下属的错误不放。重要的是，查找错误的原因，并帮助员工解决。

紧盯错误会造成员工平庸

通用电气的杰克·韦尔奇认为：管理者过于关注员工的错误，就不会有人勇于尝试。而没有人勇于尝试比犯错误还可怕，它使员工故步自封，拘泥于现有的一切，不敢有丝毫的突破和逾越。评价员工的重点不在于其职业生涯中是否保持不犯错误的完美记录，而在于是否勇于承担风险，并善于从错误中学习，获得教益。通用能表现出很强的企业活力，这与韦尔奇的适度宽容员工错误的方式不无关系。

在这方面，值得特别提出的是世界最富创新的美国3M公司。

美国的3M公司，不仅鼓励工程师也鼓励每个人成为"产品冠军"。公司鼓励每个人关心市场需求动态，成为关心新产品构思的人，让他们做一些家庭作业，以发现开发新产品的信息与知识，公司开发的新产品销售市场在哪里，及可能的销售与利益状况等。如果新产品构思得到公司的支持，就将相应地建立一个新产品开发试验组，该组由R&D部门、生产部门、营销部门和法律部门等的代表组成。每组由"执行冠军"领导，负责训练试验组，并且保护试验组免受官僚主义的干涉。如果一旦研制出"式样健全的产品"，试验组就一直工作下去，直到将产品成功地推向市场。有些开发组经过3~4次的努力，才使一个新产品构思最终获得成功；而在有些情况下，却十分顺利。3M公司知道在千万个新产品构思中可能只能成功1~2个。一个有价值的口号是"为了发现王子，你必须与无数个青蛙接吻"。"接吻青蛙"经常意味着失败，但3M公司把失败和走进死胡同作为创新工作的一部分，其哲学是"如果你不想犯错误，那么什么也别干"。

日本富士Xerox公司从1988年就开始实施"关于事业风险投资与挑战者的纲领计划"。如果公司员工的新事业构思被公司采纳，则公司和提出人就共同出资创建新公司，并保证三年工资。假如失败了，仍可以回到公司工作。对于新创立的公司，公司不但给予资金的支持，还给予经营与财务等必需的人才的支持。

对研究开发的成功，实行奖励与特别奖励已是普遍的事情。但对于研究的失败，却有着较大的差别。一些企业对于失败的项目不但没有认真地深度概括失败的原因，反而采取了对项目全盘否定的做法。虽然很多公司也都明白研究开发是允许失败的，但常常不能正确地对待失败。3M公司允许工程师们将工作时间的15%在实验室中进行自己感兴趣的研究开发，努力创造轻松自由的研究开发环境。如果你的创造性构思失败了，那也没关系，你不会因此而遭到冷嘲热讽，照常可以从事原来的工作，公司依然会支持你的新构思的试验。在日本的一些企业，有着"败者复活制"和"失败大奖"的表彰制度，旨在给予失败者具有挑战精神的激励，并让失败者从失败中寻找成功的因素，把失败真正作为成功之母，从而最终获得成功。

优秀的管理者在员工犯错的情况下是不会一味地责怪的。他会宽容面对他们的错误，变责怪为激励，变惩罚为鼓舞，让员工在接受惩罚时怀着感激之情，进而达到激励的目的。每个人都是需要鼓励的，有鼓励才能产生动力。批评的同时给予适当的肯定，只有把握好了，才能成为一名出色的管理者。

在管理事务中，领导要学会宽容下属的错误。

宽容换来下属的效命

古人云："人非圣贤，孰能无过。"作为领导对于下属的错误，也不宜给予全部否定或者一顿棒打，那样只会加重问题的恶化，甚至把下属推向矛盾暴发的边缘，造成下属的"破罐子破摔"的思想。有句话说得好，"团结能者干大事，团结老实人干实事，团结坏人不坏事"。其中的道理不言自明。一次两次的失败不能够证明问题的终结评价，当犯了错误的下属在为自己的行为懊恼之时，领导对其的斥责只能挫伤尚存的信心，受到很大的打击。也许他是一位很有才华的能者，却被你的一句否定之语判了死刑，哪还有来日的大显身手呢！

相传春秋时期，楚王请臣子们来喝酒吃饭。席间美酒佳肴，歌舞妙曼，烛光摇曳。酒至兴处，楚王命令他最宠爱的美人许姬和麦姬轮流向各位敬酒。

忽然一阵大风刮过，吹灭了所有的蜡烛，厅堂里漆黑一片。席上一位官员乘机揩油，摸了许姬的玉手。许姬一甩手，扯了他的帽带，匆匆回到座位上，并在楚王耳边悄声说："刚才有人乘机调戏我，我扯断了他的帽带，你赶快叫人点起蜡烛来，看谁没有帽带，就知道是谁了。"

楚王听了，连忙命令手下先不要点燃蜡烛。接着大声向各位臣子说："我今天晚上，一定要与各位一醉方休。来，大家都把帽子脱了痛饮几杯。"众人都没有戴帽子，也就看不出是谁的帽带断了。

后来楚王攻打郑国，有一位勇士独自率领几百人为三军开路。他过关斩将，直捣郑国的首都。此人就是当年揩许姬油的那一位。他因楚王施恩于他，发誓毕生效忠于楚王。

楚王表现出了一代霸主的大度。在当时男女授受不亲的社会风气下，楚王非但不治罪，还想办法替他遮羞，这种胸襟光耀千古。

想想古人的作为，再想想我们自己。很多时候，我们都需要宽容，宽容不仅是给别人机会，更是为自己创造机会。同样，领导者在面对下属的微小过失时，则应有所容忍和掩盖，这样做是为了保全他人的体面和全局的利益。宽容也是一则重要的用人之道。作为一个领导者必须要能想得开、看得远，从发展的角度考虑，从大局考虑，得饶人处且饶人，对人才要学会宽容。

唐贞观十二年，魏徵在一次上疏中也说："夫虽君子不能无小过，苟不害于正道，斯可略矣。"

善待下属的错误要讲原则

作为领导或者其他管理者，要善待下属的错误，当然不是原则性的，要注意处理的方式。

1. 积极沟通，适时利导

问清下属犯错误的原因，不要以武力相威胁，大发雷霆之怒。对于有的下属能够主动承担错误者，亦不宜"宜将剩勇追穷寇"。注意适时利导，批评后还要主动与其沟通一下，反省自我承担的领导责任。

2. 善待员工的过失，积极地应对问题症结

首先，对于下属的失礼之处要宽容。如领导讲话之时，有人不能注意言行，引起会场的不雅。领导对此要"宰相肚里能撑船，将军额头能跑马"，不能动不动就耿耿于怀，简单报复；还要认真分析出现失礼的原因，尽可能给员工以宽容。其次，谨慎对待下属的失信。对于信誓旦旦的表白出尔反尔，既不要抢白，也不要强硬，细细分析其中的原因，找出客观和主观原因，帮助其继续努力，挽救因此带来的损失。再次，正确对待下属的失误。有的员工因为不熟悉业务、能力欠佳带来的失误，要冷静对待，既不要大惊小怪，也不要视而不见，尽快寻找补救措施，帮助分析原因，不要完全否定。

3. 用好犯错误的下属

失败者的两个结果，一是成为更为辉煌的成功者，二是成为优秀的批评家。有的领导对于已经有过错误的下属永不启用，甚至打入地狱，这是很不理智的态度。

领导不仅要有度量还要有海量，首先，要敢于启用犯过错误的员工，不仅允许犯错误，还要给犯错误者一个机会，赋予其以信心和勇气，以此体现领导唯才是举的思路。其次，要尊重和信任犯过错误的员工。比过去更主动、更热情地接近关心他，使其感受到组织的温暖。再次，对犯错误的员工的价值给予肯定，尤其要肯定其与众不同的优点。最后，领导还要敢于护短，尽量保护员工的责任心，让他感到一分支持。

对于过错既要理性地面对，也不可全盘否定，充满爱心关心职工，是领导的理念和胸怀，更体现了领导的素养和策略。

让下属自己从错误中学习

当领导者直接指出下属错误时，下属的第一反应是不服气，总觉得自己没有犯错，只不过是与领导的标准不同，这种想法直接会影响整个团队的工作效率。

刘军是一家知名企业的经理助理。他上班总是迟到，并且对于一些问题，即使重复出现他也总是不能按时作出反应。当经理发现刘军的问题之后，采取下述策略，成功地对他进行了批评和指正。

经理让刘军坐在自己的位置上，然后对他说：

"刘军，你知道我在每天早晨 8 点半是多么需要你来帮忙。尽管我已经向你提示过几次，可是上一周你仍然没有按时上过一次班。假如你是我的话，对于这种行为你怎么看？"

经理说完之后，就沉默不语，等待刘军的回答。刘军试图拖延时间，希望经理能够继续说下去，但是经理没有再说下去，所以他只能开始说话，不断地找各种借口为自己的行为辩解。最后，刘军终于为自己的行为感到尴尬，于是他只好承诺："对于我这种迟到的行为，我没有什么可以说的。我答应你，以后我会尽量改正自己的行为。如果在接下来的两个月以内我按时上班的次数不能达到90%的话，我接受任何惩罚。"

趋利避害是人的天性，好的方面是人人都向往的，而面对错误，即使是自己所犯的错误，也不愿意去直接承认。在企业的领导过程中下属犯错总是难免的，领导者如果想让下属认识错误并能积极地改正，就必须让下属从心底接受自己犯错的事实，让他自己意识到错误的根源，这样才有彻底改正的可能。

那么，怎样做才能确保让员工认识错误并从错误中学习呢？以下是实践的步骤：

步骤1：要让这位员工明白自己做错了，不要说这只是偶然事件，以后不会再发生。越早处理，问题解决起来也就越容易。上面这位经理就是这样做的：问题在于他只做到这一步，而没有继续下两个步骤。

步骤2：了解这位员工为什么会犯这样的错误。这位员工思考问题的方式可能是正确的，动机也是好的，但并不全面。他可能注意到了你忽略的一方面问题，可能在进行同样的思考前就做出了冲动的反应，原因多种多样。

步骤3：既然已经知道这位员工行事的原因，你就不仅能把自己的判断和发生的情况联系起来，还能将其与员工所采取的方法联系起来。你向你的员工指出想法是好的，但没有得到足够的信息。如果这位员工看到了你忽略的问题，你要就此向他表示谢意，看看该做什么工作。如果这位员工忽视了你的规矩，行事非常冲动，问题可能就比较严重了。但是，如果问题已清楚，处理起来就容易了。

洛伯定理：授权有道，分身有术

提出者： 美国管理学家洛伯。

内容精解： 对于一个经理人来说，最要紧的不是你在场时的情况，而是你不在场时发生了什么。

应用要诀： 如果只想让下属听你的，那么当你不在身边时他们就不知道应该听谁的了。管理者不能包揽各种权力于一身，要最大限度地向下属授权，以增强下属的积极性和创造性。

领导者要做领导者的事

提高管理效能最根本的办法是领导者要做领导者的事。乍听起来，这好像是不言自明的事，其实不然。实践表明，要做到这一点并不容易。有许多领导者常常"不务正业"，专做下属该做的事。这样一来，尽管他"两眼一睁，忙到熄灯"，每天焦头烂额，效率却很低。要改变这种状况，需要从以下几方面努力。

首先，要最大限度地向下属授权。一些领导者之所以成天忙忙碌碌却又忙不到点子上，其原因就是抓权太多。这些领导一方面抱怨事情干不过来，另一方面又事无巨细，什么事都要亲自管。当下属把矛盾上交时，他仍亲自去处理那些本应由下属处理的问题，陷在事务圈子里不能自拔。这种包揽各种权力于一身、唱"独角戏"的做法，与现代领导的工作方式是毫无共同之处的。天津市有个著名的企业改革家就提出"分权而治，分级管理"，他平时只抓九个人，即四位副厂长、两位顾问，加上计划经营、质量管理两位科长和一位办公室主任。这些人再把权力一层一层地分下去，工作起来效率很高。过去一上班，办公室里就挤满了人，晚上又找到家里请示工作、商量问题。现在厂长办公室清静了，厂长可以把大部分的精力用在筹划长远建设和抓改革上，只用少量的精力处理日常事务。晚上家里有了看书学习和休息的时间，可以不断汲取新知识，获得旺盛的精力。具体地讲，授权有以下几条好处：

（1）能够减少领导者的工作负担，使之从琐碎事务中解放出来，腾出时间和精力去考虑重要的、战略性的、全局性的问题，更有效地进行决策和指挥。

（2）能够增强下属的荣誉感和责任心，激发他们的工作热情，调动他们的积极性，提高其工作效率。

（3）有利于在工作实践中培养和锻炼干部，增长干部的才干。

（4）能够发挥下属的专长，弥补自己的不足。领导者应当尽可能地把自己不擅长的工作，授权给在这方面有专长的人去干，以提高领导工作的质量。

（5）可以改善上下级之间的关系，使下级从等级服从、层层听命的消极被动状态改变为合作共事、互相支持的积极主动状态。

其次，要尽量排除不必要的工作。领导者除了不要插手别人职权范围内的工作外，为了节省时间和精力、提高工作效率，还应在通常属于自己的工作中再做精简，只做那些非做不可的工作，而可做可不做的工作则应尽量排除，少做无效劳动。例如：汇报工作或作报告时，不必花费很多时间去背诵，以显示自己的记忆力，要减少头脑的储存负担，提高头脑的处理功能；有些报告在会前发给大家，不必在会上宣读，会上只对报告进行讨论；打电话能办的事就不写信，便条可以解决的就不写长信；应该由下级提出的办法便让下级准备，不替下级思考问题；办事前做好准备，搞好沟通，减少不必要的扯皮和误工，等等。对那些非做不可的工作也要综合起来考虑，哪些先办，哪些后办；哪些要重点抓，哪些只要过问一下就可以了；哪些事要专门去办，哪些事可以合起来办；哪些事用完整时间办，哪些事可以用零碎时间办；哪些事必须按规定程序办，哪些事可以用简便易行的办法办，等等。

授权能使员工干得更好

作为管理者，常常会遇到员工提出的"我能干得更好"的疑惑。假如碰到了，要采取行动确保你的员工受过培训，具备完成授权任务的条件。在你的支持、鼓励和指导下，他们会在工作中成长起来。希望你很快地说："他们能干得更好。"这应该是你希望达到的目标。

阻碍管理者成功授权的另一个原因是对员工缺乏信心。对于管理者而言，这是最具毁灭性的。当你因为对员工缺乏信心而对授权有所保留时，事实上，你使员工失去了发展能力的机会，而这些能力正是你建立对他们的信心的基础。这就造成一种无休止的恶性循环。管理者抱怨员工无法处理好被授权的任务，随之而来只好自己来完成工作。而员工也无法工作，缺少必要的锻炼。

如果你感到无法进行授权是因为你对员工缺乏信心，那你应该主动拿出行动来。等待他们采取行动来建立你对他们的信心想法很不现实，你必须展现领导者的魅力，勇于承担风险，打破恶性循环。如若不然，情况只会变得越来越糟。

一些管理者经常认为自己没有多余的时间花在授权上面。这种想法是可笑的，因为好的授权的主要益处之一就是为管理者节约时间。但是对于大多数管理者而言，为什么缺乏时间往往又成为授权的障碍之一呢？

要成为有效的授权者是很花费时间的。你得花时间准备授权计划，与员工见面，布置授权任务，还要跟踪检查他们的工作进展。同时，你还得投入时间培训那些可能被授权的员工。既然授权的诸多方面都需要花费时间，那么管理者们回避授权又有什么好奇怪的呢？事实上，情况并非如此。

对管理者而言，如果不授权，那么这些任务都必须由自己来完成，所花费的时间比授权所花的时间多得多，而如果管理者能正确地授权，节省时间的余地会更大。

许多管理者因为害怕失去"CAP"（控制、权威、权力）而放弃授权。你对自己说"我不想授权是因为我会失去CAP"时，事实上，与这种顾虑进行的思想斗争就已经开始了。许多管理者发现这是最难以克服的障碍，因为他们必须放弃一些看上去是管理者的本质所在的东西。

当你把一项任务授权之后，对于责任的转移，你的心里可能会涌起一种特别的感受。你可能会觉得失去了"CAP"，你不确定你是否会因为下属出色地完成任务而依旧获得好评。你应该正确地对待这种感觉，否则它们就会成授权的障碍。一些极端的情况，如果任其发展成你最担心的事情，它们就变得具有破坏性了，并且会严重地削弱管理者的管理效果。所以，没有理由让这样的想法存在。

合理授权，分身有术

北欧航空公司董事长卡尔松大刀阔斧地改革北欧航空系统的陈规陋习，就是依靠合理授权、给部下充分的信任和活动自由而实现的。开始时，他的目标是把北欧航空公司变成欧洲最准时的航空公司，但他想不出该怎么下手。卡尔松到处寻找，看到底由哪些人来负责处理此事，最后他终于找到了合适的人选。于是卡尔松去拜访他："我们怎样才能成为欧洲最准时的航空公司？你能不能替我找到答案？过几个星期来见我，看看我们能不能达到这个目标。"几个星期后，这个人约见卡尔松。卡尔松问他："怎么样？可不可以做到？"

他回答："可以。不过大概要花6个月，还可能花掉160万美元。"

卡尔松插嘴说："太好了，说下去。"因为他本来估计要花5倍多的代价。

那人继续说："等一下，我带了人来，准备向你汇报，我们可以告诉你我们到底想怎么干。"大约4个半月后，那人请卡尔松看他几个月来的成绩，当然目标已实现，但这还不是他请卡尔松来的唯一原因，更重要的是他还省下了50万美元。

卡尔松事后说："如果我先是对他说：'好，现在交给你一件任务，我要你使我们公司成为欧洲最准时的航空公司。现在我给你200万美元，你要这么这么做。结果怎样，你们一定也可以预想到。他一定会在6个月以后回来对我说：'我们已经照你所说的做了，而且也有了一定进展，不过离目标还有一段距离，也许还需花90天左右才能做好，而且仍要100万美元经费，可是这一次这种拖拖拉拉的事却不曾发生。他要这个数目，我就照他要的给，他顺顺利利地就把工作做完了，也办好了。"

由上面的这个事例可以看出，合理授权是多么重要。

不愿授权和不会授权的领导者，将给自己积聚愈来愈多的决策事务，使自己在日常琐碎的工作细节中越陷越深，甚至成为碌碌无为的"事务主义"者。

由于个人的时间和精力有限，领导者最后不得不"分给别人一点"。到此地步，有些事已一拖再拖，还一些事可能根本无暇顾及。另外，下级的积极性也受到压抑，工作失去了兴趣和主动性。所以，作为领导者，贵在学会科学地授权。通过合理授权，使领导者重在管理，而非从事具体事务；重在战略，而非战术；重在统帅，而非用兵。通过"分身之术"，有利于领导者议大事、抓大事，居高临下，把握全局。

合理授权有以下两点重要作用：

1. 满足下属的自我归属感

合理分权，有利于调动下属在领导者工作中的积极性、主动性和创造性，激发下属的工作情绪，增长才干，培养人才，使上级领导者的思想意图为群体成员所接受。所有成功的领导者都要创造一种氛围，这种氛围能使下属在理性上和情感上都融入工作。善于授权的领导者能够创造一种"领导者气候"，使下属在此"气候"中自愿从事富有挑战意义的工作。

这些成功的领导者是通过信任下属、给下属提供充分加入有意义工作的机会，以此来刺激下属的工作意识。领导者对下属的看法要积极，要有"多给他们一点"的态度，激发下属产生"核聚变"；挖掘潜力，让众多大脑都开动起来，充分发挥下属的技能和才干。领导者若不授权于下属，那他不但无法充分利用下属的专长，而且无法发现下属的真才实学。因此，授权可以发现人才、利用人才、锻炼人才，使领导者的工作出现一个朝气蓬勃、生龙活虎的局面。

2. 调动下属的积极性

领导者合理授权，有助于锻炼和提高下级的才干，提高领导者体系的总体水平，从而提高领导效率。领导者的合理授权使下属获得了实践机会和提高的条件。随着下属在实践中学得更多的真知，领导者可根据工作的需要授予他们更多的权力和责任。应该说，领导者要属下担当一定的职责，就要授予相应的权力。敢不敢授权，是衡量一个领导者用人艺术高低的重要标志。一方面，如果领导者对部下不放权，或放权之后又常常横加干预、指手画脚，必然造成管理混乱；另一方面，下属因未获得必要信任，也会失去积极性，而合理的授权则有利于增强下属的积极性和创造性。

扮演好教练的角色

一个领导者在管理一个组织的时候，要给予下属一定的自主空间，锻炼下属独立处理事物的能力。如果一直是高压政策，对谁都不放心，大权独揽，像一个掌管全局的大管家，下属不过是他命令和思路的执行者，不需要头脑、不需要主见，只是执行而已。这样的领导者尽管也可以把一个组织管理的井井有条，可他手下的员工却被日复一日地管理成了只会听话、行动的"好同志"。一旦他不在场时，属下就成了一群无头苍蝇，纪律开始散漫，工作效率开始降低，有事谁也不愿负责任——因为平时谁也没负过责，又怕一旦出了差错没法交代。

所以，对于一个领导者来说，不要大权独揽，事事亲力亲为，该授权时则授权，否则自己累得心力交瘁不说，员工也会对工作缺乏关心和热忱，时间长了，会使下属产生依赖心理或不被信任的感觉，并在你不在的时候无所适从、互相推诿、错失诸多良机。

孔子的学生子贱有一次奉命担任某地方的官吏。他到任以后，时常弹琴自娱，不管政事，可是他所管辖的地方却治理得井井有条、民兴业旺。这使那位卸任的官吏百思不得其解，因为他每天即使起早摸黑从早忙到晚，也没有把地方治好。于是他请教子贱："为什么你能治理得这么好？"子贱回答说："你只靠自己的力量去进行，所以十分辛苦；而我却是借助别人的力量来完成任务。"

领导者首要的任务是扮演好教练的角色，也就是负责企业内人才的延续。企业领导要负责培育、激励员工、激发员工潜能，同时，企业领导也通过合理地授权给员工可以发挥的机会和表现的舞台，让他们能从中得到磨练与成长，培养为具有判断、创新能力的人才，而领导者本人也才能有更多的时间去做更重要的决定及思考企业的远景方向。

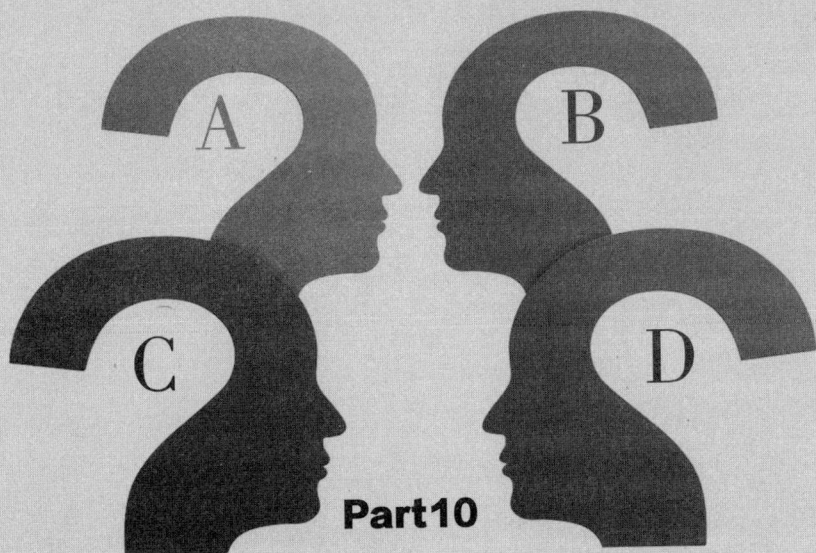

Part10

培养：授人以鱼，不如授人以渔

授人以鱼，不如授人以渔。

——老子（中国）

造人先于造物。

——松下幸之助（日本）

水无积无辽阔，人不养不成才。

——吉格·吉格勒（美国）

吉格勒定理：水无积无辽阔，人不养不成才

提出者： 美国培训专家 J.吉格勒。

内容精解： 除了生命本身，没有任何才能不需要后天的锻炼。

应用要诀： 水无积无辽阔，人不养不成才。通过培训，可以使新员工迅速适应现实的工作，缩短适应期；可以增强员工的专业技能，促其快速成长。

培训——授人以"渔"

很多领导一听培训就摇头：我都舍不得花钱给自己培训，这么奢侈的事还是让那些有钱的大企业去做吧。其实中小企业初期的培训，一分钱都不用花，因为企业主自己就是培训师。并且，上班的每一分钟，和员工的每一次交谈，都可以视作一次培训。只要你善于掌握，用不了多久，你会发现自己轻松了，也可以有更多的时间考虑更重要的问题了，比如公司的下一步发展计划。

很重要的一件事是培训完成后，你要让受训的人复述一遍并指正其中的错误点，直到受训者能够清晰、完整地复述你告诉它的内容为止。

首先需要进行的是常识培训。你必须告诉员工，在这个企业工作需要的常识。一些是关于企业内的，比如和员工工作相关的上下游工序的负责人，应该如何交接，怎样真正完成一项工作，等等。另一些是企业外的，比如有一个顾客要邮购公司的某产品，是应该款到发货还是货到付款，诸如此类。你可以把这类常识列一个清单，想清楚如何应对此类情况的，然后分别告诉承担这些工作的人就可以了。只要你坚持这样做并随时修正在工作中发现的问题，过不了多久，企业就会拥有一套比较完整的工作职责和工作流程了，你会发现自己轻松了一点点。

许多大企业拥有比较完善的新人入职教育，也不过是这样多次的操作积累罢了，没什么复杂的。并且，你的风格会在多次这样的简单培训中潜移默化地影响每一个员工，久而久之，企业文化也就形成了。

常识培训非常重要，因为这种培训将帮助你的员工迅速进入到你要求的工作状态。当一个员工新进入一个企业时，面对完全陌生的环境，他可能连一般水平都难以发挥。

其次是建立共同愿景。"愿景"这个词的意思是目标的图形化和具体化。如你想要幸福的生活，用愿景来解析可能就是有车、有房、有上百万的存款、孩子上名牌学校、成为职场精英，等等。当然，还可以更具体些，如车子的品牌，房子坐落在哪里，存款在哪家银行，孩子上哪所学校……越具体就越能引发你的成功欲望，越能驱使你奋斗，这是成功学的重要一课。

技能培训是持续不断的工作。作为企业的老板，你可以把这件事情交给资深的员工去做，并为此支付额外的津贴。千万记住，任何人额外的付出都应该得到额外的回报，免费的东西并不可靠。但你肯定要制定明确的标准，比如达到的程度。

体验式培训——跳出框外思考

别具一格的管理培训课程培养参加者的创造力，并挑战他们的忍耐极限。

如果你觉得在水中游泳或玩大块拼图游戏似乎是一种奇特的管理培训方式，那你显然是少见多怪了，至少意味着你没参加过体验式培训。

体验式培训一般由专门的培训机构开展实施，我不再抱怨"IWNC"公司就是其中最有名的一家。这家体验式学习公司专门培训员工"跳出框外思考"，目前在中国大陆、中国香港都设有办事处。其课程安排通常为期三天，并在一些偏远的地点举行，如位于长城脚下的乡村、杭州西湖边上，或静谧且风景如画的中国香港大屿岛上的培训学校。该公司不会在乎于平淡无奇的酒店空调会议室举办讲座，既不使用投影仪，也没有生动的电脑图表。

"我们采取的是体验式培训，让人们在培训中展现其真实的行为。"该公司中国办事处总经理布朗说，"我们采取辅助技巧，协助参加者分析、讨论他们在活动中的行为，并带回到他们的工作场所中。许多参加者都是工商管理硕士，而且一般都是非常精干的年轻人。但他们缺乏交际技巧、主动性及创造性，这些是他们所受教育没有提供的。"

每个培训小组一般由管理层及以下的多名成员混合而成，这是个优良组合。每个人的穿着都很随意，咋一看没人能知道谁是上司。

另一个重要条件是培训地点应远离工作场所。美国汽巴公司中国香港染料部经理西蒙斯对此深有感触，他在6个月之内让包括自己在内的80名员工参加了"我不再抱怨"课程。他说："没有电话干扰，甚至没有移动电话，简直太妙了。"

通常情况下，"我不再抱怨"课程是企业更大培训项目的重要部分。诺基亚的中国公司在12个月内分别举办了4次"我不再抱怨"课程，对象是新招聘的员工，旨在让他们建立彼此的信任感及承诺。

虽然这些管理技巧源自西方，但这类培训在很多国家和地区都适用而且受到了欢迎。另外，培训练习活动中有关失败比成功的经历能教给人们更多东西。

第六项修炼——全面品质学习

强大而成功的企业是建筑在不断提高质量的学习上的。

企业成功的道路千万条。拥有一个能执著追求、不懈学习的组织，就是一条有效的道路。企业不仅只是要学习，更要建立全面品质学习，才能为持续、稳步的成功打下坚实的基础。

"学习型组织之父"彼得·圣吉将他的"第五项修炼"聚焦在学习型组织上。但他的理论在付之于实践时仍然有不足之处：他停留在第五项修炼，或者说只强调系统学习。事实上，当你与操作员谈话时，他们根本无法理解系统的概念，同时此概念也与他们日积月累的经验相去甚远。在第五项修炼的基础上应该发展"第六项修炼"——全面品质学习。

全面品质学习的主要要素是什么？

全面品质学习需要头脑思维方式的改变。企业组织总是先确立一个长期的目标，一般是由行政总裁首倡并确定下来，然后由高级管理层拟定使命说明来进一步将这个长期目标具体化，经理人随后将这个目标传达给员工。这一切听起来顺理成章。事实上，效果并不好，当这个目标沿着命令链层层向下传达时，它往往会渐渐"退化"甚至"扭曲"。人们会忘记先前说过的一切，并很快依然我行我素。

理想的方法是要先行动起来。行动成功之后，人们的行为自然就会随之改变。然后高级管理层就可以坐下来，写好体现远景目标的使命说明书。

日本的"5—S法"是引发行动的好工具。5—S是由五个日本词语组合而成，翻译过来就是结构化、系统化、净化、标准化和自律化。举例来说，如果你想将一个工厂或者部门提升到世界一流水平，你可以通过"5—S法"达到这一目标。"5—S法"是行动导向的，并且确实需要组织中每个人努力。

大部分企业都非常欢迎组织学习行动导向理论。但也有人认为，行动导向理论在实践方面会变得越来越迟缓。人总是过分拘泥于日常工作，尤其是在经济不景气时则更为严重，完全将学习撇在一边。人们总误以为学习不是一件紧迫的事。不过仍然有一些组织在不断学习，而且是迅速学习。微软公司就是一个学习型组织的非常好的例子，微软无时无刻不在学习和宣传新的观念。

如今，我们看到企业变革的节奏已经加快。这就意味着，企业要把握机遇或是摆脱其他快速学习型企业的竞争威胁，就必须以更快的速度学习。如果意识不到企业学习的必要性和紧迫性，企业必将眼睁睁地看着自己落伍；而那些善于学习者，必将成为竞争的胜出者。

作为一名领导者，在促进组织学习过程中应扮演重要角色。

你最重要的任务就是以身作则。在关键时刻或是面临关键任务时，你必须树立榜样，表现出决不动摇的坚定意志来。

树立一个好学的良好榜样。如果企业需要不断全面学习，你就要为员工做出表率。你一定要让每个员工都看到，他们的上级每天都在不断学习新的东西。如此一来，员工们迟早会效仿的。现在，你的任务已不再是发号施令，而是展现出学习的能力。无论环境如何，绝不能畏惧，应该继续学习。请牢记质量管理大师戴明的忠告："组织中决不应存在恐惧。"

要使学习确实有效果，个人培训与团队学习就要互为补充，在同事中共享经验有助于企业内部的成长。当然，这种情况只有组织具有一定的架构时才会发生。学习过程的规划是自上而下的，然后才是自下而上地让每个员工都参与进来。

外包等趋势是否会影响企业组织学习？这种趋势是否会与组织内部、外部的学习产生不协调，并最终对企业不利？

这一切都取决于供应商与客户之间的合作关系。用现代的观点来看，外包需要是一种非常亲密的合作关系，和婚姻有点类似。在这种情形下，这种学习必须扩展至供应商，否则一切都会白费。外包以及其他趋势都不应该阻碍学习，外包应使得学习成为理所当然的事情。外包供应商也许可以从他们的客户身上获得经验，他们可以利用这些经验，使其组织受益。

岗位不同，培训亦有别

在一个公司内部，由于各类人员的工作性质和要求各有其独特性，因而对这些不同类别的人员的培训安排就有其独特性。

基层管理人员在公司中处于一个比较特殊的位置：他们既要代表公司的利益，同时也要代表下属职工的利益，而这两方面经常容易发生矛盾。如果基层管理人员没有必要的工作技术，工作就会难以开展。大多数基层管理人员过去都是从事业务性、事务性工作，没有管理经验，因此当他们成为基层管理人员后，就必须通过培训尽快掌握必要的管理技能，明确自己的新职责，改变自己的工作观念，熟悉新的工作环境和习惯新的工作方法。

而一般员工则是公司的主体，他们直接执行生产任务，完成具体性工作。对一般员工的培训是依据工作说明书和工作规范的要求，明确权责界限，掌握必要的工作技能，以求能够按时有效地完成本职工作。

在管理人员训练新员工的过程中，可能会犯些什么错误呢？

第一个错误就是相信这件工作简单无比，仅仅示范一下别人就能很快掌握了。如果这样想，那就大错特错了。要知道，那些看似轻而易举的事情对第一次尝试的人来说，也许是相当困难的。有时即使教授一个曾经做过这项工作的人，掌握起来也不如想象的那么快。

第二个易犯的错误就是一次给员工灌输的东西太多，使他们消化不了。大多数人一次只能消化三个不同的工作步骤或指示，因此，在接下去讲述之前要确认员工是否已经掌握了前三个步骤。不要显得紧张、焦急或不耐烦，这样有助于缓解员工的紧张情绪。如果有人犯了错，千万别说类似于"我刚刚才示范给你看了该怎么做的"的话，而最好这样说："开始的时候是容易出错。别急，试试再做一次，熟练了就好了。"

别忘了，学习是件十分容易让人疲倦的事。所以，即使培训者自己还没感觉到疲倦，也应该考虑员工的状态。培训者应该在训练的过程中，保证员工有足够的休息时间。

切记：要想取得好的培训效果，必须要对不同层次、不同类型的人才区别对待。

造人先于造物，用人不忘育人

"造人先于造物"是日本经营之神松下幸之助的人才观的直接反映。松下幸之助认为，企业是由人组成的，必须强调发挥人的作用。松下指出："公司要发挥全体职工的勤奋精神，必须使员工的生活和工作两方面都是安定的。因此，'高效率、高工资'是我们公司的理想，虽然不能立即达到，但要尽一切努力促其实现。"

松下公司善于争取众人之心，巧妙地使员工们对公司产生亲切感，造成了一种命运与共的氛围，因而员工们都积极参加提供合理化建议的活动。松下公司的阿苏津说："纵使我们不公开提倡，各类提案仍会源源而来。我们的职工随时随地——在家里、在火车上，甚至在卫生间里——都在思索提案。"

由职工选出的委员会去推动提案工作，就使得该项工作在职工中号召力更大，提案率也就更高。比如，松下公司的技术研究开发工厂曾有职工1000多名，提案总数却达7.5万个，平均每人50个提案。松下集团有职工6万名，提案超过66万个，其中被采纳的就有6万多个，约占总提案数的10%。

及时认真、全面公正地对员工提案作出评审，也很好地激发着员工的提案热情。由各部门经理组织提案，评审委员会主持评审工作，及时和认真是提案评审的基本要求。一是及时，在一个月内审并公布结果，以取信于员工；二是认真，进行严格审慎的研究，拿出具体方案。凡被采用者，提出实施的时间并评定授奖等级；凡未被采用者，提案发还本人，说明未被采用的原因；若被认为尚欠成熟但有深入研究价值者，则鼓励其做进一步的研究，公司提供方便。

松下幸之助总结的育才方针有四条：灌输经营基本方针；提高专门业务能力；培养经营管理能力；扩大视野形成人格。那么，企业应该培育什么样的人才呢？松下先生认为主要是十类人：不忘初衷而虚心好学之人；不墨守成规而经常有新观念之人；热爱公司并与公司融为一体之人；不自私而能为团体着想之人；能做出正确价值判断之人；有自主经营能力之人；随时随地都保持热诚之人；能得体地支持上司之人；能自觉恪尽职守之人；有担任公司经营负责者气魄之人。

松下公司重视人才、科研和智力开发。当有人问"松下公司最大的实力是什么"时，松下幸之助回答："是经营力，即经营者的能力。"他指出："掌握了经营关键的人是企业的无价之宝。"所以，松下先生强调，在出产品前出人才，在制造产品前先培养人才。在这样的人才观指导下，松下幸之助提出了育才七把钥匙：一是，强烈感到培育人才的重要性；二是，要有尊重人才的基本精神；三是，明确教诲经营理念和使命感；四是，彻底教育员工企业必须获利；五是，致力于改善劳动条件及员工福利；六是，让员工拥有梦想；七是，以正确的人生观为基础。

依据松下先生的育才理念以及人才培育规划，松下公司创造性地培育出了一批又一批杰出的经理、主管、业务骨干以及基层管理人才。松下集团的分公司及工厂遍及全世界，松下先生的育才理念已经在世界各地生根、开花、结果。

彼得原理：莫让员工溃败在晋级的天梯上

提出者： 管理学家劳伦斯·彼得。

内容精解： 每一个员工由于在原有职位上工作成绩表现好（胜任），就将被提升到更高一级职位；其后，如果继续胜任则将进一步被提升，直至到达他所不能胜任的职位。即：每一个职位最终都将被一个不能胜任其工作的员工所占据。

应用要诀： 管理者要把下属安排到一个能让他们发挥出优秀水平的位置，而不是通过一味提拔奖励让他们最终迷失甚至溃败在无尽的晋升阶梯中。

晋级不是爬不完的天梯

现实的管理中，我们总能发现这样的现象：一旦员工在低一级职位上干得很好，组织就会将其提升到较高一级的职位上来，一直到将员工提升到一个他所不能胜任的职位上之后，组织才会停止对他的晋升。结果本来可以在低一级职位施展才华的人，却不得不处在一个自己所不能胜任但是级别较高的职位上，并且要在这个职位上一直耗到退休。这种状况就是典型的彼得原理的体现，对于员工和组织双方来说都没有好处。

晋升，作为一种鼓励、奖励的手段非常普遍。然而，在层级组织结构的金字塔中，由于人对权力欲望和组织对这种欲望的推动，往往会造成一种可悲的结果：一方面，一些无意或"无能"的人由于在工作中做出了成绩，被提到了高位；另一方面，一些有意或"有能"之人为了得到更高一级的职位会尽其才能，排贤抑能，极尽拉关系、找靠山之能事，以遂其愿。结果无论哪一种人，当他们终于得到使人们仰首的职位时，所面对的却可能是他们不能胜任的工作，就像爬上了一个架错墙的梯子顶端，其中滋味只有当事人知道。

下面是彼得博士的研究资料中的一个典型案例：

杰克在汽车维修公司是一名热忱又聪明的学徒，不久他被聘为正式的机械师。

在这个职位上他表现杰出，不但能诊断汽车的疑难杂病，还能不厌其烦地加以修复，于是他又被提升为该维修厂的领班。

然而，在担任领班之后，他原先对机械的热爱和追求完美的性格反而成为他的缺点。因为不管维修厂的业务多么忙碌，他还是会承揽任何他觉得有趣的工作。

他总是说："我们总得把事情做好嘛!"他一旦工作起来，干不到完全满意绝不轻易罢手。他事事干预，极少坐在他的办公室。他常常亲自动手修理拆卸下来的引擎，而让原本从事那件工作的人呆站在一旁，并且不会给其他工人指派新的任务。结果维修厂里总是堆着做不完的工作，总是一团糟，交货时间也经常延误。杰克完全不了解，一般顾客并不在乎车子是否修得尽善尽美——他们只希望能如期取回车子。杰克也不了解，大部分工人对薪资比对引擎的兴趣要浓厚。

因此，杰克对他的顾客和部属都不能应付得宜。从前他是一位能干的机械师，现在却成为不胜任工作的领班了。

像杰克这样被提拔，许多领导者都认为是天经地义的，是对员工工作表现的一种肯定。因为大多数公司一直把工资、奖金、头衔、提拔主管跟员工的表现和职业阶层挂钩，所处的阶层越高，工资就越高，额外津贴就越丰厚，头衔也越多。虽然这种出发点是好的，结果却是把每个员工都引领到十分尴尬的境地。

对于一个员工来说，他的表现是否优秀往往是相对于他的职位而言。过高的晋升，只会让他从优秀走向不优秀，甚至是艰难。

明智的领导者，一定要懂得把下属安排到一个合适的位置，安排到一个能让他们发挥出优秀水平的位置，而不是通过一味提拔奖励让他们最终迷失甚至颓废在无尽的晋升阶梯中。

避开彼得原理的陷阱

彼得原理告诉我们，在任何层级组织里，每一个人都将晋升到他不能胜任的阶层。换句话说，一个人，无论你有多少聪明才智，也无论你如何努力进取，总会有一个你干不了的位置在等着你，并且你一定会达到那个位置。

例如，一个优秀的主治医生被提升为行政主任后无所作为；一位优秀的研究员被提升为研究院院长；一位熟练的高级技工被提升为经理人后束手无策……

这些彼得原理陷阱，主要是由企业的不恰当的激励机制和人员的晋升机制所产生的。那么，我们应该如何去避开呢？这就要求企业必须改革人员的晋升机制和激励机制。

1. 建立相互独立的行政岗位和技术职务岗位升迁机制

对于企业的行政人员和专业技术人员，可以按照所属岗位性质的不同，建立相应的相互独立的行政岗位和技术岗位的职务晋升机制，且相应的技术职务岗位对应相应的行政职务岗位，享有相应的薪酬和福利等。但是，行政职务岗位不能与相应的技术职务岗位互换。

实行双轨制，让企业的行政管理人员和技术人员分别走不同的职务晋升路线。这样，既可以满足对业绩突出人员的精神激励的要求，让不同类型的员工各得其所，又能够提高企业的管理水平和科研实力。

2. 加强对各类岗位的工作岗位研究

建立相互独立的行政和技术职务岗位晋升机制，只能防止行政人员和技术人员由于错位晋升而陷入彼得原理陷阱，要防止同类岗位内部出现彼得原理陷阱，还必须对不同级别的各个岗位进行工作岗位研究，明确各个岗位所必需的责任，细化各个岗位对具体的诸如管理能力、业务水平、学历等不同能力的要求，并按不同能力所占的权重予以排队。简而言之，就是"按岗设人"。

3. 建立岗位培训机制

在这个现代化的社会，技术、管理发展日新月异，新的技术、管理知识每天都在不断出现，即使昨天你是个合格的技术人员、合格的管理者，如果不加强学习的话，今天你就有可能落伍。

如今，企业的岗位培训已经越发变得重要。国内外的知名企业都非常重视企业的岗位培训，且大都建有自己的专门的岗位培训机构，如著名的摩托罗拉大学、惠普商学院、海尔大学等。

4. 实行宽带薪酬体系

所谓宽带薪酬，就是在拉大同等级员工的薪酬的同时，缩小不同等级员工之间的薪酬差异，实行薪酬扁平化以及按劳取酬、按效益取酬制度，改变以前企业的那种按职称、按工作岗位拿工资的现状。如果某一个基层工作人员干得好，他可以拿到甚至是在职称或者是职务上高他几个等级的员工的薪酬，相反，如果某一个高层员工干得不好的话，他甚至有可能拿到全企业的最低工资。

设立薪酬体系的好处是显而易见的，它可以激励各个层次的员工能够全身心地投入到自己的本职工作中去，实现"在其位，谋其政"，否则，可能自己月底的收入就会很可怜。

通过这一方式，可以在各个层次的工作岗位中留住有事业心的合格人才。

神奇的彼得治疗法

如果你仔细审视世界，会发现很多东西都是成对出现的，如好与坏、左与右、对与错，等等。事实上，虽然彼得原理无处不在，但庆幸的是，彼得也给我们献出了他的彼得治疗法：

1. 彼得宽慰法

就层级组织学的观点而言，宽慰法是应用中立的法则以抑制到达不胜任阶层所导致的不良后果。彼得宽慰法的做法是以意念代替行动，即要从内心上认同一盎司的意念值一磅的行动。

现在，让我们看看彼得宽慰法如何应用于更广的范围：不胜任的员工以高谈工作的神圣来取代努力争取晋升；不胜任的教育人员放弃正常教学，而一心赞扬教育的价值；不胜任的画家会促进所谓的艺术鉴赏；不胜任的太空人会撰写科幻小说；而性无能的男人则把精力花在创作情诗上。

所有这些彼得宽慰法的实行者也许没有多大贡献，但至少他们没有给事业发展造成任何伤害。同时，他们也不会干扰各行各业胜任者的正常活动。总之，彼得宽慰法可以防止职业性的瘫痪。

2. 彼得舒缓法

尽管人类还没全部到达整体生存不胜任的程度，但如前所述，确实有许多人已到达不能胜任的阶层，并迅速和这个与时俱进的世界拉开了距离。

一些舒缓的方法使他们能活得更快乐、更舒服一些。例如，员工可以用其他的工作取代本身职务上应做的工作，并将它做得十分圆满。这种替代技巧，使得员工置身于他所谓的"快乐大家庭"里。

3. 彼得预防法

根据层级组织学的观点，所谓预防是在晋升极限并发症出现前或层级组织退化尚未开始前，应先采取预防措施。

我们不妨考虑应用"创造性的不胜任"来解决人类生存不胜任的大问题。在生命旅途中，我们用不着放弃晋升，但是我们可以审慎创造一些不相干的不胜任，从而防止我们获得某种不适宜的晋升。

4. 彼得药方

彼得药方的真正疗效就是人们积蓄许多的时间、创造力以及工作热忱，将其运用于有建设性的工作上。

例如，我们可以在大都市发展安全、舒适、高效率的快捷系统，我们可以开发不会污染空气的电源（发电厂可利用无烟燃烧器来燃烧垃圾并产生电能）。这样，我们便能促进人体健康、美化环境，并使美丽的风景区有更好的景观。我们也可以改善汽车的质量和安全性，使高速公路、一般公路、街道等的景观更美，于是人们在旅行时便能像以前一样安全、快乐。

为数量而追求数量无法使人类获得最大的满足，人们只有透过改善生活质量才能得到真正满足。

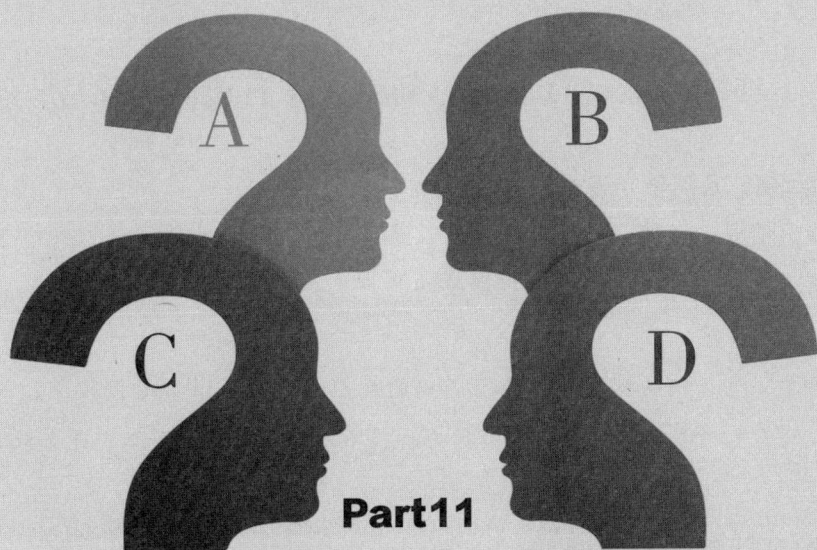

Part11

激励：赞赏是比金钱更好的奖赏

　　管理者的基本素质之一，就是对奖励与惩罚员工的方法烂熟于胸。卓越的领导人一定会懂得如何来缓解或是减少奖惩的消极影响，这恐怕是现代管理学中最难也是最简单的管理方式之一。

——卡尔·道森〔美国〕

奖励什么，就会得到什么。

——米契尔·拉伯福〔美国〕

世界上有两样东西比金钱和性更为人们所需，那就是认可与赞美。

——玫琳凯·艾施〔美国〕

马蝇效应：有正确的刺激，才有正确的反应

提出者： 美国第16任总统林肯。

内容精解： 没有马蝇的叮咬刺激，马就慢慢腾腾地走走停停；而有了马蝇的叮咬刺激，马就跑得飞快。再懒惰的马，只要身上有马蝇叮咬，它也会精神抖擞，飞快奔跑。

点评： 有正确的刺激，才会有正确的反应。刺激是潜力的催化剂，一个人只有被叮着咬着才不敢松懈，才会努力拼搏不断进步。企业员工也是如此。

像林肯一样重用"马蝇"

1860年，林肯当选为美国总统。一天，银行家巴恩到林肯的总统官邸拜访，正巧看见参议员萨蒙·蔡思从林肯的办公室走出来。于是，巴恩对林肯说："如果您要组阁的话，千万不要将此人选入您的内阁。""为什么？"林肯奇怪地问，巴恩说："因为他是个自大成性的家伙，他甚至认为他比您伟大得多。"林肯笑了："哦，除了他以外，您还知道有谁认为他比我伟大得多？""不知道。不过，您为什么要这样问呢？"林肯说："因为我想把他们全部选入我的内阁。"

事实证明，蔡思果然是个狂妄自大而且妒忌心极重的家伙。他狂热地追求最高领导权，想入主白宫，不料落败于林肯。想当国务卿，林肯却任命了西华德，无奈，只好当了林肯政府的财政部长。为此，蔡思一直激愤不已。不过，这人确实是个大能人，在财政预算与宏观调控方面很有一套。林肯一直十分器重他，并通过各种手段尽量减少与他的冲突。

后来，目睹过蔡思种种形状并搜集了很多资料的《纽约时报》主编亨利·雷

蒙顿拜访林肯的时候，特地告诉他蔡思正在狂热地谋求总统职位。林肯以他一贯以来特有的幽默对雷蒙顿说："亨利，你不是在农村长大的吗？那你一定知道什么是马蝇了。有一次，我和我兄弟在肯塔基老家的农场里耕地，我吆马，他扶犁，偏偏那匹马很懒，老是磨洋工。但是，有一段时间它却在地里跑得飞快，我们差点都跟不上它。到了地头我才发现，有一只很大的马蝇叮在它的身上，于是我把马蝇打落在地。我兄弟问我为什么要打掉它，我告诉他，不忍心让马被咬。我的兄弟说：'哎呀，就是因为有那家伙，这匹马才跑得那么快。'"然后，林肯意味深长地对雷蒙顿说："现在正好有一只名叫'总统欲'的马蝇叮着蔡思先生，那么，只要它能使蔡思那个部门不停地跑，我还不想打落它。"

林肯的胸襟和用人能力，使他成为美国历史上最伟大的总统之一。

作为一个管理者，最大的成就就在于构建并统帅一支由各种不同的专业知识及特殊技能的成员组成的、具有强大战斗力与高度协作精神的团队，不断挑战更高的工作目标，不断创造更好的绩效。为此，可能需要超越旁人的勤奋，需要更多的知识，需要更强的资源支持。更重要的是，还需要像林肯一样，善于运用自己的智慧，利用"马蝇效应"，把一些很难管理、然而又是十分重要和关键的员工团结在一起，充分发挥他们的作用，不断为公司创造更大绩效。

把"马蝇"变"骏马"

"如果把马蝇看做是对组织的一种刺激，那么IBM公司确实也有很多这样的员工，因为IBM公司的核心理念之一就是'创新'。要创新，就必须要有这样的员工来经常刺激整个组织。"IBM华东区人力资源经理姜雅玲曾说过，"IBM不会简单地将这样的员工当做问题员工。"

"马蝇也要分两种，有的马蝇会传染疾病。"姜雅玲说，"个性化员工也要分两种，应区别对待。IBM每年都要与员工签订一份《员工行为准则》，其中包括遵纪守法、诚实、正直等。那些违反了行为准则的'马蝇'，会通过正当程序被IBM辞退。"

IBM一直宣称，它寻求的是最"合适"的员工。在"合适"这个标准中，除了工作能力强这个硬指标外，还包括更多的软指标，其中最为重要的是员工必须认同IBM的核心价值观，如成就客户、创新为上、诚信服务以及必胜心、执行能力、团队精神等。在认同IBM价值观的大前提下，那些个性化很强的员工都可以得到支持和培养。

有一个经典故事经常被管理界引用，这个故事来源于新近翻译出版的IBM商业魔戒三部曲之《小沃森传》中：

1947年，小沃森刚刚接手IBM销售副总裁。一天，一位中年人沮丧地来到他的办公室，提出辞职，因为他原来的导师柯克和小沃森是竞争对手，他确信小沃森主政后会把他挤垮。这位中年人就是曾任销售总经理的伯肯斯托克，才华横溢但一度受挫。没有想到，小沃森对他笑着说："如果你有才华，就可以在我的领导下展现出来，在任何人的领导下，而不光是柯克！现在，如果你认为我不够公平，你可以辞职。但如果不是，你就应该留下来，因为这里有很多机会。"伯肯斯托克留下来了，并在后来为IBM立下了卓著功勋。小沃森说，"在柯克死后，留下他是我最正确的做法。"事实上，小沃森不仅挽留了伯肯斯托克，他还提拔了一批他并不喜欢但却有真才实学的人。

这个故事体现的精髓，后来构成了IBM企业文化的一个重要营养来源。

某种程度上说，企业组织类似于马群。而那些个性鲜明、我行我素，同时又能力超强、充满质疑和变革精神的员工，就是企业中的"马蝇"。在一些组织中，他们被叫做"问题员工"，因为他们难于管理，伯肯斯托克就是IBM历史上一只很大、很厉害的"马蝇"。管理者的任务就在于做好这些"马蝇"员工的工作，通过循循善诱、耐心说服来开导、感化他们，将"马蝇"变成企业所需要的"骏马"。

对"刺头"要讲究手腕

对于公司管理者来说，要想处理好冲突，首先必须了解公司中的刺头。这类人是引起冲突的根源，只有对他们进行充分的了解，才能够更好地解决冲突。我们可以将这些较为典型的"棘手"人物分为以下三类：

一是有背景的员工。这些员工的背景对管理者来说，是一个现实的威胁。"背景"就是他的资源，可能是政府要员，可能是公司的老板，也可能是你工作中某个具有重要意义的合作伙伴。这些背景资源不但赋予了这类员工特殊的身份，而且也为你平添了许多麻烦。这些员工在工作中常常展现他们的背景，为的是获得一些工作中的便利。即便是犯了错，某些"背景"可能使他们免受处罚。

二是有优势的员工。这些人往往是那些具有更高学历、更强能力、更独到技艺、更丰富经验的人。正因为他们具有一些其他员工无法比拟的优势，所以能够在工作中表现不俗，其优越感也因此得到进一步的彰显。这种优越感发展到一定的程度时，直接体现为高傲、自负以及野心勃勃。他们往往不屑于和同事们做交流和沟通，独立意识很强、协作精神不足，甚至故意无条件地使唤别人以显示自己的特殊性。

三是想跳槽的员工。他们显然是一些"身在曹营心在汉"的不安分分子，这些人往往是非常现实的家伙，他们多会选择"人往高处走"。如果仅此而已也就罢了，但偏偏有些人觉得，反正是要走的，不怕公司拿我怎么样，就干脆摆出一副"死猪不怕开水烫"的姿态，不把公司的制度和管理规范放在眼里。他们工作消极，态度恶劣，甚至为了以前工作中的积怨故意针对某些领导和同事挑起组织冲突，到最后人虽然走了，但留下的消极影响却很长时间无法消除。

管理者要区分不同的情况来对待以上三类员工，千万不能采取贸然措施将三类员工全部炒掉，以保持组织的纯洁度。因为这样的结果肯定是你得到的是一个非常听话然而却平庸无比的团队，根本无从创造更高的管理绩效。

对那些有背景的员工来说，在工作能力上，这些人不一定比其他同事强，但是，他们的心理状况一般好于他人，做人做事方面更自信，加上背景方面的优势，更能发挥出水平。对待这种人，最好的办法是若即若离，保持一定的距离。如果在工作中有上佳表现，可以适当地进行褒奖，但一定要注意尺度，否则，这些人很容易恃宠而骄变得越来越骄横。

对于那些有优势的员工来说，他们并不畏惧更高的目标、更大的工作范畴、更有难度的任务，他们往往希望通过这些挑战来显示自己超人一等的能力以及在公司里无可替代的地位，以便为自己赢得更多的尊重。因此，管理者如果善于辞令、善于捕捉人的心理，就可以试着找他们谈谈心、做做思想工作。如果管理者并不善于辞令，那么就要注意行动。行动永远比语言更有说服力，在巧妙运用你的权力资本时，为这些高傲的家伙树立一个典范，让他们看看一个有权威的人是怎样处理问题、实现团队目标的。

对于那些想跳槽的员工，机会、权力与金钱是他们工作的主要动因。管理者在对这些员工进行管理的过程中要注意以下一些原则：一是不要为了留住某些人轻易做出很难实现的承诺，如果有承诺，一定要兑现；如果无法兑现，一定要给他们正面的说法。千万不要在员工面前言而无信，那样只会为将来的动荡埋下隐患。二是及时发现员工的情绪波动，特别是那些业务骨干，一定要将安抚民心的工作做在前头。

对低绩效员工不能讲情面

绩效低的员工，是指那些屡犯错误、赶走客户、在企业组织中造成不满和士气低落等问题的员工。快速成长的公司对绩效低劣的员工尤其不能容忍，他们会削弱团队的实力，给潜在客户和商业伙伴留下不良印象，加剧对公司综合生产率的负面影响。作为管理者，必须采取措施及时纠正这种状况。

一位经理花了很大力气，才从某大公司挖来一名关键的信息系统专家。公司满腔热情地给他安排了工作，却很快发现他不能胜任。这位经理试图指导和帮助他，他的工作却没有起色。

其他同事来到这位经理面前，建议他采取行动，他却迟疑不决。此时，他知道自己雇错了人，但是由于负疚而迟迟没有动作。他告诉这位新员工，他将给他一些时间寻找新的工作。但是这位新员工的表现却越来越差，直到一位重要客户拂袖而去，其他员工也士气低落，这位经理才把他解雇。

在解雇员工时瞻前顾后，原因何在？许多企业管理者都像这位焦虑的经理一样，不忍心正视没有达到标准的工作绩效，更不用说毫无绩效的情况了。

管理者如果尽了最大的努力对员工进行指导，但他依旧置若罔闻；或者降低了工作期望值和标准，员工还是没能达到要求，这时就应该重新审视对这位员工的录用决定。很多管理者在三周或更短的时间内就意识到自己在录用员工上的错误，但通常在三个月之后才决定纠正这个错误。

管理者们犹豫不决的原因多种多样。例如：他们觉得承认错误是一件尴尬的事情；他们对错误的录用感到内疚，对解雇曾满怀期望的人于心不忍；他们对在录用员工的时候没有明确表达工作绩效的期望而感到遗憾；他们知道自己没有做好员工的绩效反馈和指导工作；他们不愿意再次经历昂贵耗时的程序找到合适的人员来替换。

对于管理者而言，这可能是一个痛苦的经历，但还是应该采取行动。

管理者在计划解雇一名员工之前，应问自己是否公平地对待过这个员工："我是否让他认识到自己绩效低劣的事实，并给予他改进的机会？"也就是说，是否采取过以下这些行动。

是否为这个员工确立明确的绩效期望值？这对员工绩效的管理水平有关。运用绩效管理技巧留住最佳员工的效果，取决于与他们建立伙伴关系的程度。这种伙伴关系，是成年人之间建立共同协定的关系。

是否就这名员工的绩效没有达到目标向他做出具体的反馈？一项研究表明，在60%的公司中，因绩效产生问题的首要原因是上司对下属的绩效反馈做得不够或是没有做好。在针对79家公司的1000多名员工所作的一项调查中，经理人的反馈和指导技能一致被评为平庸。这些结果表明，很多经理人都是拙劣的导师，而他们的员工通常也能意识到这一点。

是否详细系统地记录该员工的绩效数据、事件、绩效反馈及改进评估的谈话结果，以及是否在上述评估谈话中使该员工认识到存在的问题并对如何解决问题达成一致？这取决于绩效讨论过程中的情况，让员工评估他们自己的绩效。如果员工承认问题，那么，问题的解决会顺利得多。如果员工否认问题，那就说明该员工对建设性的指导置若罔闻。

是否把给予这位员工一定的试用期或者改进绩效的最后期限，作为解雇前的最后手段？曾经有一位经理告诉他的一名员工，如果他在30天内仍然不能完成自己的工作项目就必须走人，结果该员工在期限内完成了任务。所以，要确保给予员工足够的改进时间。

是否寻找解雇之外的其他方法？自己犯了录用某位员工的错误，并不意味该员工不能有效地完成其他工作。该雇员不适合这项工作，可能是他绩效低劣的真正原因。因此，可以考虑重新评估该员工的才能、动力和兴趣。也许工作可以重新设计，也许在工作领域内有其他更能发挥该员工才能的工作。

如果你已经不止一次直言不讳地把工作绩效低劣的情况反馈给员工，指导他如何改进，为他确立具体的绩效目标，记录他未能改进绩效的情况，而且考虑过不解雇的解决方法，然而都无济于事，那么，最终选择是解雇他。

经理人无论出于何种原因解雇员工，都是一件令人忧虑和烦恼、却又不得已而为之的事情。令人烦恼的因素多种多样，如这位员工失去了生活来源，而且，这么做还会影响组织中的其他成员，包括最想留住的员工。

重要的是，时刻牢记目标：消除糟糕的表现和行为。在有效地惩戒员工或者采取纠正措施之前，经理必须表明真诚地关心他的成功。考核程序对事不对人，是基于"目标推动行为，结果维系行为"的原则。

皮格马利翁效应：赞美使平庸变骨干

提出者：美国心理学家罗森塔尔和雅格布森。

内容精解：皮格马利翁是塞普鲁斯的国王，同时也是一个极其优秀的雕刻家，他曾用象牙雕刻了一座美女像。他每天看着这座理想中的美女化身的雕像，竟然爱上了自己的作品，爱得很深，很投入。痴情的国王祈求神赋予雕像生命，神被感动了，让美女雕像活了，于是国王便娶她为妻。这个故事说明，人们基于对某种情境的知觉而形成的期望或预言，会使该情境产生适应这一期望或预言的效应。后来美国心理学家罗森塔尔和雅格布森在小学教学上通过实验进一步验证了这一道理。

皮格马利翁效应告诉我们："说你行，你就行，不行也行；说你不行，你就不行，行也不行。"

应用要诀：赞美、信任和期待具有一种能量，它能改变人的行为。一个人如果本身能力不是很行，但是经过激励后才能得以最大限度的发挥，也就变成了行。

赞赏是比金钱更好的奖赏

身为管理者，要经常在公众场合表扬有佳绩者，或赠送一些礼物给表现特佳者以资鼓励，激励他们继续奋斗。一点小投资可换来数倍的业绩，何乐而不为！

从前，有个王爷，他手下有个著名的厨师。厨师的拿手好菜是烤鸭，深受王府里的人喜爱，尤其是王爷，更是倍加赏识他。不过王爷从来没有给予过厨师任何鼓励，使得厨师整天闷闷不乐。

有一天，王爷有客从远方来，在家设宴招待贵宾。点了数道菜，其中一道是王爷最喜爱吃的烤鸭。厨师奉命行事。然而，当王爷夹了一条鸭腿给客人时，却找不到另一条鸭腿，便问身后的厨师："另一条腿到哪里去了？"

厨师说："禀王爷，我们府里养的鸭子都只有一条腿。"王爷感到诧异，但碍于客人在场不便问个究竟。

饭后，王爷跟着厨师到鸭笼去查个究竟。时值夜晚，鸭子正在睡觉，每只鸭子都只露出一条腿。

厨师指着鸭子说："王爷你看，我们府里的鸭子不全都是只有一条腿吗？"

王爷听后，便拍了拍巴掌，鸭子惊醒都站了起来。

王爷说："鸭子不全是两条腿吗？"

厨师说："对！对！只不过，只有鼓掌拍手，才会有两条腿呀！"

要使人始终处于施展才干的最佳状态，唯一有效的方法就是表扬和奖励，没有什么比受到上司批评更能扼杀人的积极性了。

美国玫琳凯公司总裁玫琳凯曾说过，世界上有两样东西比金钱和性更为人们所需，那就是认可与赞美。金钱在调动下属的积极性方面不是万能的，而赞美却恰好可以弥补它的不足。因为每一个人都有较强的自尊心和荣誉感，你对他们真诚地表扬与赞同，就是对他们价值的最好承认和重视。能真诚赞美下属的管理者，能使下属的心理需求得到满足，并能激发他们潜在的才能。打动人的最好方式，就是真诚地欣赏和善意地赞许。

好员工是赞美出来的

管理者能让员工达到巅峰状态的重点是"激励"。管理者懂不懂专业技术这不是重点，懂得如何凝聚适合的人才、如何改善缺点、如何发挥优点、如何激励别人达到巅峰状态，这才是领导的重点。利用赞美激励员工的士气，往往会起到事半功倍的效果。

在玫琳凯化妆品公司中，赞美是最重要的，公司整个的行销计划都以它为基础。在各种场合中，公司总是不吝惜地给予赞美。比如：

例会上的赞美：玫琳凯公司每个地区的分公司每周的例会上都会有这周销售最佳人员的成功经验的讲述和分享，这是一种别样的赞美。主持人在介绍最佳销售员的时，每一个美容顾问都会毫不吝啬自己的掌声。

缎带的赞美：在玫琳凯公司，每位美容师在第一次卖出100美元产品时，就会获得一条缎带。卖出200美元时再得一条，以此类推。这种仅需要0.4美元的礼物奖赏远比用100美元的礼物盒有效。

别针的赞美：玫琳凯公司每一位美容师都会以佩戴形式各异的别针为荣。这些别针在美国达拉斯设计制造，然后用飞机运到世界各地，用以奖励在销售产品时有优异销售业绩的美容师。每个别针都有不同的含义，比如，其代表最高奖赏的镶钻石大黄蜂别针：大黄蜂身体很笨重，要飞起来相当不容易，它象征玫琳凯的女性在身负家庭的各种负担的情况下，还能获得如此优异的成绩，是非常不容易的。在每一个不同的阶段，当你有了一些进步和改善的时候，玫琳凯都会奖给你各种不同意义的别针。别针是女性非常喜欢的装饰品，尤其是象征荣誉的别针。

粉红色凯迪拉克的赞美：玫琳凯的区级指导员是蓝色的套装，再高一个层级是粉红色的套装，当你做到可以穿黑色套装的时候，玫琳凯公司就会同时奖励你一部粉红色的凯迪拉克轿车。世界上粉红色的凯迪拉克轿车的主人全部是玫琳凯的全国性指导员，开车走在外边，玫琳凯人都知道这代表玫琳凯的一位资深而优秀的美容师，这样不仅在公众场合赞美了玫琳凯的优秀美容师，同时也为玫琳凯公司做了宣传，粉红色的凯迪拉克轿车成为玫琳凯公司"到处跑的广告"。

赞美的力量是不容忽视的，有时甚至比金钱更重要。把赞美运用到企业管理中，往往起到意想不到的激励效果。作为领导，首先应该明白自己员工的心理，其次学会赞美下属。

领导会赞美，平庸变骨干

每一个人在内心深处都渴望别人的赞美与夸奖。每一个人在数千人的注视下，走到领奖台上领取奖章、鲜花或是证书都会有一种很奇妙的感觉。每一个人发现自己的名字出现在本公司刊物里的奖励名单里，都会感觉良好。"原来我也可以很有名的"，这种被大众所承认的感觉远比几十块钱的奖金更加激动人心。

赞美在建立一个人的自信上有着神奇的功效。中国的大学生比起高中生来，明显地更有自信，更开朗，做事能力更强。有人由此做过调查，结果发现很重要的一条原因就是大学生在学校里受到的正面的、积极的鼓励要远比在高中时多得多；相对而言，大学老师更知道赞美的重要性，更多的是把学生当作一个成人看待。

管理者的赞美对于员工有着莫大的激励力量。赞美员工会激发他的自信，员工会更加努力，更有勇气去尝试。如此积累，员工将来能取得很大的成功也不稀奇。

赞美员工并不仅仅只是口号或者是印在纸上的一句话，它表现在公司活动的方方面面，渗透在高层主管的一言一行。

比如，每个公司都会遇到工作场所里桌椅的摆放、电脑屏幕是对着门还是应该背着门等。让员工来挑，肯定是愿意背着门，说不准什么时候聊个天呢？发一封私人E-mail也感觉心里不安全；让主管来挑，自然是希望电脑屏幕对着门，防止员工在工作时间干自己事情。那么究竟怎么摆放呢？是老板说了算，还是跟员工商量着办？这一点小事就会反映出老板的管理风格。老板可能会觉得，这是芝麻绿豆大的小事，应当由我做主。但员工们不会这样想，一点点小事就有可能让他们感到自己不受尊重，自己用的桌子、自己的办公场所，当然应该自己做主。他们会把这件事上升到对老板评价的高度，会上升到管理者是否尊重员工的高度。

作为管理人员应当懂得，每一个员工都需要赞美来保持自信。如果你愿意，你总是可以找出无数的机会来夸奖你的部下，发自内心地称赞他们。你的每一次赞美对员工都是莫大的鼓励，都会促进员工改变自我，最终让员工从平凡走向优秀。

及时表扬员工的每一个进步

事业之初，下属往往会感到艰难和孤独，在失意之时听不到一句鼓励的话语，成功时也没人向他们祝贺。这时，如果得到的即使是片言只字的表扬，那也是令人兴奋不已的，从而使其更加坚定信心，努力把事情做好。

有些人以为，只有大的成功才有意义去表扬，小成绩无足轻重。其实这种理解是片面的，并没有考虑人的内心欲求，特别是在最初工作时的孤独与艰难。

当一个下属初次走上一个工作岗位时，他会对这里的环境很陌生，如果在做出一点小成绩时就得到了领导的表扬，那么他的信心一下就树立起来了。在这方面有个叫卡雷的人做得不错。

担任企业资源开发公司总经理的麦克斯·卡雷，在1981年创立以亚特兰大为中心的销售和市场服务公司时就曾经历过步履维艰的困窘。当时，他的手下只有一个临时雇员。按他的话说："大的成功离我们太遥远。我们几乎感受不到任何激励。"他想出了一个决定：每次获得一个小成功都要自己庆贺一番。

卡雷出去买了一个警报器，还配了扩音器，这样就能发出救护车的声音。如果他在电话中宣传自己的产品时能绕过培训部主管，直接与那家公司的总经理通话，就要鸣笛庆贺一次；如果收到一大笔订货，警笛也会鸣响。如今，他的公司已拥有100多万美元的资产和11名雇员。每个星期，警笛声要在公司内回荡10次。每当有好消息时，大家都要出来听他们的同事对刚刚取得的成功分享一番，这也为大家提供了互相交流的机会。卡雷说："我们的雇员经验还不够丰富，无法取得巨大的成功，这种庆贺也是一种很大的鼓励。"正是用这些小进步来临时地表扬鼓励，使卡雷的公司取得了惊人的成绩。

请记住：要表扬员工的每一个进步，不管这进步有多么微小。

鲶鱼效应：活力源于竞争和挑战

来源：西方生活故事。

内容精解：挪威人爱吃沙丁鱼，沙丁鱼只有在活鱼时才鲜嫩可口，但由于沙丁鱼不爱动，捕上来不久就会死去。一个偶然的机会，一个渔民误将一条鲶鱼掉进了装沙丁鱼的鱼舱，当他回到岸边打开船舱时惊奇地发现，以前都会死的沙丁鱼居然都活蹦乱跳。渔夫马上发现，这是先前掉进去的鲶鱼的功劳。沙丁鱼要想躲过"被吃"的噩运，就必须在鱼槽内拼命不停地游动，最终大部分沙丁鱼都能活着返港。

这就是管理学界有名的鲶鱼效应，用来比喻在企业中通过引进外来优秀人才增加内部人才竞争程度，从而促进企业内部血液循环良性发展。

应用要诀：只有竞争才能生存，管理者要给员工施加竞争压力，从外部引进人才让内部员工体会到适者生存、优胜劣汰的原理，达到激活员工队伍、提高工作业绩的目标。

企业成长离不开"鲶鱼"

活力来源于竞争，来自于压力和挑战。

在我们周围这种现象随处可见，比如：你坐公共汽车，司机开车很慢，你正着急时后面又来了一辆车，这时你所在车的这个司机就会加快速度甩掉后面的车；学生做作业，一个学生一边玩一边做，不着急，当老师说别的同学都快做完了，那个学生就有了紧迫感，就会专心致志地做作业了；赛跑，如果没有后面选手的追赶，处于领先位置的选手就不可能有那么大的动力拼命奔跑，也不能有一次又一次的世界纪录被打破，等等，这些都是"鲶鱼效应"的反映。

一个人没有竞争对手，就会固执己见、墨守成规，不学习和接受新知识、新事物，他就永远不会进步；一个企业没有竞争对手，就会因循守旧、固步自封，不走创新之路，不仅不能发展，还会被市场所淘汰，就不会有更好的发展。

鲶鱼效应对于"渔夫"来说，在于激励手段的应用。渔夫采用鲶鱼来作为激励手段，促使沙丁鱼不断游动以保证沙丁鱼活着，以此来获得最大利益。在企业管理中，管理者要实现管理的目标同样需要引入鲶鱼型人才，以此来改变企业相对一潭死水的状况。

管理者不仅要掌握管理的常识，而且还要求管理者在自身素质和修养方面有一番作为，这样才能够领导好鲶鱼型人才，激发他们的工作热情，才能够保证组织目标得以实现。因此，企业管理在强调科学化的同时应更加人性化，以保证管理目标的实现。

引入"鲶鱼"，让员工动起来

老鹰是所有鸟类中最强壮的种族，根据动物学家所做的研究，这可能与老鹰的喂食习惯有关。

老鹰一次生下四五只小鹰，由于它们的巢穴很高，所以猎捕回来的食物一次只能喂食一只小鹰。老鹰的喂食方式并不是依平等的原则，而是哪一只小鹰抢得凶就给谁吃，在此情况下，瘦弱的小鹰吃不到食物都死了，最凶狠的存活下来，如此代代相传，老鹰一族愈来愈强壮。

这是一个适者生存的故事，它告诉我们"公平"不能成为组织中的公认原则。组织若无适当的淘汰制度，常会因小仁小义而耽误了进化，在竞争的环境中将会遭到自然淘汰。

竞争可以使一家半死不活的企业起死回生，竞争是企业生命的活力，没有竞争企业就无法立足于现代社会。当然，能否将竞争机制引入你的企业之中，就看你是否是一位合格的上司。领导的艺术就在于发挥智慧、开动脑筋，努力使员工发挥出最大的效率。

许多企业基本上由以下三种人组成：一是不可缺少的干才，约占20％；二是以公司为家辛勤工作的人才，约占60％；三是东游西荡、拖企业后腿的蠢材或废材，约占20％。如何使第三种人减少，使第一、第二种人增加呢？

一位大老板在谈到他成功的秘诀时说："要使你的员工超额完成工作，你就必须激起他们的竞争欲望和超越他人的欲望，这是条永恒的真理。"

火石轮胎及橡胶公司的创始人哈维·怀尔史东说："我发现，光用薪水是留不住好员工的。我认为，是工作本身的竞争……"

如果想让你的员工活跃起来并改变那种拖拖拉拉的办事效率，就应该精兵简政，大刀阔斧地削减你的员工，在竞争中淘汰那些低效率的员工。这种削减会使在职的员工感到就业的压力，增强他们的危机意识，让他们明白：天底下没有金饭碗、铁饭碗，你们随时都有被炒掉的危险。你要设法使每一个员工都兢兢业业地去工作。

生于忧患，死于安乐。员工如果没有面临竞争的压力，没有生存压力，他们就容易产生惰性，不思进取，这样的员工没有前途，这样的公司也会没有前途。因此，管理者必须从上任那天起，让所有员工知道，只有竞争才能生存，同时给他们施加竞争压力，让他们深刻体会到"适者生存、优胜劣汰"的原理。

引"狼"入室，给员工施压

美国某地区为保护森林中的羊群把所有的狼都杀光了，结果出乎意料的是羊群却逐年减少。原来，没有了狼之后，这些羊群很少奔跑，对疾病的抵御能力极差，同时大量羊群的繁殖使它们没有足够的食物。考虑到这种情况，当地民众又从外地引入了狼群，最后这些羊群又恢复了生机。

这一小小的事例说明，没有危机感就没有活力，这样最终会导致自我毁灭。对一个团体也是一样，如果没有压力那么个人就会缺乏动力。我们可以想象在"吃大锅饭"的年代，干好干坏一个样、干多干少一个样，谁都不想吃亏，所以就没有人愿意去多干；但以后多干多得，不干就什么也没有，这下谁不努力去干好呢？关键就是生存的压力使人去奋发前进。

随着竞争的激烈，一个人要想在社会上立足就必须提高自己的能力而不被"狼"吃掉。领导可以利用下属的这些心理，从外部招纳有能力的人进来，让他们去抢旧部属的饭碗。面对竞争的压力，旧部属们也就不得下放低姿势，努力去提高自己的技能以做好自己的工作。运用这一办法，领导便可达到自动激励人的目的。

日本三泽公司的总经理三泽千代对这一激励人的艺术深有体会。

三泽认为，一个公司如果人员长期固定，就少了新鲜感和活力，容易产生惰性，找些外来的人加入公司制造紧张气氛，企业自然就会生机勃勃。于是，三泽公司每年都要从外部"中途聘用"一些精干利索、思维敏捷、年龄在25~35岁的职员，甚至还聘请常务董事一级的大人物，让公司上下的职员都感受到压力。这一措施使企业内部始终保持着奋发向上的活力，同时，员工的能力都普通提高了。

"引狼入室"的主要目的是让下属都有一种生存的压力，从而努力地提高自己的能力把工作干好。不过，在引进外部人才时领导也必须注意：首先，这些人才必须少而精，精才能达到实际的效果，不然对内部人员构不成压力；其次，因为下属长期为你工作，心中有一种功臣的感觉，如果引进人员过多则会使下属认为领导喜新厌旧、让外人来夺自家人的饭碗，就会导致现有员工愤然出走，也就达不到激励人的效果。

秋尾法则：尊重即是奖励，信任才易胜任

提出者： 日本管理学家秋尾森田。

内容精解： 如果我们把很重要的职责搁在年轻人的肩头，即使没有什么头衔，他也会觉得自己前途无量而努力工作。也就是说，重用即是奖励，信任才易胜任。

应用要诀： 管理要实现最佳的状态、塑造最高的效率，前提就是管理者对下属或员工做到充分尊重和信任。尊重可以让下属有主人翁的感觉，信任可以激发下属的潜能，激发下属的工作热情。

信任是企业管理的基石

信任是一种复杂的社会与心理现象。信任是合作的开始，也是企业管理的基石。一个不能相互信任的团队，是一支没有凝聚力的团队，是一支没有战斗力的团队。信任员工，对于一个团队有着重要的作用：

第一，信任能使员工处于互相包容、互相帮助的人际氛围中，易于形成团队精神以及积极热情的情感。

第二，信任能使每位员工都感觉到自己对他人的价值和他人对自己的意义，满足个人的精神需求。

第三，信任能有效地提高合作水平及和谐程度，促进工作顺利开展。

刘哲是一个规模不是很大的食品公司的销售主管，在这个工作岗位上一干就是五年。五年来，他工作认真，好学上进，偶尔还创新一下销售技能。销售业绩连年第一，深受老总的赏识。老总决定让他去深造一下，目的是给他更多的压力和机会，就以公司的名义给他在某大学报了一个在职MBA的培训课程。

由于培训中接触的都是一些大企业的高级管理人才，学习机会较多，眼界得到了很大的开拓，因此企业管理和销售理念提高很多。回到公司，他先在自己的小团队里创建了一个学习小组，一个积极进取的团队。接下来的一年，这个小团队创造了奇迹，公司的销售规模扩大了一倍多。目前，公司已经是沃尔玛、华联等大型超市集团的优质供应商，销售规模扩张到了全国20多个省。

信任员工，让员工承担更重要、更高级的工作，对于企业的发展意义很大。

青年人的腰是硬的，撑得动大石头；青年人的梦是远的，愿意为之付出努力。一个有远大抱负的企业，他们的未来在年轻一代的管理者身上，他们把握时代脉搏的神经在年轻人身上。如果你希望企业在未来的竞争中占据制高点，那么给予年轻人充分的信任，着手培养年轻人一定没有错。

管理从尊重和信任人开始

在强调管理的时候，人们常常喜欢引用一句话：没有规矩，不成方圆。我们却忽视了这样一个事实，如果人的积极性未能充分调动起来，规矩越多，管理成本则越高。所以说，企业管理最起码的一条规矩就是对人的尊重和信任。

"要尊重个人"，这条原则早在1914年老托马斯·沃森创办IBM公司时就已提出，小托马斯·沃森在1956年接任公司总裁后，将该条原则进一步发扬光大，上至总裁下至传达室，无人不知，无人不晓。IBM公司的"尊重个人"既体现在"公司最重要的资产是员工，每个人都可以使公司变成不同的样子，每位员工都是公司的一分子"的朴素理念上，更体现在合理的薪酬体系、能力工作岗位相匹配、充裕的培训和发展机会、公司的发展有赖于员工的成长等方方面面。

管理，尤其是对人的管理，过多地强调"约束"和"压制"，事实上往往适得其反。聪明的企业和企业家已经意识到这一点，开始在"尊重"和"信任"上下功夫，了解员工的需要，然后满足他。

惠普中国公司原副总裁吴建中曾说过，一个好的企业和好的经理人始终牢记这一条：他的职责是帮助员工成功。如果经理用权力欺压员工，就不是一个称职的经理，至少不是一个具有现代意识的经理，怎么看他也像一个旧社会的工头。经理最重要的事情是要用他的权力、他的专长、他的影响力来帮助员工成功。经理不能让自己手下的员工不断失败，不断炒员工的鱿鱼。

让管理使人觉得亲和，让管理者与员工心理距离拉近，让管理者与员工彼此间在无拘无束的交流中互相激发灵感、热情与信任，这样的理念在优秀的企业家心中越来越达成共识。有位专栏作家参观英特尔公司时，看到当时英特尔的首席执行官葛鲁夫的格子间与员工的格子间一样大小后，很尖刻地指责葛鲁夫这种做法比较虚伪。葛鲁夫却回答说，他这样做的理由是不想让权力放大，给员工造成心理压力，以便能更好地与员工进行交流。

要让管理真正亲和于员工，不仅表面上要与员工拉近距离，还要真正关心员工。不单是关心员工的家长里短，更重要的是关心员工的前途和未来，包括员工的薪水和股票，也包括员工学习机会、得到认可的机会和得到发展的机会。

尊重和信任员工是人性化管理的必然要求。只有员工的私人身份受到了尊重，他们才会真正感到被重视，被激励，做事情才会真正发自内心，才愿意和管理者打成一片，站到管理者的立场主动与管理者沟通想法探讨工作，完成管理者交办的任务，甘心情愿为工作团队的荣誉付出。

人性化的管理就要有人性化的观念，就要有人性化的表现。最为简单和最为根本的就是尊重和信任员工，把员工当作一个社会人来看待和管理，让管理从尊重和信任人开始。

一份信任，十倍回报

古人云："士为知己者死。"信任在人们的精神生活中是必不可少的。这代表一种对人的价值的积极肯定和评价，信任意味着一种激励，这种激励可以激发人们积极而热情的情绪。正如一位员工说："领导把我当牛看，我就把自己当成人；领导把我当人，我就把自己当成牛。"

魏征原是太子李建成的亲信和首席谋士，帮助太子李建成与李世民争夺帝位，李世民说他见了魏征就像见了仇敌一样。后来李世民发动玄武门事变，击毙太子李建成后被立为太子。他怒斥魏征，魏征回答道："皇太子建成如果听了我的话，一定不会有今天这样的祸事。"唐太宗听了肃然起敬，深深为魏征的忠心护主、刚直不阿的精神所打动。于是他给魏征格外的礼遇，多次召见魏征进入寝宫询问治国大计，并任命他为谏议大夫，对他敬重万分。他对魏征说："你的罪比射中齐桓公一箭的管仲还要大，我对你的信任却超过了齐桓公对管仲的信任。"魏征为唐太宗的大度和信任所深深感动，决心以其毕生的心力为唐太宗效劳。

从这个事例中我们看出：如果你给予周围的人一份信任，他会予你十倍的回报。管仲在做齐国宰相以前曾经负责押送过犯人，但他与别的押解官所不同的是，管仲并没有按预定行程押送犯人，而是让他们按自己的意愿来安排行程，只要在预定的时间内到达就可以了。犯人们感到这是管仲对他们的信任与尊重，因此，没有一个人中途逃跑，全部如期赶到了预定地点。由此可见，信任对人的影响有多大。故人云："用人不疑"，也是这个道理。任用别人，就应该相信别人的能力。信任是激励的最好武器。

管理者增强员工竞争意识，能让员工从根本上认识到真正的潜能，进而发挥出来，也能让员工从根本上认识到自己的差距进而弥补起来。

把企业交到员工手里

为了调动工人的积极性，许多企业设法让员工成为企业的主人。然而，只有充分尊重员工的权利，员工才会将企业视为自己的，才会为企业积极地工作。

戴那企业的麦克佛森总裁的经营秘诀就是"把企业交到员工手里"。

麦克佛森让企业的"工厂领导"（厂长）直接控制自己厂里的人事、财务、采购，等等。这就使人事、行政、采购和财务等各部门的权力分散了。这似乎有悖经济原理，因为从理论上讲，集体大量采购是压低单价、节约费用的良方，但是，麦克佛森却认为集体采购是行不通的。"工厂领导"为每一季的目标负责，若是集体采购，在90天之后则会有人跑过来说："本来计划是可以完成的，但是那个该死的采购领导没有准时把我要的钢铁买回来，所以我没办法达到目标，也许下一季度……"而在采购部门的权力分散后，如果有几个"工厂领导"感到有必要的话，他们就会自己联合起来压低成本。

戴那企业没有作业准则，也不用写报告，一位执行副总裁说："我们有的只是信任！"他们充分尊重每一位员工。在20世纪80年代初，时逢经济萧条，企业被迫辞退1万名员工。为此企业每星期都要给每位员工送一份通讯录，在这份通讯录中大胆指出下一个可能裁员的是哪些部门，并指出被裁员部门的员工前途怎样。这种做法富有成效。裁员后，购买股票的员工超过80%，包括被辞退的员工。而裁员前，80%的员工只是通过自由入股计划成为企业股东。

在麦克佛森的经营下，由于他"把企业交到员工手里"，在20世纪70年代，戴那企业的投资报酬率在"财星五百大企业"中跃居第二。而这家位于美国俄亥俄州的轮轴制造企业，曾被认为"拥有有史以来'财星五百大企业'中最差劲的生产线"。1979年至1981年间，虽然受到经济危机的打击，该企业却迅速恢复了元气。

这就是尊重员工、信任员工，把企业交给员工的力量所在。

A B C D

Part12

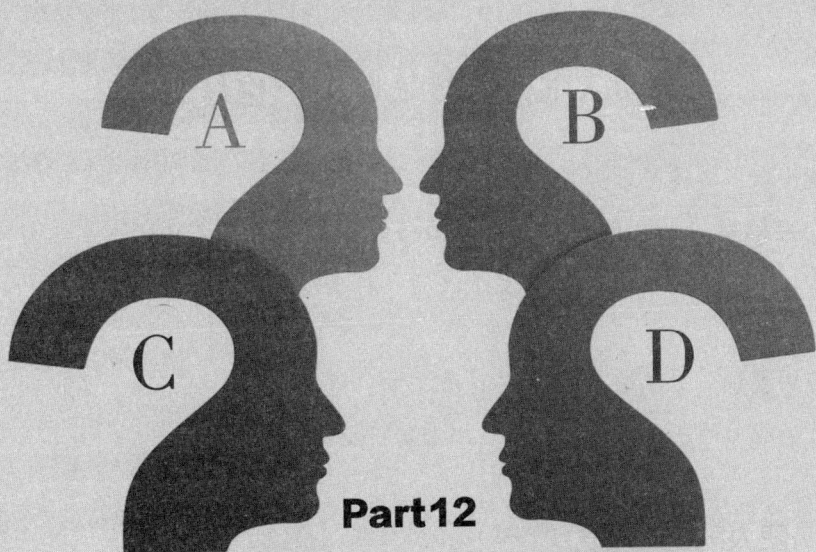

监督：管理就是严肃的爱

卓越的领导人一定会懂得如何来缓解或是减少奖惩的消极影响，这恐怕是现代管理学中最难也是最简单的管理方式之一。

——卡尔·道森（美国）

你不能衡量它，就不能管理它。

——彼得·杜拉克（美国）

如果强调什么，你就检查什么；你不检查，就等于不重视。

——路易斯·郭士纳（美国）

赫勒法则：监督是尊重，也是激励

提出者：英国管理学家赫勒。

内容精解：当人们知道自己的工作成绩有人检查的时候会加倍努力。在管理中，有效的监督是上级肯定下级的一种表现，也是上级对下级工作的一种尊重。

应用要诀：只有在相互信任的情况下，监督才会成为动力。有效的监督不是对员工能力的不信任，而是对员工劳动付出的一种尊重。

监督是使人前进的动力

人们常说，没有压力就没有动力。在现实生活中，的确如此。没有人管着你，你就什么也不想做。这都是人类的惰性在作怪。人生来都是喜欢享受的，没有生存的压力、没有别人的监督，就不会有人去拼命工作。

每一个当过学生的人几乎都有这样的感受，如果老师第二天不检查作业的话，你这一天就会不想写作业。我们也知道学习不是为了老师，但是如果老师不监督我们，我们就会想玩。这是孩子的天性，也是人类的通性。当然，这其中也不乏一些自控力特别好或者天生就很勤劳的人。但是在企业中，为别人打工，钱拿得一样多，能少干些就是赚了。很多人都抱有以上的想法，认为给别人打工没必要那么尽力。也正是有这种想法的存在，才会使监工这种职业很早就出现在人类的历史上。有人监督，工作不得不卖力；有人监督，心中就有顾忌，自然工作就会认真对待。没有人检查自己的工作，你不自觉地就会懈怠；如果有人要检查自己的工作，你也会自然地紧张起来。人就是这样奇怪，没人管还不行。

世界两大快餐巨头麦当劳和肯德基都很懂得这个道理。麦当劳有名的"走动式管理"，既让管理人员下到基层体验了第一线的工作，又使员工的工作受到了监督，可谓是一石二鸟之举。管理人员到各店里现场指导员工解决问题，不仅能使管理者更加深入地了解这些员工，对员工的工作起到监督的作用，而且当管理者向员工请教、咨询问题时，还会使员工们有一种被重视和尊敬的感觉，这样更加能促使员工积极热情地工作。肯德基的监督方法更绝。肯德基的国际公司设在美国，但它雇佣、培训了一批专门的监督人员，让他们佯装成顾客，不定时地秘密对全球肯德基各个分店进行检查评分。这让肯德基的各个分店的经理和雇员，无时无刻不感觉到一种压力，对工作是一点也不敢怠慢。通过这种方式，不仅使肯德基对它的各个分店的情况随时有所了解，而且这种有效的监督也大大地促使肯德基的员工们提高了工作效率。

很多时候，公司的管理者总是抱怨公司决策落实起来难的问题，其实这往往是由于公司没有一个有效的监督体系。如果领导把任务布置下去，并能及时对这些任务进行检查，而且对任务的完成程度进行评估，实行相应的奖惩制度，那么决策落实难的问题基本上就不会出现了。可是就怕有些领导把决策一宣布就不管了，没有检查，没有奖惩，员工们也没有压力和动力，那么决策就只能是一句空话、一纸空文。所以，当公司的决策难以落实时，不要责怪员工的执行力差，而是从自身找原因，想一想是不是自己的监督工作没有做到位。

有效监督是一种尊重

海尔集团之所以能够取得今日的成就，与其高效的监督管理机制是密不可分的。在海尔集团工作的任何员工都要接受三种监督：一是自我约束和监督；二是互相监督，即小组或团队内成员互相约束和监督；三是专门监督，即集团内专门负责监督的业绩考核部门的监督。

集团内的领导干部除了受以上三重监督外，还得经受五项考核指标。这五项指标分别是：自清管理，创新意识及发现、解决问题的能力，市场的美誉度，个人的财务控制能力，所负责企业的经营状况。这五项指标被赋予不同的权重，最后得出评价分数。

每个月海尔集团都会对干部进行考核评比，对表现出色的干部进行奖励，对工作出现差错的干部进行批评，即使工作没有失误但没有起色的干部也被归于受批评的行列之中。那些在车间里工作的员工，更是每天都要经受考评。在海尔的生产车间里通常会有一个S形的大脚印，这正是为表现不好的员工准备的。每天下班时，车间里的班组长就会对一天的工作进行总结，而表现不好的员工就要当着大家的面站在那个S形的大脚印上反省。

正是这种严格的监督机制，使海尔上下干部员工对工作都有了很高的主动性和积极性，工作效率也大大提高，人人都不想落后而争当先进。同时，海尔还建立了一套有效的激励机制，与监督机制相辅相成。其实，有效的监督也是一种激励。相应的奖惩，能促进员工更好地工作。正因为这种有效的监督，使海尔不断地走向成功，走向世界。

人们往往认为给对方足够的自由和空间，是对他尊重；其实有效的监督，也是对人的一种尊重，是对他人劳动付出的一种尊重。干好与干坏都一样，谁还会有干劲呢？有监督，有评比，有奖惩，人们才会有进步的动力。人们的付出都想得到别人的认可，有效的监督就是对他人工作的一种肯定，把你当做一个有能力完成本职工作的人，才会对你有所要求，才会对你进行监督，这就是一种尊重。

上对下和下对上的互动

全美第一大DIY店Home Depot公司的管理者，非常懂得有效监督的好处。该公司也采用"走动式管理"的方法，领导者不定期到各店进行巡察，不仅对员工的工作进行监督和检查，而且还借机对相应的主管进行教育，以提高其管理能力。

同时，该公司的创始人之一肯·蓝高，不仅提倡上级对下级的监督，而且还提倡下级对上级监督。

在一次巡察中，他就借机向员工和一部分主管宣传了这种思想。他希望这些员工和主管们可以学习向上管理，在完成上级交代的任务后，记得问上级一个问题："我已经按您交代的做了，现在请告诉我，此举对我为顾客提供最佳服务有何帮助？"这样，才能使上级将工作重心放到员工的真正使命上。员工的真正使命就是：把店里的商品卖给进门的顾客，为顾客提供满意的服务。

这种上对下、下对上的有效监督，形成了员工、主管、领导三方良性互动，从而提高了整个团队的工作效率和效益。

有效的监督，不是对员工能力的不信任，而是对员工劳动付出的一种尊重；有效的监督，不是公司对员工的苛刻和压迫，而是对员工工作的一种肯定和激励；有效的监督，不是让领导时刻盯着员工，又累又苦地活着，而是要企业自身建立起一套完善的监督体制和奖惩制度。总之，有效的监督是企业发展必不可少的管理手段。

破窗效应：在第一时间修复漏洞

提出者： 美国政治学家威尔逊和犯罪学家凯琳依。

内容精解： 如果有人打坏了一个建筑物的窗户玻璃，而这扇窗户又未得到及时维修，他人就可能受到暗示性的纵容去打烂更多的窗户玻璃。久而久之，这些破窗户就给人造成一种无序的感觉。那么在这种公众麻木不仁的氛围中，犯罪就会滋生、蔓延。

应用要诀： 任何一种不良现象的存在都在传递着一种信息，这种信息会导致不良现象的无限扩展。对破坏的行为不闻不问或纠正不力，就会纵容更多的人"去打烂更多的窗户玻璃"。管理者要维护制度，营造环境，及时补漏。

修好第一扇被打碎的窗户

破窗理论揭示了环境具有强烈的暗示性和诱导性。任何一种不良现象的存在都会传递一种信息，导致这种不良现象无限地扩展。这种情况在生活中经常可以见到。

比如，在窗明几净、环境优雅的场所，没有人会大声喧哗或吐痰；相反，如果环境脏乱不堪，就时常可以看见吐痰、打闹、互骂甚至随地便溺等不文明行为。又比如，在公交车站，如果大家都井然有序地排队上车，那么谁也不会不顾别人的眼光而贸然插队；相反，车辆尚未停稳，如果有几个人猴急地你推我拥争先恐后，后来的人如果想排队上车恐怕也没有耐心了。

这个定律告诉我们，对管理秩序的任何偶然的、个别的、轻微的损害如果不闻不问、反应迟钝或纠正不力，其后果可能就是纵容更多的人去破坏它。于是用不了多长时间，各类有损公共秩序的行为就会如雨后春笋般地滋生出来。

为了防止这种情况，最好的办法就是及时修好"第一扇被打碎玻璃的窗户"。

比如，在公共场合，如果每个人都举止优雅、谈吐文明、遵守公德，就能营造出文明而富有教养的氛围。从我做起，从身边做起，是很重要的。千里之堤溃于蚁穴，对于看起来很小的过错决不能掉以轻心，因为它可能影响深远，呈蔓延之势。

这个定律还启示我们，越是无秩序的东西越易受到侵犯。因为第一扇窗户打碎了，秩序被破坏，后面的侵害就会接踵而至。一个团体，如果处于混乱之中，就很容易被外来的力量侵扰甚至被吞并。

比如某杂志社产权之争延续数年，人心不齐，矛盾错综复朵，于是不仅有人想侵吞这个"天上掉下的馅儿饼"，广告商、发行商也乘机拒付广告、发行费。与此成鲜明对比的是另一家杂志社，那里管理严密，制度规范，不仅外人无法插手，就是广告商、发行商如果费用不到位也绝对上不了广告，拿不到发行权。

中国有句俗语"家不和，外人欺"。一个家庭、一个单位、一个企业，如果内部矛盾重重、纪律松散、规章制度不健全，就容易被人坑骗、欺负。而针对这种状况，最好的办法就是增强团体的内部凝聚力，内部井然有序，才能无懈可击。

教导第一个犯错的人

在日常生活和工作中，经常可以发现这样一些现象：一个人带头摘取商店门口摆放的鲜花，其他人就群起而效仿，将数个花篮中的鲜花一抢而空；桌上的财物，敞开的大门，可能使本无贪念的人心生贪念；有的员工工作中违反程序，还称"××都是这样干的！"或者"上次就是这样做的！"；对于违反公司程序或廉政规定的行为，有关组织没有进行严肃处理，没有引起员工的重视，从而使类似行为再次发生甚至多次重复发生；对于工作不讲求成本效益的行为，有关领导不以为然，使下属员工的浪费行为得不到纠正，反而日趋严重……

"破窗理论"在社会治安和企业管理中给我们的启示是：必须及时教导第一个犯错的人。我们中国有句成语叫"防微杜渐"，说的正是这个道理。

纽约市交通警察局长布拉顿受到"破窗理论"的启发，他在给《法律与政策》杂志写的一篇文章中谈到："地铁无序和地铁犯罪在20世纪80年代后期开始蔓延。那些长期逃票的、违反交通规则的、无家可归骂街的、站台上非法推销的、墙壁上涂鸦的……所有这些加在一起，使得整个地铁里弥漫着一种无序的空气。我相信，这种无序就是不断上升的抢劫犯罪率的一个关键动因。因为那些偶然性的犯罪，包括一些躁动的青少年，把地铁完全看成可以为所欲为、无法无天的场所。"

布拉顿采取的措施是号召所有的交警认真推进有关"生活质量"的法律，他以"破窗理论"为师，虽然地铁站的重大刑案不断增加，他却全力打击逃票。结果发现，每七名逃票嫌疑犯中，就有一名是通缉犯；每二十名逃票嫌疑犯中，就有一名携带武器。最终，从抓逃票开始，地铁站的犯罪率竟然开始下降，治安大幅好转。

1994年1月，布拉顿被任命为纽约市的警察局局长，就是因为他对"破窗理论"的出色阐释。之后，布拉顿开始把这一理论推广到纽约的每一条街道、每一个角落。他指出，这些小奸小恶正是暴力犯罪的引爆点。针对这些看来微小却有象征意义的犯罪行动大力整顿，结果带来很大的效果。

"警局的最高领导居然要关心街头那些'毛毛雨'犯罪，这在纽约市是史无前例的，甚至在整个美国绝大多数警察局也是史无前例的。"马里兰大学政策研究专家沙尔曼感慨地说。

在"破窗理论"的指导下，纽约市的治安大幅好转，甚至成为全美大都会中治安最好的城市之一。人们把这个庞大的都市几十年来从没有过的崭新气象都归功于布拉顿，但功高震主，1997年3月，布拉顿被当初任命他的纽约市长朱利安尼请出了警察局。

遵守规则，人人有责

"破窗理论"在社会治安综合治理以及反腐败中的应用意义是显而易见的，在企业管理中也有重要的借鉴意义。

在日本，有一种称作"红牌作战"的质量管理活动：

（1）清理：清楚地区分要与不要的东西，找出需要改善的事、地、物。

（2）整顿：将不要的东西贴上"红牌"。将需要改善的事、地、物以"红牌"标示。

（3）清扫：给有油污、不清洁的设备贴上"红牌"。藏污纳垢的办公室死角贴上"红牌"。办公室、生产现场不该出现的东西贴上红牌。

（4）清洁：减少"红牌"的数量。

（5）修养：有人继续增加"红牌"；有人努力减少"红牌"。

"红牌作战"的目的是，借助这一活动让工作场所得以整齐清洁，打造舒爽的工作环境，并进而养成企业内成员做事有讲究的心，久而久之成了习惯，大家遵守规则认真工作。

许多人认为，这样做太简单。芝麻小事没什么意义，而且兴师动众，没有必要。但是，一个企业产品质量是否有保障的一个重要标志，就是生产现场是否整洁，这应该是"破窗理论"比较直观的一个体现。

惩罚破窗者，奖励补窗者

公司对员工中发生的"小奸小恶"行为要引起充分的重视，小题大做，加重处罚力度，严肃公司法纪，这样才能防止有人效仿、积重难返。特别是对违犯公司核心理念的行为要严肃查处，绝不姑息养奸。

美国有一家以极少炒员工著称的公司。一天，资深熟手车工杰瑞为了赶在中午休息之前完成三分之二的零件，在切割台上工作了一会儿之后，就把切割刀前的防护挡板卸下放在一旁，没有防护挡板安放收取起加工零件来更方便更快捷一点。大约过了一个多小时，杰瑞的举动被无意间走进车间巡视的主管逮了个正着。主管雷霆大怒，除了目视着杰瑞立即将防护板装上之外，又站在那里控制不住地大声训斥了半天，并声称要作废杰瑞一整天的工作量。事到此时，杰瑞以为结束了，没想到第二天一上班，有人通知杰瑞去见老板。在那间杰瑞受过好多次鼓励和表彰的不规则形状的总裁室，杰瑞听到了要将他辞退的处罚通知。总裁说："身为老员工，你应该比任何人都明白安全对与公司意味着什么。你今天少完成了零件，少实现了利润，公司可以换个人换个时间把它们补起来，可你一旦发生事故失去健康乃至生命，那是公司永远都补偿不起的……"离开公司那天，杰瑞流泪了。工作了几年时间，杰瑞有过风光，也有过不尽如人意的地方，但公司从没有人对他说不行。可这一次不同，杰瑞知道，他这次碰到的是公司不可碰触的东西。

　　这个材料告诉我们，对于影响深远的"小过错""小题大做"地去处理，以防止"千里之堤，溃于蚁穴"，正是及时修好"第一个把打碎的窗户玻璃"的明智之举。

　　另外，公司要鼓励、奖励"补窗"行为。不以"破窗"为理由而同流合污，反以"补窗"为善举而亡羊补牢，这体现了员工高尚的道德情操和自觉的成本意识。公司要提倡这种善举，通过表扬、奖励措施使之发扬光大。

横山法则：真正的管理是没有管理

提出者：日本社会学家横山宁夫。

内容精解：最有效并持续不断的控制不是强制，而是触发个人内在的自发控制。其寓意就是，好的管理是触发被管理者的自发管理。

应用要诀：有自觉性才有积极性，无自决权便无主动权。在管理的过程中，过多地强调"约束"和"压制"，效果会适得其反。了解员工的需要，给他们提供发展自己的机会，会激发起他们的自发控制。真正的管理，就是没有管理。

真正的管理，就是没有管理

在管理的过程中，管理者常常过多地强调了"约束"和"压制"，事实上这样的管理往往适得其反。如果人的积极性未能充分调动起来，规矩越多，管理成本越高。聪明的企业家懂得在"尊重"和"激励"上下功夫，了解员工的需要，然后满足他。只有这样，才能激起员工对企业和自己工作的认同，激发起他们的自发控制，从而变消极为积极。真正的管理，就是没有管理。

"做软件，到微软。"这是每一位在微软中国研究开发中心工作的人经常自豪地讲的一句话。去微软做软件，可以说是每一个做软件的人梦寐以求的事。为什么？因为除了过硬的技术外，微软能为自己的员工提供最大的实现自己创意的空间，能使自我发展和自我实现价值得到最完美的实现。

微软公司的企业文化强调充分发挥人的主动性，让员工有很强的责任感，同时给他们做事情的权力与自由。简单地说，微软的工作方式是"给你一个抽象的任务，要你具体地完成"。对于这一点，微软中国研发中心的桌面应用部经理毛永刚深有体会。毛永刚说，1997年他刚被招进微软中国研究开发中心时负责做Word。当时他只有一个大概的资料，没有人告诉他该怎么做，该用什么工具。和美国总部交流沟通，得到的答复是一切都要靠自己去做。就如要测试一件产品，却没有硬性规定测试的程序和步骤，完全要根据自己对产品的理解，考虑产品的设计和用户的使用习惯等，发现许多新的问题。这样，员工就能发挥最大的主动性，设计出最满意的产品。

微软是个公平的公司，这里几乎没有特权，盖茨只是这两年才有了自己的一个停车位。以前他来晚了没地儿，就得自己到处去找停车位。正是这种公平和富有挑战性的工作环境，促成了微软员工巨大的工作热情，这种热情就是管理员工的最大工具。在微软，员工基本上都是自己管理自己。

促进员工自我管理的方法就是处处从员工利益出发，为他们解决实际问题，给他们提供发展自己的机会，给他们以尊重，营造愉快的工作氛围。做到了这些，员工自然就和公司融为一体了，也就达到了员工的自我控制。

自治比他治更加有效

有人说管理，就是管事管人，其实真正的管理是让人管事、让人管人。最有效的管理，或者说管理的最高境界是引导或激发员工自律、自治。

有句话说得好，最好的管理就是没有管理。这话听起来很玄，其实道理很简单。所谓的没有管理，就是指不要强制，而是让下属自觉地自我管理。看起来，管理者没有进行外在的管理，而内在的感情约束却使员工自觉地遵守纪律、认真工作。强制他人做某件事，和让这个人自愿做这件事的效果肯定不一样。无论是从完成的质量，还是对方的心情都是大有区别的，所以强制肯定不如让他们自制。如果你一直坚持事必躬亲，对谁都不信任，那你不仅活得很累，你的管理也没有效率可言。你不可能时刻盯着每一个员工，监督着他们好好工作，只有放手让他们自己干，相信他们、尊重他们，那么他们也不会辜负这份信任和尊重。

春秋时期，孙叔敖作为楚国的令尹在苟陂县一带修建了一条又宽又长的南北水渠。这条水渠足以灌溉沿渠的万顷农田，可是当地的农民却不知这水渠的真正价值，只顾自己的眼前利益。一到天旱的时候，渠中少水，沿堤的农民就在渠水退去的堤岸边种植庄稼，有的甚至还把农作物种到了渠中央。到雨水多的时候，渠水上进，这些农民为了保护庄稼和渠田又偷偷地在堤坝上挖开口子放水。就这样，一条辛辛苦苦费了多少人力物力挖成的水渠，结果被沿渠的农民给弄得遍体鳞伤、面目全非。不仅如此，因为不断地种、挖，这条水渠还经常因决口而发生水灾，好端端的一项水利工程就这样变成了当地的一大水害。面对这样的情形，历任苟陂县的行政官员都束手无策。每当渠水暴涨成灾，就只好调动军队去修筑堤坝、堵塞漏洞，进行抢险救灾。

到宋代，李若谷出任苟陂县知县时，这种情况依然没有改观。这个知县却很有手段，他只是写了张告示贴在了县衙外，就再也没有人敢去偷挖水渠放水了。这是怎么回事呢？原来那告示上清楚地写着："今后凡是水渠决口，不再调动军队修堤，只抽调沿渠百姓，让他们自己把决口的堤坝修好。"谁也不想去修堤，于是他们自觉地就不去破坏渠堤了，而且还互相监督，防止其他人去挖堤。

这就是激发人自律的效果和好处。

在管理的过程中，我们常常忽视了这一点。一味讲约束、压制，不仅达不到预想的目的，而且往往适得其反。

如果可以让员工们自发管理，就会大大地刺激他们的工作积极性，感觉他们不是在为别人工作，而是从内心深处想要好好工作。自治要比他治好得多，也有用得多。

聪明的企业家、老板都是把任务交代下去，放手让下面人去做，完全地尊重与信任自己的下属，满足员工的需要，激起员工对企业和自己工作的认同，激发起他们去自发控制。

建立一套为大多数员工认可的企业目标、价值观念以及企业精神等理念的文化系统，将企业目标与企业员工的追求联系起来，这样才能实现企业员工从"要我做"到"我要做"的思想转变。当一个企业的员工真正意识到自己的理想和公司的目标一致时，他们的行为就自然地回归到了公司的制度要求当中。

管理者要有放权的魄力

作为管理者，你不可能时刻控制监管着你的员工和属下，再严密的制度也有管不到的地方，靠监管永远达不到理想的管理效果。只能激发员工的积极性，让他们主动地自律，进行自我控制，这不仅让管理者省了很多心和事，而且会产生很好的经济效益。

那么，怎样才能让员工自律自制呢？最重要的就是要尊重和信任员工，把权力适当地下放给员工，给员工一定的自决权。有了自决权才会有主动权，有了信任才有动力，这样员工才会自发地工作，自觉地进行自我管理。

微软公司在这方面就做得非常好。作为软件开发行业的老大哥，微软却是个非常公平的公司。连盖茨也没有什么特权，一切以能力说话。可以说，微软的员工基本上都是自己管理自己。公司只是给你一个抽象的任务，而需要你去具体地完成，至于如何完成那是你自己的事，公司主管绝不指手画脚。所以，很多做软件的人都说，微软是搞软件开发的天堂。对于这种极具创造力的行业，就应该这样放手让员工去做，给他们发挥的空间和决定的权力，这样才能最大地调动他们的工作积极性，使他们设计出令人满意的产品，给公司带来更大的经济效益。

每个人的能力和精力都是有限的，用人不疑、疑人不用。既然请了来为自己工作，就要充分地信任员工，相信他们有能力完成他们的工作，没有自己的监督他们会完成得更好。

人一般都有种逆反心理，就像小孩子一样，你越管他，他越是不听话。因为他也有自己的想法，不是任人摆布的棋子；他也有自己的尊严，不是被人关押的犯人；他也有自己的目标，不是一无所知的傻瓜。所以，放手让他们自己活，反而会发现他们把一切都安排得很好。

在管理上也是一样。给员工充分的自决权，才能让员工展现出最强的能力，发挥到最大的作用。所以，把权力下放是管理的高招，不仅落得清闲，还能收获更高的效益。

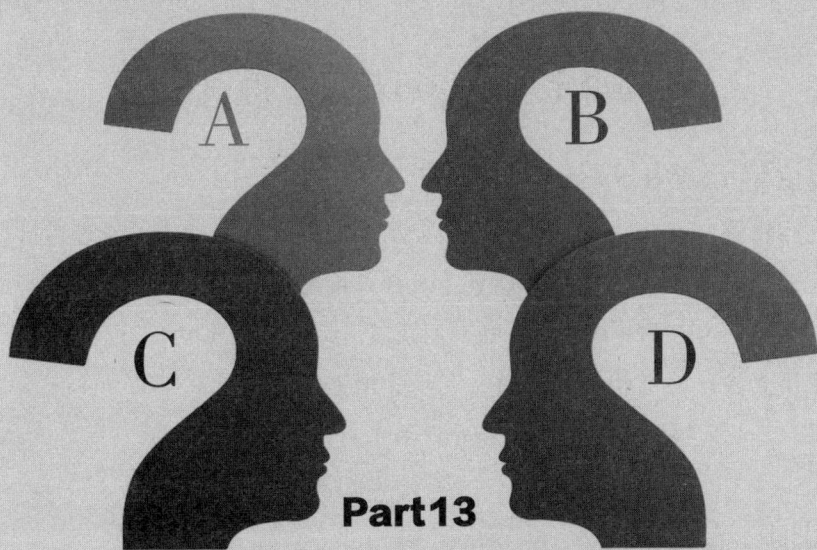

Part13

参谋：向别人借智慧也是种智慧

不善于倾听不同的声音，是管理者最大的疏忽。

——玛丽·凯（美国）

无磨擦便无磨合，有争论才有高论。

——詹姆士·波克（美国）

未听之时不应有成见，既听之后不可无主见。

——伊渥·韦奇（美国）

托利得定理：思可相反，得须相成

提出者： 法国社会心理学家托利得。

内容精解： 测验一个人的智力是否属于上乘，只看脑子里能否同时容纳两种相反的思想而无碍于其处世行事。两种正反思想共存，说明你能够听进不同意见，能把反对意见加以分析，从而对决策起到积极的影响。

应用要诀： 思可相反，得须相成。管理者要多方听取下面的意见，征求各方建议，以此来提高自己的决策和管理水平。

兼听则明，偏信则暗

唐朝时，唐太宗问宰相魏征："我作为一国之君，怎样才能明辨是非，不受蒙蔽呢？"魏征回答说："作为国君，只听一面之辞就会糊里糊涂，常常会作出错误的判断。只有广泛听取意见，采纳正确的主张，您才能不受欺骗，下边的情况您也就了解得一清二楚了。"成语"兼听则明，偏信则暗"就是从魏征劝太宗的话演变而来。

兼听则明，偏信则暗。只有听取多方面的意见，才能明辨是非；如果只听信单方面的话，就会分不清是非。

人在社会中，不可避免地要与他人发生关系。生活于人群之中，自己的一言一行都被身边的人瞧在眼中、记在心里。天下没有不透风的墙，所以生活于群众中，群众对人和事物的了解是最彻底的。那么一个领导者到群众中去走走，多听一听他们的声音，这是最简便易行的办法。

这里要注意的是对待人言要"兼听则明"，不要只听到几个人的意见就以为是"民意"。这其实只是少数人的观点，往往少数人的观点打着"民意"的旗号到处招摇撞骗，实质是强奸民意。民意是大多数人的观点，是从群众中的极多数的观点中总结出来的一个观点，他们是相似或是相同的意思。故领导者应尽量多地听取群众的意见并且在此基础上认真地分析，找到真正的东西。

明朝初年，朱元璋以重典治国。由于法制不健全，不少官吏被错捕入狱，但经其所治人民为之申辩和请求，朱元璋也因此而赦免，有的因知其贤能惠政而得以擢升。一次，永州知县余亭城等人因事被捕，其所治人民上京申辩，列举他们的善政，朱元璋立即予以纠正，赐袭衣宝钞放回。他们复任后，努力工作，政绩更著。

从这件事我们可知，官吏的好坏，其治下的群众是最清楚的，领导如能经常倾听群众的意见，那么就能鉴别下属的好坏了。官场如此，企事业单位亦如此。领导者有必要去群众中走走，看看他们对自己的工作、对自己的下属有什么意见。

现在盛行的民意测试是考察个人和管理情况的一个好办法，领导者不妨借助这种方式多方听取下面的意见，征求各方建议，以此来提高自己的决策和管理水平。

接纳各方不同意见

有这样一个故事：某管理者带领下属一行10人，乘坐一艘小船，到某海岛游玩。归途中，管理者提出暂不回航，到另一小岛上去玩儿。其中有一人提出："那岛周围暗礁多，流急浪大，很危险，还是不去的好。"管理者听后很不满意，厉声说道："不要说不吉利的话，扫大家的兴！风平浪静有什么危险？同意去的站到左边，不同意的站到右边。"很多人察言观色，一个个都向左边走去。当右边只剩下一个人时，小船由于重心偏移，翻了过来。

这则故事说明了什么呢？说明都站在一边并不是好事。领导独断专行，讲真话者受到排挤、孤立，谁还愿意讲真话呢？管理者要听到真话，就必须以开放的心态容纳别人的想法，有民主的作风，让群众想说、敢说，真正做到言者无罪、闻者足戒、畅所欲言、各抒己见。

另外，管理者应该认识到，敢提意见的人并非对自己有成见。多数敢提意见的人，是有事业心、进取心、责任感强、思想敏锐、关心工作的人。老子说"真言不美，美言不信"。真话未必中听，中听话未必真实。一些意见可能偏激、不全面、不正确，甚至个别人可能意气用事，发泄不满，管理者要有气度、有雅量，辩证地看待，不能因与自己意见不合而抱成见。要有实事求是的精神和宽广的胸怀和度量，听到一些过激的语言时不要气恼，要宽容、忍让，耐心地让对方把话说完，然后再心平气和、实事求是地说明情况，分清是非，这样才不至于堵塞言路，才表明自己提倡、赞赏、鼓励、支持说真话的态度。

当然，在听取不同意见或反对意见时也要分清真伪，搞清凿凿之言、肺腑之言和毫无根据的谎言；要分清好坏，搞清金玉良言、别有用心的谗言；要分清虚实，搞清不含水分的实在话、毫无意义的空话和言过其实的大话。只要管理者放下架子，多一点人情味，以诚相待、平易近人，和下属交朋友，就能以自己的真情换来下属的真心。

从善如流，勇于纳谏

历史上三国时期的袁绍就是因为不能容忍反对意见，最终以百万之师败给曹操七万大军。袁绍兵多谋众粮足，宜守；曹操兵强将勇粮少，宜速战速决。袁绍起兵应战，田丰极力反对，被关入囚牢。袁绍果败，大伤元气，因大悔"吾不听田丰之言，兵败将亡；今回去，有何脸面见他呢！"逢况乘机进谗言，袁绍恼羞成怒决意杀田丰。

田丰在狱中，狱吏贺喜说："袁将军大败而回，您一定又会被重用啊！"田丰怅然说："我死定了。袁将军外宽内忌，不念忠诚。若胜而喜，犹能赦我；今战败则羞，我没希望活了。"果然使者奉命来杀田丰，最终田丰伏剑而死。

曹操面对不同意见时，采取的却是与袁绍截然相反的两种态度。曹操在初定河北后，又与众人商议西击乌桓，曹洪等人极力反对。曹操听从郭嘉之言，费尽艰难破了乌桓。回到易州，重赏先曾谏者。诚心对众将说："我前者凌危远征，侥幸成功。虽得胜，上天保佑，不可以为法。诸君之谏，乃万安之策，是以相赏。以后不要怕提意见！"

田丰的反对意见是对的，袁绍却把他杀了。像这样的糊涂虫，谁还会再提反对意见呢？怎么会逃脱惨遭失败、受人耻笑的结局呢？袁绍四世三公，根基深厚，曹操也深为叹惜："河北义士，何其如此之多哉！唯袁氏不能用尔，若袁氏善用之，我何敢小觑此地？"

曹操从善如流，不闭目塞听，即使反对意见错了仍然大加奖赏，鼓励大家多讲。因为反对者总有反对的理由，其中必有可取之处。如果侥幸成功，就轻视取笑甚至惩罚提反对意见者，那只会让众人变得唯唯诺诺而已。

管理者拥有权力、地位，容易被阿谀奉承、阳奉阴违所蒙蔽而听不到真话。现实生活中，为了赢得领导的欢心和偏爱，下属大多讨好甚至糊弄管理者，说假话蒙骗上级的现象屡见不鲜。因此，一个优秀的管理者必须要有听真话的诚意、胸襟和行动。

视员工的意见为财富

柯达公司曾发生过这样一件事：一名普通工人写了一封建议书给董事长乔治·伊士曼，内容简单得令人吃惊，只是呼吁生产部门"将玻璃擦干净"。事虽不足为道，伊士曼却认为这是员工积极性的表现，立即公开表彰，发给奖金，并由此建立了柯达建议制度。

迄今，该公司职工已提出建议200多万项，被公司采纳了约有60余万项。该公司职工因提出建议而得到的奖金每年总计都在150万美元以上，而柯达公司从中受益的又何止千万美元呢。

企业最大的财富是人的聪明才智。企业领导人应该鼓励每一个员工积极地提出改进工作的建议，必须使他们知道，他们的建议将会得到认真的研究，并且也真正这样做。如果能像柯达公司那样，在企业中建立起良好的建议制度，凡所提建议能给企业带来效益的，给予重奖。这样必然会促进企业全体职工同心协力，使职工对自己的工作发生兴趣，对自己的工作考虑得更多并总是设法去改进自己的工作，这是领导者激发人们聪明才智的有效手段。

柯达公司对职工提出的每条建议都进行认真审查，一般经过以下过程：职工提出建议后，由各车间委员根据建议的独创性、思索程度、适应性和效果等内容进行评定和选拔，分为特别、优秀、优良、A、B、C和建议等7个级别；

凡属最后两级建议的提出者，由车间委员会予以表扬；B级以上提交厂小组委员会，在那里再次进行评定和选拔，并对B级和A级的建议提出者给予表扬；特别、优秀、优良三级建议提交厂改进工作委员会审查后进行表扬；特别级建议要征询公司表彰审查委员会的意见。

广开言路，达成共识

IBM的创始人沃特森被誉为"企业管理天才"。他相信：只要尊重员工并帮助他们自己尊重自己，公司就会赚大钱。

沃特森善于发掘员工的潜力，善于调动员工的创造精神与献身精神，想方设法去刺激员工为公司出谋划策。为了保护员工的工作热情，增强员工对公司的亲近感与信任感，他广开言路，广泛倾听各种意见。

IBM规定：公司内任何人在感到自己受压制、打击或冤屈时都可以上告。他亲自接见告状人，对有理者给予支持。他鼓励员工们在工作中不怕失误和风险，为了公司敢于承担似乎不可能完成的任务。他本人一天工作16个小时，几乎每晚都在这个或那个雇员俱乐部中出席各种集会和庆祝仪式。他作为员工相识已久的挚友，同员工们谈得津津有味。

对于一个优秀的领导来说，有了目标之后，就要与群众分享并逐步达成共识。柯达公司进入影印机市场后，把重心放在复杂技术与高级设备上，成本居高不下，几乎没有利润，而且库存问题非常严重。1984年，查克临危受命，担任影印产品事业部总经理。查克希望加强与员工的沟通，为此，他每周和直属部下开会；每月举行"影印产品论坛"，和每个部门的代表员工直接沟通；每周与重要干部及最大的供应商开会，谈论重大的变迁及供应商关心的事情；每个月员工都会收到4~8页的"影印产品通讯"，并向员工提供直接与高层管理人沟通的机会。

短短6个月以后，公司终于与1500个员工达成共识。公司状况开始出现转机，库存量减少50％，部门生产率平均提高31倍。事实证明，只有走近员工，才能了解员工，只有和员工达成共识，才能和员工同心协力地成就一番事业。

波克定理：无磨擦便无磨合，有争论才有高论

提出者：美国庄臣公司总经理詹姆士·波克。

内容精解：如果没有不同意见，就不要忙于作决定。只有在争辩中，才可能诞生最好的主意和最好的决定。

应用要诀：无磨擦便无磨合，有争论才有高论。管理者在进行决策时一定要集思广益，鼓励大家提出反对意见和不同看法，正所谓"真理越辩越明"。

争论出真知，争论少失误

无摩擦无磨合，有争论才有高论，如果不愿参与组织中的争论，永远也无法在工作中实现重要的事情。

南山集团是山东省龙口市东江镇一处村企合一的大型国家级企业集团，改革开放前只有260户、800人，人均不到一亩薄地。到目前，已经拥有总资产150多亿元，村民6700人，员工3.6万名，企业40多处，涉及毛纺、铝业、电力、旅游、教育等十几种产业，在全国乡镇企业500强中位居前列。

说起南山集团的成功，离不开两大法宝：一是批评，二是争论。领导班子成员、厂长经理，每天早晨集中到集团办公室开碰头会，汇报工作不准表扬自己，更不准赞扬领导，只讲问题、讲办法，领导深度概括只批评、不表扬。南山最怕的不是批评，而是宣传表扬。南山集团董事长宋作文有句名言："一边跑一边喊的人跑不快""不该你得的荣誉你得了，很危险"。南山的争论，是民主决策的过程。凡重大问题，党委成员必须调研、讨论、集体决策，尤其是涉及项目、投资等发展大计，班子成员往往争论得面红耳赤，用他们的话说都是"吵"出来的，不"吵"透了不罢休。最后提请党员大会、村民代表大会讨

论通过。宋作文做事果敢，但从不盲目地一锤定音，他说："争论出真知，争论少失误。"

有效的争论对于组织来说具有许多积极意义。当人们敢于提出不同意见并为之争论时，组织本身就变得更加健康。意见分歧会让人们对不同的选择进行更加深入的研究，并得出更好的决定和方向。彼得·布劳克在《授权经理人：工作中的建设性政治技巧》一书中指出：如果你不愿参与机构中的政治与争论，你永远也无法在工作中实现对你来说重要的事情。要是这样就太悲哀了。

但是，争论总是令人不安，一场拙劣的争论更会使许多人受到伤害，因此，学会如何提出观点并参与有意义的争论是成功工作和生活的关键。这里有几点建议：

（1）创造健康争论的工作环境。培养一种鼓励不同意见的组织文化或环境。使不同意见成为意料之中的事，让人们倾向于关注与之不同的经验而非相似的观点和目标。

（2）奖励、承认并感谢那些愿意表明和捍卫自己观点的人。组织内建立相应的认可制度、奖金制度、工资和福利体系以及绩效管理过程，奖励那些愿意表明或捍卫自己观点的人。

（3）让人们以数据和事实来支持自己的观点和建议。

（4）培训员工，使员工掌握进行良性、积极争论和解决问题的技能。

（5）注意争论解决，把握争论方向。

（6）聘用有能力并愿意解决问题的人。

不要畏惧下属的顶撞

水至清无鱼，人至察无徒。这就是告诉我们，待人处事太苛薄了，结果人缘难处。作为朋友，你就不能用自己的标准去要求和衡量所有的人，不能责备别人的"另类"。面对下属的顶撞，管理者应该如何做呢？

首先必须强调一点，异己的存在可以促使你在决策时格外谨慎，力求科学严谨，以免被异己找出破绽、发现纰漏。同时可以避免你无意识地发生错误，造成不可挽回的严重后果。可以说，下属的顶撞就是竞争对手的存在，就是监督者的存在，他可以促使双方更加勤勉。

美国前海军司令麦肯锡去看望陆军司令马歇尔时说："我的海军一直被公认为世界上最勇敢的部队，希望你的陆军也一样。"马歇尔不肯示弱，说："我的陆军也是最勇敢的。"麦肯锡问他有没有办法证实一下。"有！"马歇尔满怀信心地说。他随便叫住一个士兵，命令道："你给我过去，用身体去撞那辆开动的坦克。""你疯了？"士兵大叫，"我才不那么傻呢！"

此时，在这种关乎自己的面子和威望的非常时刻，自己的下属公然顶撞自己，领导一般都会勃然大怒。然而，马歇尔没有这样做，他笑了笑，然后满意地对麦肯锡说："看见了吧，只有最勇敢的士兵才会这样同将军说话。"马歇尔把士兵公然顶撞自己的行为视为勇敢的举动，这正是大将军的气魄与胸怀！这就是成大事者的独特认识。试想一下，假如马歇尔将军视那个士兵为异己，并且一味地去扼杀，他必定会置士兵于死地。最终，他不仅失去了一个士兵，而且损害了自己的威望，挫伤了所有士兵的勇气。

不要排斥与下属的合作

与人合作最棘手的问题之一，就是人与人之间的磨合常常令人身心疲惫。有人甚至深有体会地说，人与人之间的合作在管理中花去的成本始终是最高的。一般来说，作为员工不外乎有以下四种类型：

一是分析型。这种员工是完美主义者，做事力求正确，但完美倾向也会导致墨守成规、优柔寡断。分析型的人喜欢独立行事，不愿意与人合作。尽管他们性情孤傲，患难之中却最见其忠诚。

二是温和型。他们常常喜欢与人共事，淡漠权势，精于鼓励别人拓展思路，善于看到别人的贡献。由于对别人的意见能坦诚以待，他们能从被其他团队成员否决的意见中发现价值。温和型的人常常为团队默默耕耘，往往成为团队中无名的幕后英雄。一般说来，温和型的人能在一个发展稳定的、架构清晰的公司中表现出色。一旦他们的角色界定、方向明确，他们就会坚定不移地履行自己的职责。

三是推动型。他们注重结果，最务实，并常常引以为自豪。他们喜欢确定高远却很实际的目标，然后付诸实施。他们极其独立，喜欢自己制定目标，不愿别人插手。他们善于决断，看重眼前实际，具有随机应变的本事。但有时太好动，因仓促行事而走弯路。无论表达意见还是提出要求，推动型的人都很直率。

四是表现型。这种员工好出风头，喜欢惹人注目，是天生的焦点人物。他们活力十足，总喜欢忙个不停。他们偶尔也会显露某种疲态，这往往是因为失去了别人刺激的结果。表现型的员工容易冲动，常常在工作场所给自己或别人惹出一些麻烦。他们喜欢随机做事，没有制定计划的习惯，不善于进行时间管理。他们善抓大局，喜欢把细节留给别人去做。

对于管理者来说，要针对不同类型的员工采取不同的管理方法。

争辩不等于争强好胜

争辩可以激发思想的火花，可以产生有益的意见。但是争辩要掌握好火候，要有理性地争辩，避免言辞过火的争辩。过于激烈的争辩，不仅不会使以双方达成共识，反而会损伤双方的和气，将事情引向不良的一面。

当你将要陷入顶撞式的辩论漩涡里的时候，最好的办法就是绕开漩涡，避免争论。你不可能指望仅仅以摇唇鼓舌的口头之争，来改变对方已有的思想和成见。把细枝末节的小事当作天大的原则问题来加以辩论，是因为我们坚持成见的缘故。只要你争胜好斗，喋喋不休，坚持争论到最后一句话，就可以体验到辩论的"胜利"，可是，这种胜利不过是廉价、空洞的虚荣心的产物，它的结果是引发一个人的怨恨。

日常工作中容易发生争辩，如果对争辩不加控制，就会搞得不欢而散甚至使双方结下芥蒂。人是有记忆的，发生了冲突或争吵之后，无论怎样妥善地处理，总会在心理、感情上蒙上一层阴影，为日后的相处带来障碍。最好的办法，还是尽量避免它。

我们常用这么一句话来排解争吵者之间的过激情绪：有话好好说。这是很有道理的。争吵者往往犯三个错误：

第一，没有明确而清楚地说明自己的想法，话语含糊，不坦白。

第二，措辞激烈、专断，没有商量余地。

第三，不愿意以尊重态度聆听对方的意见。

有一个调查说明，在承认自己容易与人争吵的人中，绝大多数说自己个性太强，也就是不善于克制自己。

同事之间有了不同的看法，最好以商量的口气提出自己的意见和建议，语言的得体是十分重要的。应该尽量避免用"你从来不怎么样……""你总是弄不好……""你根本不懂"之类的语言，这必然会引起对方反感。即使是对错误的意见或事情提出看法，也切忌嘲笑。幽默的语言能使人在笑声中思考，而嘲笑他人则包含着恶意，这是很伤人的。真诚、坦白地说明自己的想法和要求，让人觉得你是希望合作而不是在挑人的毛病，同时，要学会听，耐心、留神地听对方的意见，从中发现合理的成分并及时给予赞扬。这不仅能使对方产生积极的心理反应，也给自己带来思考的机会。如果双方个性修养、思想水平及文化修养都比较高的话，做到这些并非难事。

浪费口舌做无谓的辩解，是最无意义的，这只会促使矛盾更加激烈，甚至弄得两败俱伤。对一些不值得争论的意见，不妨用谅解的胸怀看待它。或者对当时不能理解的争议暂且放下，过一段时间再来重新看它，也许会另有见解。

韦奇定理：不怕众说纷纭，只怕莫衷一是

提出者：美国洛杉矶加州大学经济学家伊渥·韦奇。

内容精解：即使你已有了主见，但如果有十个朋友看法和你相反，你就很难不动摇。不怕开始众说纷纭，就怕最后莫衷一是。各说各的理，各讲各的经，最后谁也弄不清的结局就是惨败的开始。未听之时不应有成见，既听之后不可无主见。

应用要诀：一个人有主见是非常重要的事情。第一要确定你的主见是建立在对客观情况准确把握的基础上，第二要确信你的主见不是固执的。做自己喜欢做的事情，坚持不懈，终成正果。

没有主见，就失去自我

成功需要肯定自己，坚持自己的立场。不知你是否因为别人表露出一种不以为然的态度就改变自己的立场？你是否因为别人不同意你的意见而感到消沉、忧虑？你是否在饭馆吃饭时饭菜的口味并不令你满意，你却不敢提出意见或者退回去，因为你怕服务员会不高兴？你是否处心积虑寻求别人的赞许，渴望得到别人的赏识，未能如愿时就会情绪低落？

曾有位年轻朋友这样诉说他的苦恼：

每当听到同事下班一块儿去吃饭、喝酒、唱歌时，他便陷入进退两难的境地中。按个人意愿，他一点也不想去，只希望回家好好休息，看书、听听音乐，静静地享受独处省思的乐趣。但是他知道，若是把这些想法讲出来作为婉拒的理由，会被同事取笑而成为笑柄。于是他压下了自己的意愿，顺从同事的模式，在喧闹、放荡、嬉笑中度过了一个又一个吃喝玩乐的夜晚。

他越来越不快乐，越来越痛恨自己，想改变这种令他厌恶的上班式无味之友谊，想大声向同事们说"不"，可又总提不起勇气。他甚至觉得自己就像头被人牵来牵去的猪。

还有一位书生气很浓的朋友下海经商。朋友们都说他不是一块经商的料：不抽烟、不喝酒、不会拉关系，不会与人讨价还价等，好像商人应具备的资质他全没有。但让大家跌破眼镜的是：他的公司在经过一段艰难的沉寂之后，竟然生意兴隆，财源广进。他说：我只做好了最基本的几点，以诚待人，守诺守信，保证质量。客户们刚开始还有些不习惯，现在都挺喜欢同我打交道的，省心省力还踏实。

是的，寻求别人的认同和支持固然很重要，但是没有自己的主张，没有自己的主见，就没有了自己。自己的事自己做主。因此，不管什么时候，都不要放弃自己，放弃了自己不仅会失去成就自己的机会，还使自己的生命随之失去意义。

不做人云亦云的八哥

做事要有自己的主见，要用自己的大脑来判断事物的是非，千万不要人云亦云。

一群喜鹊在树上筑了巢，在里面养育了喜鹊宝宝。它们天天寻找食物、抚育宝宝，过着辛勤的生活。在离它们不远的地方，住着好多八哥。这些八哥平时总爱学喜鹊们说话，没事就爱乱起哄。

喜鹊的巢建在树顶上的树枝间，靠树枝托着。风一吹，树摇晃起来，巢便跟着一起摇来摆去。每当起风的时候，喜鹊总是一边护着自己的小宝宝，一边担心地想：风啊，别再刮了吧，不然把巢吹到了地上，摔着了宝宝可怎么办啊？我们也就无家可归了呀。八哥们则不在树上做窝，它们生活在山洞里，一点都不怕风。

有一次，一只老虎从灌木丛中窜出来觅食。它瞪大一双眼睛，高声吼叫起来。老虎真不愧是兽中之王，它这一吼，直吼得地动山摇、风起云涌、草木震颤。

喜鹊的巢被老虎这一吼，又随着树剧烈地摇动起来。喜鹊们害怕极了，却又想不出办法，就只好聚集在一起，站在树上大声嚷叫："不得了，不得了，老虎来了，这可怎么办哪！不好了，不好了！……"附近的八哥听到喜鹊们叫得热闹，不禁又想学了，它们从山洞里钻出来，不管不顾地扯开嗓子乱叫："不好了，不好了，老虎来了！……"

这时候，一只寒鸦经过，听到一片吵闹之声就过来看个究竟。它好奇地问喜鹊说："老虎是在地上行走的动物，你们却在天上飞，它能把你们怎么样呢，你们为什么要这么大声嚷叫？"喜鹊回答："老虎大声吼叫引起了风，我们怕风会把我们的巢吹掉。"寒鸦又回头去问八哥，八哥"我们、我们……"了几声，无以作答。寒鸦笑了，说道："喜鹊因为在树上筑巢，所以害怕风吹，畏惧老虎。可是你们住在山洞里，跟老虎完全井水不犯河水，一点利害关系也没有，为什么也要跟着乱叫呢？"

八哥一点主见也没有，只知道随波逐流，也不管对不对，以至于闹出了笑话。我们做人也是一样，一定要独立思考，自己拿主意，不盲目附和别人。不然，就会像故事中的八哥一样既可悲又可笑了。

不要因为旁人的眼光改变了自己的观念。每个人站的角度不同，说话的方式自然有所差异，有智慧的人不会和不同角度的人争吵。当你想到去哪里，就抬起脚勇往直前，想做某事就努力去实践，并不断地检视自己，时时勉励自己向前走，这就是成功的秘诀。没有主见的人总喜欢附和其他人的意见，虽然脚在前进，却被人牵着鼻子走。只有心中有主见的人，才能分辨是非。因此，不要被人牵着鼻子走，别人说什么并不重要，关键要有自己的主张和思维。

我的人生我做主

有句话叫"三人成虎"，第一个人对你说城里来了老虎，你肯定不信；第二个人说时你会觉得很难信；第三个人也这么说，恐怕你就有点信了。至少你要搞清楚为什么这么多人都这么说，难道是"无风不起浪"吗？

一个人生活在这个世界上，随时随地都会面临选择。做人如果要想做到不人云亦云、随波逐流，永远跟在别人屁股后面走，就必须有自己的做人主见。

怀疑自己并不是坏事，多参考他人的意见可以集思广益，有利于修正自己，但自己认准的一定要坚持。当然，坚持是要有技术的。过硬的技术、深入的调查、严谨的推理，是你坚持真理不为所动的基石。爱因斯坦在提出相对论后，曾有一百名教授联名写书质疑他的理论，爱因斯坦对此置之不理，继续他的研究。他说："如果我错了，那么有一个教授指责就够了。"

元代大学者许衡一日外出，因为天气炎热，口渴难耐。正好路边有一棵梨树，行人们纷纷去摘梨解渴，只有许衡不为所动。这时候有人就问他："为什么你不摘梨呢？"许衡就说："不是自己的梨，怎么可以随便乱摘呢？"那人就笑他迂腐："世道这么乱，管它是谁的呢。"许衡又说了："梨虽无主，我心有主。"

许衡的做法看似迂腐，实则是一种非常难得的做人准则。人生有许多时候是面临许多诱惑的，面对诱惑不动心，身不被物役、心不被金迷，看起来容易做起来难，并不是随随便便就可以达到的境界。这是一种难得的定力，没有坚实的精神支柱，没有良好的处世心态，没有高超的做人修养，是很难坚持的。

主见是一个人对自身力量的认识和充分估计，它是自我意识的重要组成部分。因此我们在做人、做事方面就要有自己独特的见解，不盲目地随从别人。做人一旦没有了主见就容易被物欲所左右，被别人牵着鼻子走。自己心中要有主见，这是做人的一条重要底线。在现实生活中要做一位有主见之人，因为鞋和脚合不合适只有自己才知道。

改变"随风倒"：听自己的

世界著名交响乐指挥家小泽征尔在一次欧洲指挥大赛的决赛中，按照评委会给他的乐谱在指挥演奏时，发现有不和谐的地方。他认为是乐队演奏错了，就停下来重新演奏，但仍不如意。这时，在场的作曲家和评委会的权威人士都郑重地说明乐谱没有问题，而是小泽征尔的错觉。面对着一批音乐大师和权威人士，他思考再三，突然大吼一声："不，一定是乐谱错了！"话音刚落，评判台上立刻报以热烈的掌声。

原来，这是评委们精心设计的圈套，以此来检验指挥家们在发现乐谱错误并遭到权威人士"否定"的情况下，能否坚持自己的正确判断。前两位参赛者虽然也发现了问题，但终因趋同权威而遭淘汰。小泽征尔则不然，因此，他在这次世界音乐指挥家大赛中摘取了桂冠。

这个故事告诉我们，自信是成功者必备的素质，这不仅仅是掌握相当的知识，还需要再坚持一下的毅力和勇气。在强者面前坚持己见，需要很大的勇气，不要随随便便地就否定了自己。只要是自己确信的，就不怕是在谁的脚下，都要有勇气和底气大声说出来！

一辈子跟着别人的屁股后头走，不如自己另辟蹊径。既然每个人的条件不同、能力不同，那么就更应该掌握自己的方向，开创自己的道路。

麦克莱兰定律：决策管理，人人有责

提出者： 美国波士顿大学心理学教授麦克莱兰。

内容精解： 成就的需要是权利的需要、归属的需要等等需要中的一个重要的需要。让员工有参加决策的权力，赋予员工这种参与权，会产生意想不到的激励效果。

应用要诀： 必要的时候，为自己的员工贴上一个权力的标签，可以极大地提升他们的工作热情与主人翁意识，而且它所产生的效果许多时候是其他激励方式所不及的。

让员工参与到管理中来

所谓参与管理，就是指在不同程度上让员工和下属参加组织的决策过程及各级管理工作，让下级和员工与企业的高层管理者处于平等的地位研究和讨论组织中的重大问题。他们可以感到上有主管的信任，从而体验出自己的利益与组织发展目标密切相关而产生强烈的责任感；同时，参与管理为员工提供了一个取得别人重视的机会，从而给人一种成就感，员工因为能够参与商讨与自己有关的问题而受到激励。参与管理既对个人产生激励，又为组织目标的实现提供了保证。

参与管理的方式是试图通过增加组织成员对决策过程的投入，进而影响组织的绩效和员工的工作满意度。

在员工参与管理的过程中有四个关键性的因素：

（1）权力，即提供给人们足够的用以做决策的权力。这样的权力是多种多样的，如工作方法、任务分派、客户服务、员工选拔等。授予员工的权力大小可以有很大的变化，从简单地计他们为管理者作出的决策输入一定的信息，到员工们集体联合起来作决策，乃至员工自己作决策。

（2）信息。信息对做出有效的决策是至关重要的，组织应该保证必要的信息能顺利地流向参与管理的员工处。

这些信息包括运作过程和结果中的数据、业务计划、竞争状况、工作方法、组织发展的观念等。

（3）知识和技能。员工参与管理，他们必须具有做出好的决策所要求的知识和技能。

组织应提供训练和发展计划，培养和提高员工的知识和技能。

（4）报酬。报酬能有力地吸引员工参与管理。一方面提供给员工内在的报酬，如自我价值与自我实现的情感，另一方面提供给员工外在的报酬，如工资、晋升等。

在参与管理的过程中，这四个方面的因素必须同时发生作用。如果仅仅授予员工作决策的权力和自主权，他们却得不到必要的信息和知识技能，那么也无法做出好的决策。

如果给予员工权力，同时保证他们获取足够的信息，对他们的知识和技能也进行训练和提高，但并不将绩效结果的改善与报酬联系在一起，员工就会失去参与管理的动机与热情。

员工参与管理能有效地提高生产力，其作用如下：

首先，员工参与管理可以增强组织内的沟通与协调。这样就通过将不同的工作或部门整合起来为一个整体的任务目标服务从而提高生产力。

其次，员工参与管理可以提高员工的工作动机，特别是当他们的一些重要的个人需要得到满足的时候。

再次，员工在参与管理的实践中提高了能力，使得他们在工作中取得更好的成绩。组织上增强员工参与管理的过程，通常包含了对他们的集体解决问题和沟通的能力的训练。

让员工有决策的权力

韦尔奇到通用电气后，认为公司管理人员太多，懂领导的人太少，而工人们对自己的工作比老板清楚得多，经理们最好不要横加干涉。为此，通用电气实行了"全员决策"制度，使那些平时没有机会互相交流的员工、中层管理人员都能出席决策讨论会。

自实行"全员决策制"后，公司的工作在经济不景气的情况下仍取得了较大进展。

（1）参与决策的员工会感觉到自己在集体中是受到重视的。他们一旦参与决策，感觉领导把自己看做集体获取成功的重要角色，当然就会投入更多精力，增强责任心，为部门或公司创造业绩。

（2）参与决策的员工之所以能做好日常决策，能从公司或部门那儿直接获取准确信息也是重要因素。不愿意与他人分享信息或不赞同员工参与决策的管理者，通常要么是抱怨员工，要么就是自身难以做出好的决策。员工要做出有创造力的、好的决策，必须能得到准确的、及时的信息。

如果管理者能够及时提供信息，并且对员工表示出相信他们有能力做得很好，他们往往会做出有效决策。

（3）参与决策的员工会把做出决策当做自己的切身责任。有了这种责任，即便决策实施在后期变得很糟，他们也会竭尽所能来改善它，使其有所转机。每个有责任心的人都会如此。

员工参与决策，会使企业成功的机会大为增加，即使决策中的某一部分对部门或公司有失远见或没有价值，小组的所有成员也会尽心尽力，不让结果与期望有所偏离。

（4）参与决策的员工将更注意培养自己解决远景发展方向的能力，而不是谴责当前本企业管理上的某些不合理。以往，员工没有参与企业决策，经常有这样的评论："这又不是我的决定。""这是谁的聪明主意？""一百年也无法实现。"这些言论说明了两点：第一，员工对此决策压根儿不满；第二，决策失误，决策者对它能否成功本来就没有把握，使员工有了埋怨对象。

（5）员工参与决策时的精神与动力，在组织内显得颇为重要。人们若是参与了决策，就会知道自己对公司或部门的成功起着重要作用。而一旦认识到自己的重要性，对工作就会有忘我精神、极大的热忱和不懈的动力。

（6）参与决策的员工做出的决策，若能对工作有很强的推动力，管理者就有了闲暇致力于部门的发展问题。

诸如怎样使公司或部门进一步发展壮大，取得更卓越的成绩，这类关于公司远景发展方向的问题，管理者也可放心让员工处理。这样，管理者将会有时间去研究顾客的需求与不满正发生什么样的变化。有了这些新信息，企业管理者也可组织一下讨论：随着顾客需求的变换，市场将会出现什么转变？另外，管理者也将有充裕的时间考虑有关改善工作程序和工作方法等方面的问题。

让员工有当家做主的资格

主人翁精神对于一个企业的竞争力来讲是非常重要的。如果每一个人都有主人翁精神，都把公司内部的事当做自己的事来做，公司无形当中会形成很大的竞争力。因为大家会把所有可能的成本降低，还可以把一个人的潜能大幅度地提高。主人翁精神不仅仅是个人"素养"的问题，还是一切企业组织持续发展的动力。所以，管理者应该激发员工的主人翁精神，使他们敢于当家做主。

主人翁精神是员工在工作中一种切实的体会，这种切实的体会使他们迸发出巨大的工作干劲和奉献热情。

作为企业的管理者应该明白，企业不只是属于某个人，它是由企业的所有成员共同组成的。既然我们每个人，从管理者到最底层的员工在组织中所充当的角色都是为社会提供产品或服务，并从中获取收益，那么企业中的每个人都是运用生产资料创造物质财富的主人。

此时的头衔就不是人们理解的权力的界定，而是职业与职责的描述及员工自尊心体现的地方。

现在，在许多日本的企业内，已经废除了许多管理者的头衔。例如，IBM

同ABC软件企业合办的一家公司，从1992年6月起废除了营业系统、管理各部门的部长、副部长、管理者这些管理职务头衔，形成了全企业约250人的对等组织。其目的是废除金字塔形组织的上下序列，培养职工以自己的责任为中心来完成工作的"职业"意识。

在现代社会里，精明的管理者会主动用愿景和事业培养手下那些员工和广大员工的主人翁精神。他们知道，主人翁精神并不是只说把自己当成企业的主人这么简单，而是要以一种与企业血肉相连、心灵相通、命运相系的感觉做好每一件事情、面对每一个客户，在每一个成功或者失败的经验里面渗透出企业以及个人共同的精神气质。

如何在企业内部培育这种精神呢？

这就需要管理者从下面四点入手来采取行动。

（1）总的政策由管理者来制定，详细的程序由员工来决定，给能人一定的权限和自由，特别是在目标的制定阶段；

（2）鼓励员工换位思考，培养一种人人都是"管理者"的感觉，鼓励大家发表意见；

（3）通过各种看似琐碎的小事让员工切实感觉到自己是"自豪的主人"；

（4）培养企业的"家庭观念"，把企业变成"温暖的大家庭"，员工则自然而然地成为家庭的成员、企业的主人翁。

企业员工的主人翁精神是企业长远发展的动力。当管理者通过愿景和事业激发起手下那些员工的主人翁精神时，他们才会以身作则（在处理日常工作的事务中才敢于当家做主），进而激发广大员工的主人翁精神，大家众志成城，共同推动企业的长远发展。

让"棋子"自己走

现代管理提倡"以人为本"的管理思想，但"以人为本"看重的是企业里每个员工的创造性，强调企业和员工之间的互动性。在"以人为本"的管理文化中，管理者和执行者之间是互为彼此的"交互式"管理关系，而不是一种对立的关系。管理者不会把员工当做没有思想的执行武器，不会只赋予他们被动地执行指令的角色，而会给员工更多的参与机会，让其主动去判断、思考、策划，并尊重每个人和承认他们每个人的成就，以此来最大限度地调动员工的积极性。

让员工参与企业管理，首选就是让员工参与企业决策。一旦员工参与决策，参与企业规则的制定，员工就会感受到自己是一个重要的人，所要遵守的是自己参与制定的规则，这样员工在工作中就会自动维护企业的规则，肯定不会去破坏自己制定的规则。

而且，在执行决策过程中，因为已经对决策有了深刻的了解，就能够最大限度地节省资源，避免浪费，高效地执行。

对于管理者来说，不但得到了最具实用性的信息，而且不必花费什么精力就能够和员工之间建立起更融洽的关系。所以，让员工参与到企业管理中去，是达成企业和谐的根本所在。

通常，我们把员工参与的管理方式形象地称之为"让棋子自己走"，认为这种方式比传统的管理方式更能收集员工的意见和建议，更能发掘人才，也更能得到对企业决策有价值的信息。因为员工是管理者决策的最终执行者，对于管理者决策方案的制订也最有发言权。

让员工在制定一项新的决策时参与讨论，表达自己的想法，并不会使管理者丧失掉权威，反而会使他们得到更多的尊敬和爱戴。因为当管理者把员工当做是一个有头脑的、重要的合作伙伴来对待时，员工们就会感受到被尊重，也就会在心底深处将管理者看做是能够了解他们心声的人。管理者在认真听取员工意见的过程中，还能够得到一些更具实用性的、由员工在实际工作中总结出来的经验，这样做出的决策会更科学。

员工参与了决策的制定，就会对决策有深入的了解，不会产生理解错误。在执行决策方案时也会表现出更大的热情和信心，使方案执行得更彻底、更顺利。

让员工参与管理与决策，可以使员工有更多的机会关心和参与企业的管理及决策，使员工个人目标同企业目标相联系，增强员工的责任感和工作积极性，加强员工之间的团结，增强整个企业的凝聚力。

员工参与管理四方案

让员工参与管理，最主要的几种形式有分享决策权、代表参与、质量圈和员工股份所有制方案。

1. 分享决策权

是指下级在很大程度上分享其直接监管者的决策权。管理者与下级分享决策权的原因是，当工作变得越来越复杂时他们常常无法了解员工所做的一切，所以选择了最了解的人来参与决策，其结果可能是更完善的决策。各个部门的员工在工作过程中的相互依赖的增强，也促进员工需要与其他部门的人共同商议。这就需要通过团队、委员会和集体会议来解决共同影响他们的问题。共同参与决策还可以增加对决策的承诺，如果员工参与了决策的过程，那么在决策的实施过程中他们就更不容易反对这项决策。

2. 代表参与

是指工人不是直接参与决策，而是一部分工人的代表进行参与，西方大多数国家都通过立法的形式要求公司实行代表参与。代表参与的目的是在组织内重新分配权力，把劳工放在同资方、股东的利益更为平等的地位上。代表参与常用的两种形式是工作委员会和董事会代表工作委员把员工和管理层联系起来，任命或选举出一些员工，当管理部门作出重大决策时必须与之商讨。董事会代表是指进入董事会并代表员工利益的员工代表。

3. 质量圈

是指一线员工和监督者组成的共同承担责任的一个工作群体。他们定期会面，通常一周一次，讨论技术问题，探讨问题的原因，提出解决问题的建议以及实施解决措施。他们承担着解决质量问题的责任，对工作进行反馈并对反馈作出评价，但管理层一般保留建议方案实施与否的最终决定权。员工并不一定具有分析和解决质量问题的能力，因此，质量圈还包含了为参与的员工进行质量测定与分析的策略和技巧、群体沟通的技巧等方面的培训。

4. 员工股份所有制

方案是指员工拥有所在公司的一定数额的股份，使员工一方面将自己的利益与公司的利益联系在一起，一方面员工在心理上体验做主人翁的感受。员工股份所有制方案能够提高员工工作的满意度，提高工作激励水平。员工除了具有公司的股份，还需要定期告知公司的经营状况并拥有对公司的经营施加影响的机会。当具备了这些条件后，员工会对工作更加满意。

员工参与管理的方式，在一定程度上提高了员工的工作满意度，提高了生产力。因此，参与管理在西方国家得到了广泛的应用，并且其具体形式也不断推陈出新。

近年来，我国的企业也注重使用参与管理的方式，如许多企业开始采用员工持股的形式。但是，参与管理并非适用任何一种情况。在要求迅速作出决策的情况下，管理者还是应该有适当的权力集中，而且，参与管理要求员工具有实际的解决管理问题的技能，这对于员工来说并不是都能做到的。

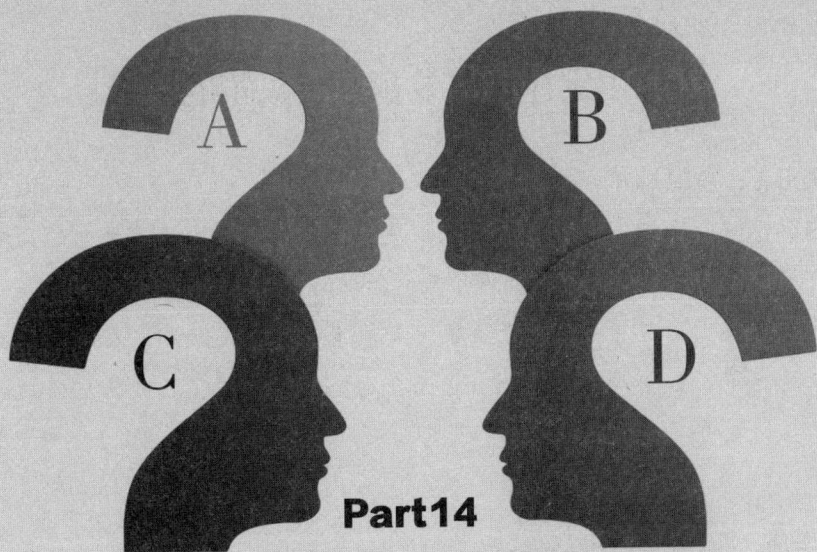

Part14
决策：运筹帷幄的远见卓识

迅速做出一个正确决定往往关乎企业生死。

——杰克·韦尔奇（美国）

决策是管理的心脏，管理是由一系列决策组成的，管理就是决策。

——赫伯特·西蒙（美国）

正确的决策来自众人的智慧。

——戴伊（美国）

儒佛尔定律：有效预测是决策的前提

提出者：法国未来学家儒佛尔。

内容精解：进行有效的预测是做出英明决策的前提。没有之前的预测，就不会有决策时的轻松和自由。强调了预测活动的重要性。

应用要诀：管理的关键在于决策，而决策的前提是预测。在环境日益复杂多变的情况下，如何科学地预测，进而合理地做出决策，已成为当今管理人员必须具备的能力。只有综观全局、预见未来，才能运筹帷幄，立于不败之地。

胸怀全局，远见出卓识

古往今来，善战者、善治国者莫不以大局为重、为要、为上、为本。为兵者，集中优势兵力进行对全局有决定性意义的战役，从而赢得战略上的主动；为政者，善于从整体出发，从长远计量，抓住具有决定性意义的一着，全力以图之，遂使整个局面大为改观。

管子说："一曰长目，二曰飞耳，三曰树明。明知千里之外，隐微之中。"意思是第一要看得远，第二要听得远，第三是做到明察千里之外的情况和隐微之中的深情。这就是说，成功的决策者既要高瞻远瞩又要明察秋毫，也就是胸怀全局。三国时期的诸葛亮就是这样一个人。

诸葛亮是汉司隶校尉诸葛丰后裔。父亲诸葛珪早亡，诸葛亮与其弟诸葛均跟随叔父诸葛玄迁居南阳。诸葛玄去世后，诸葛亮便在南阳隆中建一草庐，躬耕田亩。当时刘备求贤若渴，带着关羽、张飞两人三顾茅庐，才得与诸葛亮相见。刘备对诸葛亮说："今汉室倾危，奸臣当道，皇上蒙尘，备自不量力，欲复兴汉室。只为自己智术短浅，迄无所成。然我志犹未已，今得遇先生，望乞赐教。"诸葛亮答道："自董卓专权以来，群雄并起，四方扰攘。曹操与袁绍相比，虽名微力寡，可曹操终究会将袁绍打败，转弱为强，这虽说依赖于天时，也取决于人谋。今曹操已拥兵百万之众，且挟天子以令诸侯，此人不可与其争锋。孙权据有江东，已历三世，国险民附，贤能之士乐于为其效命，国力稳固，不可轻图，只可与其结盟，以作外援。荆州北据汉沔，东连吴会，西通巴蜀，自古以来即是用武之地，而其地未有得主，此乃天赐将军之良机，未知将军可有意否？再则益州乃是险塞之地，沃野千里，向来称为天府之国，高祖得此地而成帝王之业。今刘璋暗弱，张鲁在北，虽民殷国富，却不知存恤，草野智士，渴得明君。将军是帝室之胄，思贤之心若渴，广招天下英雄，信义四海皆闻。若得荆益两地，据险自守，西和诸戎，南抚夷越，外结孙权，内修政理，静观天下之变，即可命一上将，率荆州之军向宛洛进发，将军自领益州兵马去向秦川，天下百姓都会箪食壶浆，欢迎将军。若这样做，霸业必成，汉室将兴也。"

诸葛亮身处茅庐，却胸怀天下，将当时的形势分析得清清楚楚。这一番宏论，令刘备茅塞顿开，连连称善。

远见出卓识，但是远见来之不易。笼统地说，远见是一切领导者的必备素质，也是保证用权的持续与延伸的一种先决条件，它要求领导者必须将个体与群体、情感与理智、经验与理论、形象与抽象、常规与非常规、科学与常识、静态与动态、横向与纵向、定性与定量、反馈与超前、单向与全方面、系统与辩证等许多个方面结合起来进行综合性思考。简单地说，远见和卓识来自于领导者所具备的较高思想意识水平，善于分析和综合来自各个方面的信息，能够周全而准确地做出判断和决定，能够制定出克敌制胜的计划和战略。

远见卓识要求领导者在用权的过程中要从大局出发，既要突出重点，又要兼顾其他各个方面的考虑；不仅要看到眼前的实际情况，而且还要以一种变化的观点去思考和探讨情势的变化，具有辩证的眼光，然后对自己所要从事的工作做出一个周密而详细的计划，再付诸于实践。这样，领导者才能从根本上把握住用权的关键，克敌制胜，使己方立于不败之地。

深谋远虑，站得高望得远

领导人必须有远见，必须向前看。领导关于未来方向的看法，建立在控制着人们的个人价值观和思想的基础之上。一种远见并不是一系列的目标，而是一系列的雄心壮志，它们一度被藏在心底，现在要使它们发挥出来，创造一种巨大的内在的推动力，使人们朝着某个方面去工作。

随着时代的进步、科技的发展，人与人之间的关系、事与事之间的关系，彼此越来越复杂。怎样将各种关系调理得清清楚楚并适当地驾驭它，这就离不开谋略。科学越发达，谋略的法门越神奇玄妙。能够就事论事，就理论理，就事办事，就理从理；能够正确计划，妥当处置，这也不失为有见识、有作为的人。

深事深谋、浅事浅谋，大事大谋、小事小谋，远事远谋、近事近谋，都要具备深远的策略和高明的见识。计谋贵在高人一筹，策略贵在高人一招。能看到别人不能看到的，能谋划别人不能谋划的，能思虑别人不能思虑的，能推测别人不能推测的，这才称得上远谋大略。

优秀的领导具有战略思维。战略思维又称全局性思维，它是洞察全局、思考全局、谋划全局、指导全局、配合全局的思考能力和工作能力。

领导者不仅要像一个高明的战术家一样去完成每一件事情，更应该以一个战略家的姿态未卜先知，抢占制高点，从而在新的变化面前从容不迫。领导者的战略观，是指领导者对管理活动进行全局的分析判断后而做出的筹划和指导。它要求领导者从整体、长远和根本上去观察问题。对于领导来说，战略观是建立在以下三个层面上的：

一是具有全局性。全局是由各个局部有机结合而成的，这种有机的结合就产生了整体大于部分之和。领导者重视全局，从全局出发来思考问题和做出决策是很有必要的。

二是具有长期性。战略是一个在较长时间内起作用的谋划和对策。正确的战略是根据管理活动发展变化的趋势而制订的，在趋势发生根本逆转之前，不应该随意更改。领导的战略立足点是现在，而着眼点是未来。

三是具有相对性和层次性。由于全面和局部的划分是相对的，因此局部应该服从全局，低层次的战略应该不违背高层次的战略要求。

重视战略问题，树立战略观念，不能只靠领导的直觉来做出管理的决策，因为这样做带有很大的盲目性。对于领导来说，决策失误会造成无法弥补的巨大损失。只有通观全局，长远考虑，研究规律，才称得上是成功的领导。

"不畏浮云遮望眼，只缘身在最高层。"领导者需要站得高、望得远，要善于掌握事物的发展规律，按照事物的连续性和因果性的联系预见它的发展趋势。而且事物是多变的，要根据其时间、地点不同以及整体利益与局部各利益的差异来做出战略决策。

运筹帷幄才能旗开得胜

在做任何事之前，你都要面对选择和判断。人生就是在不断的选择和判断中度过的，如果你选择对了道路，那么你的人生可能会一帆风顺、飞黄腾达；如果你判断失误而入了歧途，那么你这一生可能就只能与噩梦相伴。选择和判断，对于你的人生就是这么重要。

如何才能做好选择和判断呢？特别是在这个"信息爆炸"的时代，各种各样的道路、方向、方式、经历、指导放在你的面前，经常让人不知所措。只有选择好了，判断好了，才会好的结果。所以，在众多信息中抽出适合自己的信息，这个环节就显得非常重要。如何才能众里寻他一下命中呢？这就需要极强的预测能力。在商业这个极具机遇性的行业里，预测能力尤为重要。往往一个不起眼的信息，就能给你极大的灵感，抓住了这个商机你就可能一夜暴富。所以，有效的预测对于一个竞争者来说，是最重要的能力。

市场变化多端，信息浩渺如洋，如何从这信息的汪洋大海中捞出属于自己的商机？只有靠预测！一个成功的企业家能从繁复的信息中预测出未来市场的走向，并马上将其转化为决策的行动。信息有价值，只要你利用得好，转眼间就能变成大把的钞票。竞争者在做决策前，都要对市场的形势做一下评估和预测，运筹帷幄才能旗开得胜。如果对市场的一切都不熟悉，不提前做出一个精确的预测就妄下决定，那么你肯定会在商战中死得很惨。商场如战场，竞争的残酷性让决策者在关键时刻一步也不能走错。

精明的预测是成功决策的前提。一个企业要发展，要提高经济效益，决策者就必须对国内外经济态势和市场要求有所了解，对生产流通有关的各个环节非常熟悉，掌握各方面的最新最可靠的信息，找出有利于企业发展的信息加以利用，这样才能使企业时刻走在时代的前沿，跟得上时代的发展。

1973年，爆发了全球性石油危机。美国通用、福特和日本丰田等汽车公司的决策者提前预测到汽车市场的变化趋势，就见机设计生产了大批油耗量低的小型汽车，以备市场骤变之需。果然，1978年全球性石油危机再次爆发时，这几家汽车公司的营业额都未受影响甚至还有增加。美国的K公司，却因为没有预测到市场的变化，在第一次全球性石油危机时没有做出任何反应和举措，继续生产耗油量高的大型车。结果石油危机再次爆发时，无以应对，公司销量锐减，积货如山，每日损失高达200万美元，最后直至濒临破产。

这就是有预测能力和无预测能力的差别。

在这个竞争如此激烈瞬息万变的市场中，决策者必须要有敏锐的眼光，做到审时度势，这样才能在企业之林中立于不败之地。

与之类似，诸葛亮火烧赤壁靠的是什么？靠的就是预测。一个智囊、军师、元帅靠的不是勇是智，这智就是预测，就是判断。

当然，预测也离不开知识和经验，预测是在知识、经验的基础上做出来的。决策又是在预测的基础上做出来的。所以，竞争者不能没有知识、没有经验，更不能没有预测能力。

对自己的未来、对形势的发展、对市场的变化，都要有先见之明，这才能成为一个容易胜算的竞争者。没有有效的预测就不会有英明的决策，这个道理放在哪里都受用。

练就一双穿越时空的慧眼

明天是未知的深渊，但对于明天我们不是手足无措，我们可以预知未来。

因为这世界存在着规律和趋势，未来是在现在基础上的发展，所以它不可能是脱离现在而存在，在今天的身上能看到明天的影子。对于未来我们不是一无所知，我们可以通过预测略知一二，但这种预测能力不是每个人都有的。只有通过不断的学习、总结、观察、实践，才能练就一双穿越时空的慧眼。

知识是一切行动的基石，你有了知识才能真正地了解和参与这个世界。没有知识，就谈不上审时度势、预测未来。

如果你想提高自己的预测能力，首先必须要具备那个行业所要求的基础知识。有了专业的知识，你才能真正了解这个行业的内情，才能知道行业大体的走势。当然，光有基础知识是不行的，你还得时常地关注各种信息，比如时政、金融、科技、民生、娱乐等各方面相关的信息你都要知道一些，不然你就会跟不上时代的发展，错过一些好的商机。

其次，你要时刻关注各方面与行业相关的信息。有了知识和信息还不够，你还得知道怎么利用这些。这就需要你多看一些行业成功人士的传记、语录和历史人物的传记等，从他们的人生中总结经验教训，择其优而学，并不在同一个错误上跌倒。被证明是错误的事情，就没必要再去经历一次，只做对的就好。

再次，就是要学会如何总结经验教训，学习他人的优点，避免以前发生的错误。平时还要多观察行业市场的动态，政策的变动，经济发展的趋势，总之要多看多听多想。

最后，还有一个非常重要的方面就是要具备长远的思想，从一件事情看到它背后可能发生的二三四件事情。只顾眼前是没有出路的，要想在商业丛林中站稳脚跟，必须具备走一步看五步、看十步的能力。所以，如果你现在还只是个做一天和尚撞一天钟的工作态度，那么要想提高预测能力就必须先得把这态度改了，做每一件事情都要想到这之后的一系列结果，这样久了你就会拥有不错的预测力了。

总之，想要提高自己的预测力，平时做事的时候就要多想、多思考。商界成功人士大多有这样的共识：一个成功的企业家、一个成功的领导者，每天至多只用20％的时间处理日常事物，而另外80％的时间则用来思考企业的未来。

竞争者要生存，要具有市场竞争力，应付瞬息万变的市场竞争，就必须能够进行科学的预测，并在此基础上做出正确的判断和假设，采取有利的战略行动计划，否则企业就会在竞争中贻误商机，难逃失败的命运。

科学的预测可以带来巨大的财富，也可以带来顺利的人生，所以提高自己的预测能力是非常有必要的。从今天起，补充知识、关注信息、总结经验、思考未来吧！

布利丹效应：果断是决策的心脏

来源： 西方一个成语。

内容精解： 14世纪，法国经院哲学家布利丹在一次议论自由问题时讲了这样一个寓言故事："一头饥饿至极的毛驴站在两捆完全相同的草料中间，可是它始终犹豫不决，不知道应该先吃哪一捆才好，结果活活被饿死了。"由这个寓言故事形成的成语"布利丹驴"，被人们用来喻指那些优柔寡断的人。后来，人们常把决策中犹豫不决、难做决定的现象称为"布利丹效应"。

应用要诀： 决策者要避免布利丹效应的对策，果断选择后全力大干。果断地抓住时机，确定新的行进方向，集中所有资源不遗余力地向新方向进发，这是一位优秀决策者应有的前瞻性能力。

优柔寡断会功败垂成

那些成功人士，他们的成功得益于在机遇面前有果敢决断和雷厉风行的魄力。他们有时难免犯错误，但是，比那些在机遇面前犹豫不决的人能力强得多，因而他们成功的机会也大得多。因为不敢决断而失去成功机遇的事例在我国古代历史上层出不穷，比如韩信就是一例。

楚汉相争的时候，作为第三者的韩信实力最大，他完全能左右楚汉的胜败之局。辩士蒯通便对韩信说："当今楚汉二王的命运在你的手中，你投靠汉，汉就会胜利；投靠楚，楚就会胜利。我愿对你推心置腹，贡献计谋，对你有极大的好处。眼下，你占据齐国的地盘，如果你从燕赵两地空虚的地方出击，就可以控制楚汉的后方。此时，你满足人民的希望、人民的要求，天下自能闻风而起，都来响应你。顺者则昌，逆者则亡，机遇来了不去把握，自己反而会遭祸殃。希望你慎重考虑!"

依时局，韩信的势力足以有称霸的资本，但他对此犹豫不决。几天后蒯通又劝谏说："计谋大事在于时机，错过了时机而能永久处于安稳的地位，少见。在机遇面前要迅速做出决断。犹豫不决，是事业的大害。只看到小小的计谋，却失去了天下的大局面，已看清楚了却不敢去做，是百事的祸害。猛虎的犹豫，还不如蜂虿的致螫；骏马局促不前，还不如驽马的安步。虽然有舜禹的智慧，默默不言，还不如聋哑人的手势指点。

"唉! 功劳难成，却容易毁败；时机难得，却容易失去。时机呀，时机!不会再来了，但愿你细致考虑吧! "

然而韩信仍然在犹豫，他不能下决心背叛刘邦，最后终被刘邦杀害。

如果韩信当时听从了蒯通的劝告，鼎足而立，再招揽天下的贤人哲士，收服天下民心，汉室江山就会易主了。韩信的悲剧在于他对机遇没有充分的认识能力，更没有决断和驾驭机遇的能力。兵家常说："用兵之害，犹豫最大也。"犹豫不决、当断不断的祸害，不仅仅表现于打仗方面，在现代的商业战略上又何尝不是如此呢? 商战之中，机不可失，时不再来，如果犹豫不决、当断不断，那你在商场上只会一败涂地，无立身之处。因此，斩钉截铁，坚决果断，已成当代企业家的成功秘诀之一。

当机立断，果断拍板

一个企业面临无数次的危机和转折，随之有无数的决策出台。无论决策如何，在这样一个瞬息万变的时代里找寻一个恰当的突破口至关重要，而寻找突破口最重要的就是选择恰当的时机和对象。

经营有一个机遇问题，在这个问题上强调一点勇敢是必要的，凡是看中了的就要果断行动。

拿破仑也有类似的说法："无论从事何事，2 / 3应预先计划，1 / 3由机会决定。加重前者是懦怯，过于依靠后者属鲁莽。"以上是军事上的说法，我们讨论经营，举一个经营者的话作说明。土光敏夫是日本经营大师，他也讲了与上述的同样意思的话："一味追求完善，那就会坐失良机。""即使只能得60分，也要速办速决，决断就是要不失时机。该决定时不决定，是最大失策"。

企业的管理者在工作中要担起重要决策的职能，而成功的决策往往与时机紧密联系在一起。管理者要善于在实践中发现机遇、寻找机遇、把握机遇，同时，也要善于发挥聪明才智当机立断，果断拍板，确保决策的及时、有效和准确。只有大胆抓住时机，及时予以决断，才能使决策赢得优势，取得成功。掌握不好时机，当断不断，徘徊观望，犹豫不决，或不当断时匆忙去断，都会造成决策失误。可以说，掌握良好时机，有助于管理者运筹帷幄、决胜千里。

提高领导决断能力，要运用把握决策时机的领导艺术。时机是在领导活动中随时间而变化的机遇、机会、契机、转机等。时机的特点在于变，但这种变是有规律可循的。高明的管理者把握时机的艺术是能审时度势，发现时机，分析时机，寻找可乘之机，敏捷地抓住时机，快人半拍地把事情干成，形成先发优势，占得发展的先机。高明的管理者的时机艺术还表现为善于抓住时机的变化，以变制变。能够观察到竞争对手错失的机会，乘虚而入，使形势朝着有利于自己的方向转化，虽不是先发优势，但由于能够寻找出超越的时机，往往能够形成后发优势。决策的时机不可失，紧紧抓住决策时机当断则断，是管理者的职务责任。

能够多谋善断就是管理者必须善于和勇于不失时机地选定决策方案，迅速实施。谋而不断是决策之大忌。即使是最好的方案，如果久拖不决、时过境迁就会失去可行性和可靠性。因此，管理者必须具备当机立断的魄力。一个管理者如果具有干脆利落的作风，还可以激励下属充满信心和热情去实施决策。

快刀斩乱麻，该出手时就出手

现代企业要求决策具有一定的效率，因为只有这样才能适应瞬息万变的市场竞争。决策时的犹豫不决，有意或无意的拖延常会降低决策的效率。在犹豫不决时，领导人首先要找出拖延的主要原因，才能对症下药，着手改进。

《金刚经》里有这样一句话，在这个世界上，为什么那么多人没有获得成功，就是因为他们有犹豫不决的个性，遇到什么事都畏首畏尾，踟蹰而不敢前，以至于错过了很多机会。

一个想做大事的人，必须要具有果断的勇气。领导者带领团队如同将军带兵打仗，在一场你死我活的两军对阵战争中，主将只有精通战术、果断坚毅，才能沉着应战，凯旋而归。

在一个懦夫和犹豫不决者的眼里，任何事情看上去都是不可能会成功的。决策方式对一个领导者成败影响也是非常大的，一个人不管做什么事都应该当机立断。

曾有这样一个故事：古希腊的佛里几亚国王葛第士以非常奇妙的方法在战车的轭上打了一串结。他预言：谁能打开这个结，就可以征服亚洲。一直到公元前334年，还没有一个人能够成功地将麻绳打开。

这时，亚历山大率军侵入小亚细亚，他来到葛第士绳结跟前，不加考虑便拔剑砍断了绳结。后来，他果然一举占领了比希腊大50倍的波斯帝国。

亚历山大果断的剑砍绳结，说明他舍取了传统的思维方式，正是因为他果断的行动打破了传统，所以才能成为一个成功者。果断处理事情，是一个人成功的基础。

自古鱼与熊掌不可兼得，领导者做事要当机立断，不可太过于贪图眼前的一时的得失，世间的机会往往都是稍纵即逝。在生活中我们会遇到很多机会。该出手时就出手！如果看准了方向就要当机立断，不可太贪图眼前。

作为一名领导者，面对各种各样的选择是不可避免的，特别是在变化和节奏都相对要快得多的IT行业，更是如此。当我们面对一些难以取舍的问题时，慎重考虑当然是必要的，但是不能因此而犹豫不决。因为一个人的精力和才智是有限的，犹豫徘徊、患得患失，那么最后的结果将是浪费掉那应该属于自己的机遇与成功。

当然，凡一切事情谋而后定，应该多做思考，思前顾后，所谓"谋定而后动"。但是，过多的犹豫往往坐失良机，亦是败事之有余也，实在应该引以为鉴。我们要果断地做出决定，就应该把果断与机智相应的结合起来，这样才能成就一番事业。

智者千虑，两利相权从其重

美国著名管理学家西蒙说："管理就是决策。"领导管理工作离不开决策，决策的好坏直接影响着企业的成败。决策是企业经营管理成功的关键要素之一。

当前，有不少管理者在选择经营项目时，与小驴的心理有着惊人地相似。他们为寻找项目整天忙忙碌碌，四处奔波，终于找到了一个项目，然而在论证是否采纳其项目时，因追求"万全之策"、追求"最优方案"，最后不得不将到手的项目放弃，坐失良机。创业时选择项目固然重要，但不能因其重要而过分谨慎。市场经济充满了风险性、偶然性与不确定性，任何项目都有利弊，且前途未卜，智者千虑也有一失，一个决策的高手只能"两利相衡从其重，两害相权从其轻"。

西点军校认为，军事决策的基本原则是权衡利弊，趋利避害。指出军事领导者只有在尊重客观事实的基础上，充分地发挥人的能动作用，准确把握对敌斗争利与害两个方面，趋利避害，抓住时机，扬长制胜，才能做出科学、正确的军事决策。强调正确的军事决策正是在认清利害、权衡利弊的基础上做出的，企业经营决策要做到科学、正确，也必须把握权衡利弊、趋利避害这一基本原则。这是企业经营立于不败之地的关键。

企业经营决策中对利害的把握和军事决策一样，也要求决策者在全面认识利害之后，要善于"两利相权从其重，两害相衡趋其轻"。这是决策者权衡利弊的一个准则。据日本的有关统计，在想从事发明的人们中，每1万人中只有1人有发明的具体成品，而1000个有发明成品的只有不到100人能申请专利，这100件专利被用于事业的还不到10件。据此，日本松下公司制订了不发明只改进的经营策略，实践证明他们是成功的。放弃自我发明新产品而直接向国外购买实用的专利权，加以外型的重新设计、质量改良和成本的降低，使产品价廉物美更具竞争力。不发明只改进的策略，有效地克服了开发新产品耗费庞大、不易成功且成功产品寿命短的困难。

　　由此可以看出，领导者切不可利无轻重、害无大小，凡利皆趋、凡害皆避，这样有时会因小失大，得不偿失。美国派克公司开发、争夺低档笔的失误，就很好的说明了这一点。

　　本来，派克笔属高档产品，人们购买派克笔不仅是为了买一种书写工具，更主要的是买一种形象，以此表明自己的身份。

　　1982年，派克公司新任总经理彼得森上任后，不是把主要精力放在改进派克笔的款式和质量、巩固发展已有的高档产品市场上，而是盲目热衷于转轨和经营每支售价在3美元以下的钢笔，以争夺低档笔这一大市场。这样，派克笔作为"钢笔之王"的形象和声誉受到了损害，而克罗斯公司趁机大举进军高档笔市场。结果没过多久，派克公司不仅没有顺利地打入低档钢笔市场，反而使高档笔市场的占有率下降到17%，销量只及克罗斯公司的50%。派克公司的决策失误，正在于以开发低档笔的"小利"而损害了经营高档笔的"大利"，教训是深刻的。

　　企业领导者必须认清，在决策过程中选择固然重要，但不能因其重要而过分谨慎。在充满风险性与不确定性的社会中，做出两全其美决策的可能性几乎为零。一个决策高手只能在险中求稳，劣中求优，或"两利相衡从其重、两害相权从其轻"。不能优柔寡断，举棋不定。

福克兰定律：有效的决策才算是决策

提出者： 法国管理学家福克兰。

内容精解： 当不知如何行动时，最好的行动就是不采取任何行动。没有必要做出决定时，就有必要不做决定。

应用要诀： 对于决策者来说，正确的决策非常重要。如果没有准确的预见，遇事又手忙脚乱，就很可能做出错误的决定。决策时要广开言路，围绕决策内容寻找各种可能的解决方案，选择最优方案实施并随时完善，才能提高决策的精确度。

决策要善于听取各方声音

在企业管理过程中，很多决策是通过上司向下属发布的，但决策的过程必须号召下属参与进来，提供更多解决方案。所谓"智者千虑，必有一失"，即便决策者经验再丰富、头脑再灵活、考虑再周到，都难免有"马失前蹄"的时候。这时候，号召下属站在各自立场提出不同的意见，然后融会贯通、横向比较，进行决策，不仅可以提高决策的科学性和决策效率，而且可以促使下属更加拥护和执行决策。

某店的张店长为树立自己的权威推行了多种制度革新，修正了门店的各种规章制度，但并未向员工征求意见。员工曾向他提出了多种合理化建议，但他全未采纳。

结果，新的管理制度出台后大多店员都无所适从。而且张店长太独断专行，平时的各种决策基本上都是他"一锤定音"，不考虑其他人的意见，虽然他很有魄力，但是失误率也很高。

这个案例中的张店长独断专行，不听取店员的各种建议，完全凭借个人情绪和意志进行决策，结果造成了店员对决策结果的无所适从。其实个人的认识总是有局限的，博采众人之长方可成事。

因此，企业的管理者在进行决策时，尤其是制定公司规章制度时，一定要多听取员工的意见。同时要广开言路，围绕决策内容寻找各种可能的解决方案，然后在可供选择的方案中进行利弊比较，选择最优方案实施。这样做出来的决策，才能"得民心，顺民意"，才能得到员工的拥护，企业才能更好地发展。

只有掌声的决策不是好决策

一个管理者，如果不考虑可供选择的各种方案，他的思想就是闭塞的。卓有成效的决策者往往不求意见的一致，而是十分喜欢听取不同的意见。因为有效的决策绝非是一片欢呼声中做出来的，只有通过对立观点的交锋、不同看法的对话，以及从各种不同的判断标准中做出一种选择以后，管理者才能做出有效的决策。

前哈佛商学院教授、目前担任决策顾问的约翰·汉蒙建议，在寻求别人的意见或是参考资料之前自己先想清楚问题，以免受影响。同样的，如果你是主管，在属下提出意见之前尽量少开口，以免影响他们的判断。

每个人看待事情都有特定的角度或是思考模式，这就是认知架构。每一个人都是依据不同的特定观点看待这世界，因此，每一个人看到的都是部分的事实，不是全部。但是，遗憾的是我们很少意识到这点，我们常常忘记自己其实也是限制在某个框架里，误以为自己掌握所有的事实。

要知道，做决策时对于问题所采取的不同认知架构会产生不同的结果。决策的有效性并不取决于"意见一致"，而是建立在不同观点的冲突、协商上，和对不同判断的选择基础上的。

作为企业的管理者，要时刻铭记这样的道理，拥有了独断权的同时就拥有了最大的决策错误的机会。当大家意见取得一致时，得出的结论却往往适合最差的人。"一致同意""一致支持"是对领导决策虚幻的认同，是决策的最大陷阱。有效的争论对于组织本身来说具有许多积极意义。当人们敢于提出不同意见并为之争论时，组织本身就变得更加健康。意见分歧会让人们对不同的选择进行更加深入的研究，并得出更好地决定和方向。彼得·布劳克在《授权经理人：工作中的建设性政治技巧》一书中指出：如果你不愿参与机构中的政治与争论，你永远也无法在工作中实现对你来说重要的事情。

如何做出最佳决策

既然成功决策的时机选择如此重要，那么，作为管理者该如何捕捉决策时机呢？以下几点是需要注意的：

首先，要看大气候环境

这里指的是国际、国内、本地的政治、经济、科技、文化等形势动态。重大事件影响、新的政策出台、法规制度公布，是这种气候的具体表现，这个大气候是我们决策的客观依据。充分利用大气候这个良好的环境条件，积极发展自己就能获得成功。

其次，要看自身条件优势

大气候有利，还要从自身的实际出发抓住本地的优势。这个优势主要是指地理环境、物质特产、土地资源，以及人们的精神状态、社会秩序、人才技术、水电交通、资金等。管理者要抓住自己优势特点，果断决策。否则，会坐失良机。优势也是在不断变化的。现在的优势不抓住，将来就会变成劣势。

再次，看对方弱点

人类社会是在竞争中发展的。在战争中，避其锋芒、抓住弱点，可克敌制胜。在经济竞争中要取得胜利，不仅要充分发挥自己的优势，还要抓住对方的薄弱环节突然袭击，取得主动权，夺得胜利。美国克莱斯勒公司是美国三大汽车公司之一，在1979年世界石油危机时处于绝境，但新任董事长亚科卡抓住市场缺油弱点，大胆进行产品换型决策，生产节油的K型车大受消费者欢迎。亏损三年后便转为盈利，仅1982年就获利1.7亿美元，1983年就还清315亿美元货款。

第四，要看苗头趋势

事物发展往往由萌芽到弱小，由弱小到强大。我们应在新生事物刚刚出现苗头的时候当机立断、下力气抓。号称股票之王的沃伦·巴菲特靠证券交易而逐渐发展积累了44亿美元财产，成了美国第八大富翁。他的经验归纳为：寻求被市场低估了价值的股票，毫不犹豫地买下它，再等待股价上升。被"低估了的股票"是一种假象，势必要上升，在处于萌芽苗头，巴菲特慧眼识货抓住了它，发了大财。高明的管理者在别人狂热时却寻找冷门，当别人醒悟时，他已把事情干成了。

最后，则是看风险程度

捕捉决策时机时要充分估计到风险程度。要把效益值同损失值综合起来考虑，既不要单纯看效益值盲目蛮干，也不要单纯看损失值而畏缩不前，两者要最佳地结合在一起。在决策时要留有余地，保留一定的弹性，把风险降到最低。

随时追踪并完善决策

追踪完善决策，是企业决策者在初始决策的基础上对已从事的活动的决策方向、目标、方针及方案的重新调整。如果在原决策执行过程中已经发现了错误，管理者却拒绝进行任何修改，依旧一意孤行地执行下去，必然会直接危及到决策目标的达成，导致原决策彻底失败。因此，追踪决策对于任何决策来说都是相当重要的环节。

对决策进行完善修改，是在原有方案的执行过程中情况发生了重大变化，致使原有决策面临失败或者失效的危险的情形下展开。因此，完善决策的分析过程首先是从回溯分析开始。回溯分析是对原来决策的产生机制、内容、环境进行客观、冷静的思索，分析产生失误的原因、性质及程度，从而为制定有效的对策提供依据。回溯分析必须以充分的事实为依据，应注重原有决策事实，而不是去追究原有决策的个人责任。当然，回溯分析本身也包含寻找原有计划中的合理因素，为制定新的决策计划提供参考和依据。

一般的决策是从头开始，即以"零"为起点，因为通常决策选择的方案尚未付诸实施，客观对象与环境尚未受到决策的干扰与影响。追踪决策则不同，它并不是以原决策的起点为起点，而是以已经发生了变化的主客观条件为起点。它所面临的问题，已经不是问题的初始状态。因为原有决策已经执行了或长或短的一段时间，这种执行不仅伴随着人力、财力、物力和资源的消耗，而且这样消耗的结果已经对周围环境产生了实际影响。原决策执行的时间越久、执行的面越广，影响就越大，偏离的目标就越远。

追踪决策不是对原有决策的简单改变或重复，而是对原有决策的"扬弃"，只有比原决策更加完善和圆满，才能体现其意义所在。其次，追踪决策也意味着要在多个替代方案中比较选优，必须是新的备选方案中的优化方案。在主客观情况发生了变化的情形下，在诸多新的方案中选择出一个最优方案，从而获取最佳效益。有时候，追踪决策只能从小损或大损中选择，尽可能获得更多的收益。

对决策的完善修改要有强烈的超前意识。这就要提高管理者的洞察力，准确地预测事物发展变化的趋势，深刻地认识事物发展的未来走向，切实把握事物发展的规律性，这是做好决策和追踪决策的基本功。同时，要有多种预备方案。在拟定工作方案时要力争全面，除了必须实施的方案外，还要持有多种预备方案，不是留一手，而是力争多留几手，以应付不测情况的发生。情况一旦发生变化，可以按预定方案迅速转移目标，按照新方案重新实施。追踪决策最主要的是"两害相权取其轻"。欲思其成，必虑其败。虑败，才能在意外情况出现之时沉着冷静、遇事不慌、败而不乱，为转败为胜创造契机。

奥卡姆剃刀定律：复杂的问题可以简单化

提出者： 14世纪欧洲逻辑学家、圣方济各会修士奥卡姆的威廉。

内容精解： 如无必要，勿增实体，即"简单有效原理"。正如他在《箴言书注》2卷15题所说的，"切勿浪费较多东西去做，用较少的东西，同样可以做好的事情"。

应用要诀： 不做任何多余的事。在人们做过的事情中，可能大部分都是无意义的，而常隐藏在繁杂事物中的一小部分才是有意义的。所以，复杂的事情往往可通过最简单的途径来解决，做事要找到关键。简言之，把烦琐累赘一刀砍掉，让事情保持简单！

最好的方法最简单

根据奥卡姆剃刀定律，对任何事物准确的解释通常是那种"最简单的"，而不是那种"最复杂的"。这就像音响没有声音，人们总是会先看看是不是电源没有接好，而不会马上就将音响拆开检查是否线路坏了。

奥卡姆剃刀定律在企业管理中可进一步深化为简单与复杂定律：把事情变复杂很简单，把事情变简单很复杂。这个定律要求人们在处理事情时，要把握事情的本质，解决最根本的问题。尤其要顺应自然，不要把事情人为地复杂化，这样才能把事情处理好。

如果管理者认为只有焦头烂额、忙得要死，才能取得工作上的成功，那就大错特错。事情会朝着复杂的方向发展，而效率则来源于简单。不要被复杂的事务干扰，忽略了真正有效的东西。真正有效的方法，往往是最简单的。

杰克·韦尔奇的管理思想中有一条非常著名的论断，那就是"成功属于精简敏捷的组织"。他认为企业不必复杂化，对他来说，使事情保持简单是商业活动的要旨之一。他说，他的目标是"将我们在GE所做的一切事情、所制造的一切东西'去复杂化'"。

奥卡姆剃刀原理，向我们传递"简单与高效"的法则、理念和意识。爱因斯坦说："如果你不能改变旧有的思维方式，你也就不能改变自己当前的生活状况。"

当管理者用奥卡姆剃刀改变思维时会惊奇地发现：工作与管理不再是烦琐而杂乱，简单才是最美，也最容易获得高效。

化繁为简是一种大智慧

近几年，随着人们认识水平的不断提高，"精简机构""删繁就简"等一系列追求简单化的观念在整个社会不断深入和普及。根据奥卡姆剃刀定律，这正是一种大智慧的体现。

如今科技日新月异，社会分工越来越精细，管理组织越来越完善化、体系化和制度化，随之而来的还有不容忽视的机械化和官僚化。于是，文山会海和繁文缛节便不断滋生。可是，国内外的竞争都在日趋激烈，无论是企业还是个人，快与慢已经决定其生死。如同在竞技场上赛跑，穿着水泥做的靴子却想跑赢比赛，肯定是不可能的。因此，我们别无选择，只有脱掉水泥靴子，比别人更快、更有效率，领先一步，才能生存。换而言之，就是凡事要简单化。

很多人会问："简单能为我们带来什么呢？"看了下面的例子，我们自然就会明白。

博恩·崔西是美国著名的激励和营销大师，他曾与一家大型公司合作过。该公司设定了一个目标：在推出新产品的第一年里实现100万件的销售量。该公司最优秀的营销精英们开了8个小时的群策会后，得出了几十种实现100万件销售量的不同方案。每一种方案的复杂程度都不同。这时，博恩·崔西建议他们在这个问题上应用奥卡姆剃刀原理。

他说："为什么你们只想着通过这么多不同的渠道，向这么多不同的客户销售数目不等的新产品，却不选择通过一次交易向一家大公司或买主销售100万件新产品呢？"

当时整个房间内鸦雀无声，有些人看着博恩·崔西的表情就像在看一个疯子。然后有一名管理人员开口说话了："我知道一家公司。这种产品可以成为他们送给客户的非常好的礼物或奖励，而他们有几百万客户。"

最后，根据这一想法，他们得到了一笔100万件产品的订单。他们的目标实现了。

可见，不论你正面临什么问题或困难都应当思考这样一个问题："什么是解决这个问题或实现这个目标的最简单、最直接的方法？"你可能会发现一个简便的方法，为你实现同一目标节约大量的时间和金钱。记住苏格拉底的话："任何问题最可能的解决办法是步骤最少的办法。"正如奥卡姆剃刀定律所阐释的，我们不需要人为地把事情复杂化，要保持事情的简单性，这样我们才能更快更有效率地将事情处理好。

与此相关的，还有一个非常有趣的故事：

日本最大的化妆品公司收到客户抱怨，买来的肥皂盒里面是空的。于是他们为了预防生产线再次发生这样的事情，工程师想尽办法发明了一台X光监视器，去透视每一台出货的肥皂盒。同样的问题也发生在另一家小公司，他们的解决方法是买一台强力工业用电扇去吹每个肥皂盒，被吹走的便是没放肥皂的空盒。

面对同样的问题，两家公司采用的是两种截然不同的办法。无论从经济成本方面还是资源消耗角度，第二种方案的优势不言而喻。

所以，在现实生活中，当遇到问题时我们要勇敢地拿起"奥卡姆剃刀"，把复杂事情简单化，以选择最智慧的解决方案。

简单不是盲目地乱删一气

有人曾经请教马克·吐温："演说词是长篇大论好呢，还是短小精悍好？"他没有正面回答，只讲了一件亲身感受的事："有个礼拜天，我到教堂去，适逢一位传教士在那里用令人动容的语言讲述非洲传教士的苦难生活。当他讲了5分钟后，我马上决定对这件有意义的事捐助50元；他接着讲了10分钟，此时我就决定将捐款减到25元；最后，当他讲了一个小时后，拿起钵子向听众请求捐款时，我已经厌烦之极，一分钱也没有捐。"

在上面马克·吐温的例子中我们发现，他通过自身的实际经历向求教者说明：短小精悍的语言，其效果事半功倍，而冗长空泛的语言不仅于事无益，反而有碍。

事实上，不仅语言如此，现实生活亦同样如此。这就要求我们要学会简化，剔除不必要的生活内容。这种简化的过程如同冬天给植物剪枝，把繁盛的枝叶剪去，植物才能更好地生长。每个园丁都知道不进行这样的修剪，来年花园里的植物就不能枝繁叶茂。每个心理学家都知道，如果生活匆忙凌乱，为毫无裨益的工作所累，一个人很难充分认识自我。

为了发现你的天性，亦需要简化生活，这样才能有时间考虑什么对你才是重要的。否则，就会损害你的部分天资——而且极有可能是最重要的一部分。

那么，我们如何来实现这种简化呢？很简单，就是重新审视你所做的一切事情和所拥有的一切东西，然后运用奥卡姆剃刀，舍弃不必要的生活内容。

相传，有位科学家带着自己的一个研究成果请教爱因斯坦。爱因斯坦随意地看了一眼最后的结论方程式，就说："这个结果不对，你的计算有问题。"科学家很不高兴："你过程都不看，怎么就说结果不对？"爱因斯坦笑了："如果是对的，那一定是简单的、是美的，因为自然界的本来面目就是这样的。你这个结果太复杂了，肯定是哪里出了问题。"

这个科学家将信将疑地检查自己的推导，果然如爱因斯坦所言结果不对。

也许你认为奥卡姆剃刀只放在天才的身边，其实它无处不在，只待人们把它拿起。当我们绞尽脑汁为一些问题烦恼时，试着摒弃那些复杂的想法，也许会立刻看到简单的解决方法。人生的任何问题都可运用奥卡姆剃刀。奥卡姆剃刀是最公平的刀，无论科学家还是普通人，谁能有勇气拿起它，谁就是成功的人。

越复杂越容易拼凑，越简单就越难设计。在服装界有"简洁女王"之称的简·桑德说："加上一个扣子或设计一套粉色的裙子是简单的，因为这一目了然。但是，对简约主义来说，品质需要从内部来体现。"她认为，简单不仅仅是摒除多余的、花哨的部分，避免喧嚣的色彩和繁琐的花纹，更重要的是体现清纯、质朴、毫不造作。

需要注意的是，这里所谓的"简单"不是乱砍一气，而是在对事物的规律有深刻的认识和把握之后的去粗取精、去伪存真。

正如一个雕刻家，能把一块不规则的石头变成栩栩如生的人物雕像，因为他胸中有丘壑。如果你抓不住重点、找不到要害，不知道什么最能体现内在品质，运用剃刀的结果只能是将不该删除的删除了。

那么，我们要合理地使用奥卡姆剃刀，不能盲目。例如，IBM在电脑产品营销中具有得天独厚的优势，如其前CEO郭士纳所指，他们具有非常优势的集成能力。然而，其广告宣传语却将这一点删掉了，留下推广小型电脑的"小行星问题的解决方法"。结果，IBM自然未能凭这则广告获得区别于其他电脑的地位。可见，没有什么比删掉自己的优势更可悲了。

所以，在我们使用奥卡姆剃刀时要将其用在恰当的位置上，而不是盲目乱删。

用好"奥卡姆剃刀"

有些事你得多花费一些时间，有些事你稍微处理就行，有些事你根本就不用操心。简单就是力量，花一定的时间化繁为简可以节省更多的时间。

如果你有两个原理，它们都能解释观测到的事实，那么你应该使用简单的那个，直到发现更多的证据。如果你有两个类似的解决方案，选择最简单的、需要最少假设的解释是最有可能正确的。

这就是奥卡姆剃刀定律的精髓所在。

很多成功而伟大的科学家，如哥白尼、牛顿、爱因斯坦等，都是先使用这把锋利的"奥卡姆剃刀"把最复杂的事情化为最简单的定论，然后才踏上通往天才的辉煌之道。

"奥卡姆剃刀"是最公平的刀，无论科学家还是普通人，谁都能有勇气拿起它。经过数百年的岁月之后，奥卡姆剃刀已被历史磨得越来越快，它早已超越了原来狭窄的领域，成为我们人生道路上的真理。

简单是一种适当而必要的生活状态，简单出英雄、简单出实效，把复杂的事情简单化。世界比我们想象的要简单，不要总是人为地给它添累赘，简单才是最高境界。

我们每一个人都会遇见复杂的问题，解决问题的时候要复杂问题简单化，运用奥卡姆剃刀定律来提高办事效率。

霍布森法则：懂得选择，学会放弃

提出者：英国剑桥商人霍布森。

内容精解：1631年，英国剑桥商人霍布森从事马匹生意。他承诺：凡是买或租我的马的，只要开个价就可以在马圈中任意挑选，但必须是能牵出圈门的马，牵不出去的不行。很显然，这是一个圈套，因为马圈的门很小，大马、肥马、好马根本就出不去，只有那些小马、瘦马、赖马才出得去。"霍布森选择"其实就等于告诉顾客不能挑选。后来，管理学家西蒙把这种没有选择余地的所谓"选择"讥讽为霍布森选择法则。

应用要诀：没有选择不好，但太多选择也不好。要对面前的机会进行筛选，去掉不符合条件的选择。要懂得选择，学会放弃；善于决断，果断选择。

你的选择，你的人生

每个人都有选择的自由，你选择了什么样的人生道路，决定了你享有什么样的人生。有的人可以永远做自己生活的主人，有的却永远地成了自己生活的奴隶。希望、绝望，可爱、可恨，积极、消极，自信、自卑……这所有的一切，都统统归结于你自己的选择。

成功也是可以选择的，关键在于你是否有一个明确而切实的目标。

尤尔加在底特律生活了一段时间以后搬到了新奥尔良。他在底特律时只是一个铅管匠，努力了好多年也没有发展起自己的事业，原因是缺乏资金。刚搬到新奥尔良的时候，他带着老婆、三个孩子和120元钱，那是他全部的家当和资产。搬来后的第一天，他找了八家铅管公司，可是没有人愿意雇佣他，那些人只是告诉他人手已经够了。

无奈，第二天他跳上了一辆公共汽车，走过了一条长长的、繁忙的大街。那条街上有几家快餐店，他记下了窗口上张贴征聘店员广告的店名。走到路尽头时，他跳上了另一辆返回家的车，一路上去了四家快餐店，可是都没有找到工作。最后，总算第五家的经理对他有点兴趣。他向那个经理保证，他工作勤奋，而且做人诚实。那个经理告诉他薪水相当低，但他告诉经理待遇不成问题，他会为顾客提供一流的服务。

他的工作一直做得都很努力，结果在六个星期之内他成了那家快餐店的营业部经理。在那期间，他结识了不少顾客，根据他们的要求他改善了服务质量，提高了工作效率。九个月后，这家快餐店的老板把他叫到了办公室。原来这个老板除了经营餐饮业之外，还有别的投资项目，尤其是在房地产方面也搞得不错。这个老板看他的能力很强，也很敬业，就想派他去一座有90户的大厦当助理经理。

他当时就愣住了，然后告诉老板他只当过铅管匠，对管理大厦一无所知。老板笑着对他说：“我查过你在快餐店的记录，利润增加了83%。管理大厦与管理快餐店的道理是一样的——乐于助人、推行计划和委派。我想你一定能让大厦保持客满，准时收到房租，而且保养良好。”

结果他接受了那个工作——工资是他在快餐店时的三倍，还有一间漂亮的公寓。两年后，他已经升为了高级经理，不久以后，他就有足够的钱来开创他自己的事业——创办一家大规模的铅管企业。

尤尔加选择了一份很少人愿意去做的工作，但他最终成就了自己的事业。

所以，人的一生从哪里开始并不重要，重要的是你知道自己是要到哪里去。即使你选择了最不起眼的工作，如果你能让自己的目标明确起来，那你就能在平凡的岗位上为不平凡的事业做出充分的准备，就能为自己的事业打下坚实的基础，实现自己的梦想，成为一个成功的人。

没有余地的选择，等于没选择

巴黎有位商人欠了一位高利贷债主一笔巨款。那个又老又丑的债主看上商人青春美丽的女儿，便要求商人用女儿来抵债。商人和女儿听到这个提议都十分恐慌，狡猾伪善的高利贷债主故作仁慈，建议这件事听从上天安排。

高利贷债主说，他将在空钱袋里放入一颗黑石子和一颗白石子，然后让商人女儿伸手摸出其一。如果她拿到是黑石子，她就要成为他的妻子，商人的债务也不用还了；如果她拣中的是白石子，她不但可以回到父亲身边，债务也一笔勾销。但是，假如她拒绝探手一试，她父亲就要入狱。虽然是不情愿，商人的女儿还是答应试一试。当时，他们正在花园中铺满石子的小径上，协议之后，高利贷的债主随即弯腰拾起两颗小石子放入袋中。

敏锐的少女突然察觉：两颗小石子竟然全是黑的！但她一言不发，冷静地伸手探入袋中，漫不经心似的，眼睛看着别处，摸出一颗石子。突然，手一松，石子便顺势滚落路上的石子堆里，分辨不出是哪一颗了。"噢！看我笨手笨脚的，"女孩呼道，"不过，没关系，现在只需看看袋子里剩下的这颗石子是什么颜色，就可以知道我刚才选的那一颗是黑是白了。"

到此，我们都知道袋子剩下的石子一定是黑的。恶债主既然不能承认自己的诡诈，也就只好承认她选中的是白石子。

对于个人来说，如果陷入"霍布森选择效应"的困境，就不可能发挥自己的创造性。因为任何好与坏、优与劣都是在对比选择中产生的，只有拟定出一定数量和质量的方案对比选择、判断，才有可能做到合理。

一个人在进行判断、决策的时候，必须在多种可供选择的方案中研究、决定取舍。倘若只有一个方案就无法对比，也就难以辨认其优劣。因此，没有选择余地的选择，就等于无法判断，等于扼杀创造。

何时二选一，何时三选一

《艺文类聚》中描述了这样一个故事：

齐国有个女儿，有两家男子同时来求婚。东家的男子长得丑但是很有钱，西家的男子长得俊美但是很穷。

父母犹豫不决，便征询女儿的意见，要她自己决定愿意嫁给谁："要是难以启齿不便明说，就袒露一只胳膊，让我们知道你的意思。"

女儿便袒露出两只胳膊。父母感到奇怪就问其原因。女儿说："想在东家吃饭，在西家住宿。"

这个故事中的选择在现实中是不可能成立的。鱼和熊掌不能兼得时，选择吃鱼，那么就不能吃熊掌，这就是选择的机会成本。

与之类似，在阳光明媚的午后，你好不容易处理完公司的财务报告，喝杯下午茶休息一下时，来点甜点怎么样，豆沙糕还是巧克力薄饼？

"豆沙糕还是巧克力薄饼"类似于"鱼与熊掌"，这种选择实际上也是一种机会成本的考虑。如果你喜欢吃豆沙糕，但你也喜欢吃巧克力薄饼，在两者之间选择，接受豆沙糕的机会成本是放弃巧克力薄饼。吃豆沙糕的收益是5，那么吃巧克力薄饼的收益是10。这样，吃豆沙糕的经济利润是负的，所以选择吃巧克力薄饼而放弃豆沙糕。

值得注意的是，有些机会成本是可以用货币进行衡量的。比如，要在某块土地上发展养殖业，在建立养兔场还是养鸡场之间进行选择，由于二者只能选择其一，如果选择养兔就不能养鸡，那么养兔的机会成本就是放弃养鸡的收益。在这种情况下，人们可以根据对市场的预期大体计算出机会成本的数额，从而做出选择。有些机会成本是无法用货币来衡量的，它们涉及人们的情感、观念等。

机会成本广泛存在于生活当中。一个有着多种兴趣的人在上大学时，会面临选择专业的难题；辛苦了五天，到了双休日，是出去郊游还是在家看电视剧；面对同一时间的面试机会，选择了一家单位就不能去另一家单位……对于个人而言，机会成本往往是我们做出一项决策时所放弃的东西，而且常常比我们预想中的还多。

人生面临的选择何其多，人们无时无刻不在进行选择。比如，是继续工作还是先去吃饭；是在这家商店买衣服还是在那家商店买衣服；是买红色的衣服还是黄色的衣服；心中有个秘密是告诉朋友还是不告诉朋友，如果告诉又告诉哪些朋友……这些选择在生活中很常见，不过似乎并不重大，所以大家轻松地做出了选择，也不会慎重考虑。

机会成本越高，选择越困难，因为在心底，我们不愿放弃任何有益的选择。但是，我们有时必须"二选一"，有时必须"三选一"，在这时机会成本的考量显得尤为重要。

放弃换取更多收获

上帝在关上一扇窗的时候，会打开另一扇窗或者打开一扇门。所以，不要害怕失去，失去的同时你可能会得到更多。

在选择中要懂得放弃，只有放弃了错误才能走向正确。比尔·盖茨曾说过："人生是一场大火，我们每个人唯一可做的，就是从这场大火中多抢一点东西出来。"在火中抢东西，没有多少时间供我们考虑，只可能挑最重要的拿，而放弃那些相比之下次要的东西。

我们不可能每个机会都去尝试，也不可能每个领域都获得成功。放弃自己不擅长的，放弃没有结果的尝试，放弃过多的欲望，放弃错误的坚持，这样才能成为真正的赢家。

松下幸之助，就是一位敢于放弃、懂得适时放弃的精明人。他领导松下集团走过了风风雨雨，创下了一个又一个商业奇迹。20世纪五六十年代，很多世界性的大公司都纷纷投入到大型电子计算机的研发和生产中，以为这种高新科技会带来新的收益奇迹。松下通信工业公司也不例外地投入其中。可是1964年，在松下已经花费了5年时间、投入了高达10亿日元的研究开发资金，研发很快要进入最后阶段的时候，松下公司突然决定全盘放弃，不再做大型电子计算机。这是松下幸之助的决定。他考虑到大型计算机的市场竞争太激烈，如果一招不慎，很可能使整个公司陷入危机。到那时再撤退，可能为时已晚。还是趁没有陷入泥潭前，先拔出脚为好。结果，事实证明松下幸之助的决定是完全正确的。之后的市场正是像松下预测的那样，而西门子、RCA等这种世界性的公司也陆续放弃了大型计算机的生产。

松下幸之助的成功，当然与他非凡的预测力是分不开的，但是更重要的是他懂得适时放弃。做决策靠的就是果断，知道这条路是错的，就立即掉转头到正确的路上去，不要为过去的付出斤斤计较。在错误的路上走得越远，只能失去得更多。

在生活中，在工作上，我们随时都面临着选择、下决心、做决定。有选择就会有放弃，决定就表示着已经为了某物而放弃另一物。不会放弃，就无法收获。不属于我们的东西、没有结果的尝试、错误的观念、执迷的投入、没有收获的奋斗，都应该适时地放弃。

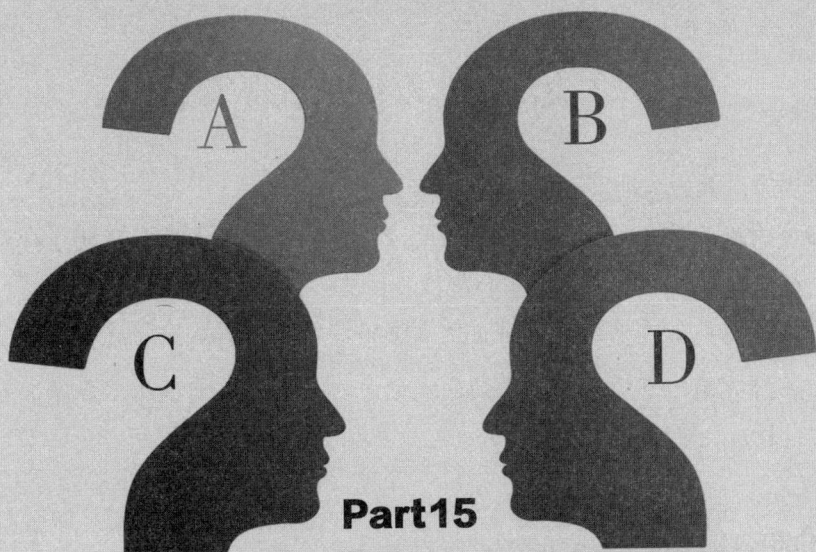

Part15

信息：掌控信息就掌控一切

掌握信息越多或越新的人，就越能支配他人。

——美国俗语

一个成功的决策，等于90%的信息加上10%的直觉。

——S·M.沃尔森（美国）

对对手和我们周围世界的情报了解，这是制定全部政策的基石。

——鲍德温（英国）

沃尔森法则：得信息者得天下

提出者： 美国企业家S·M.沃尔森。

内容精解： 信息与情报是金钱的使者，你能得到多少往往取决于你能知道多少。得信息者得天下。把信息和情报放在第一位，金钱就会滚滚而来。

应用要诀： 要在变幻莫测的市场竞争中立于不败之地，你就必须准确快速地获悉各种情报：市场有什么新动向？竞争对手有什么新举措？等等。在获得了这些情报后，果敢迅速地采取行动，这样不成功都难。

搏击商海，信息制胜

美国南北战争时期，市场上猪肉价格非常高。商人亚默尔观察这种现象很久了，他通过自己收集的信息认定，这种现象不会持续太久。因为只要战争停止，猪肉的价格就一定会降下来。从此，他更加关注战事的发展，准备抓住重要信息大赚一笔。一天，他在报纸上看到了这样一个信息：李将军的大本营出现了缺少食物的现象。通过分析他认为，战争快要结束了，战争结束就说明他发财的机会来了。亚默尔立刻与东部的市场签订了一个大胆的销售合同，将自己的猪肉低价销售，不过可能要迟几天交货。按照当时的行情，他的猪肉价格实在是太便宜了。销售商们没有放过这一机会，都积极进货。不出亚默尔的预料，不久后战争果然就结束了。市场上的猪肉价格一下子就跌了下来。在这次行动中，他共赚了100多万美元！

在知识经济时代，要在变幻莫测的市场竞争中立于不败之地，你就必须准确快速地获悉各种情报：市场有什么新动向？竞争对于有什么新举措？在获得了这些情报后，果敢迅速地采取行动，这样你不成功都难。信息与情报的商业价值在于，它们直接影响到企业的命运，是企业成功的关键因素。

市场竞争的优胜者往往就是那些处于信息前沿的人。在同样的条件下，获取信息更快更多的人就会优先抢得商机。有人说市场经济就是信息经济，其精髓就在于此。从某种意义上说，关注信息就是关注金钱，信息已经成为一种不可忽视的资源，在商海中搏击学会收集信息，才能抓住有效信息从而成为赢家。

信息与情报给企业带来巨大利益的同时，也给许多企业敲响了警钟：信息既能带来滚滚财富，信息的外泄也会让企业遭到致命的打击。

沃尔森认为，具备了一流的人才与技术只说明企业具备了生产一流产品的能力，这种能力如果没有灵活、高效、及时地把握市场前沿信息的信息系统作为保障，也会化为乌有。同时，沃尔森认为，信息与情报关乎企业的方方面面，企业不但要注重内部信息，而且更要重视外部信息；不但注意搜集、把握信息，而且要做好信息保密工作。

从纷繁的现象中提取有效信息

随着网络的普及，我们正走入信息经济时代，但有几个人能像亚默尔那样找到对自己有效的信息？如今，人们追求的已经不是信息的全，而是信息的有效。越来越多的信息充斥着电脑荧屏，人们绝不可能困在对全面信息的无限追求中，那将浪费过多的时间和成本。只要能收取到对市场影响最本质的有效信息，就足够了。有则"九方皋相马"的故事，或许能给我们以启示。

秦穆公对伯乐说："你的年纪大了，你能给我推荐相马的人吗？"伯乐说："我有个朋友叫九方皋，这个人对于马的识别能力不在我之下，请您召见他。"穆公召见了九方皋，派他去寻找千里马。三个月以后九方皋返回，报告说："已经找到了，在沙丘那个地方。"穆公问："是什么样的马？"九方皋回答说："是黄色的母马。"

穆公派人去取马，却是纯黑色的公马。穆公很不高兴，召见伯乐，对他说："你推荐的人连马的颜色和雌雄都不能识别，又怎么能识别千里马呢？"

伯乐长叹一声，说："九方皋所看见的是内在的素质，发现它的精髓而忽略其他方面，注意力在它的内在而忽略它的外表，关注他所应该关注的，不去注意他所不该注意的，像九方皋这样的相马方法，是比千里马还要珍贵的。"马取来了，果然是千里马。

这则故事就是成语"牝牡骊黄"的出处，说明只有透过现象看本质，才能提取有效信息，才能发现真正有价值的东西。在生活中面对同样的信息，不同的人可能做出不同的解读，从而做出不同的决策，这种差别来源于对有效信息的提取不同。

我们生活在信息社会中，要提升自己提取有效信息的能力。有句话说得好，"世界上从来不缺少美，而是缺少发现美的眼睛"，运用到经济生活中也是同样的道理——生活对大家都是平等的，也从来不缺少成功机会，我们需要有一双敏锐的慧眼，发掘有效信息。

博弈能否胜算，信息说了算

信息对于博弈的重要性怎么强调都不为过。

以前有个做古董生意的人，他发现一个人用珍贵的茶碟做猫食碗，于是假装很喜爱这只猫，要从主人手里买下。古董商出了很高的价钱买了猫。之后，古董商装作不在意地说："这个碟子它已经用惯了，就一块儿送给我吧。"猫主人不干了："你知道用这个碟子，我已经卖出多少只猫了？"

古董商万万没想到，猫主人不但知道而且利用了他"认为对方不知道"的错误大赚了一笔。由于信息的寡劣所造成的劣势，几乎是每个人都要面临的困境。谁都不是先知先觉，那么怎么办？为了避免这样的困境，我们应该在行动之前，尽可能掌握有关信息。知识、经验等，都是你将来用得着的"信息库"。

有了信息，行动就不会盲目，这一点不仅在投资领域成立，在商业争斗、军事战争、政治角逐中也一样有效。

《孙子兵法》云："知己知彼，百战不殆。"这说明掌握足够的信息对战斗的好处是很大的。在生活的"游戏"中，掌握更多的信息一般是会有好处的。比如，你要恋爱，你得明白他（她）有何所好，然后才能对症下药、投其所好，才不至于吃闭门羹。你猜拳行令，如果你知道对方将出什么，那你绝对能赢。

信息是否完全会给博弈带来不同的结果，有一个劫机事件的例子可以说明。假定劫机者的目的是为了逃走，政府有两种可能的类型：人道型和非人道型。人道政府出于对人道的考虑，为了解救人质，同意放走劫机者；非人道政府在任何时候总是选择把飞机击落。如果是完全信息，非人道政府统治下将不会有劫机者（这与现实是相符的。在汉武帝时期，法令规定对劫人质者一律格杀勿论。有一次一个劫匪绑架了小公主，武帝依然下令将劫匪射杀，公主也死于非命，但此后其国内一直不再有劫人质者），人道政府统治下将会有劫机者。但是，如果想劫机的人不知道政府的类型，那么他仍然有可能劫机。所以，一个国家要防止犯罪的发生，仅有严厉的刑罚是不够的，还要让人民了解那些刑罚（进行普法教育），因为不知道会面临刑罚，就不会用那些规则来约束自己的行为。

有史以来，人们从来没有像现在这样深刻地意识到信息对于生活的重要影响，信息实际上就是你博弈的筹码，我们并不一定知道未来将会面对什么问题，但是你掌握的信息越多，正确决策的可能就越大。在人生博弈的平台上，你掌握的信息的优劣和多寡，决定了你的胜算。

时刻保持对信息的敏感

获取信息的能力是需要培养的，下面的游戏是一个很好的选择。

游戏说明：

参与人数：5人一组；时间：15分钟；场地：教室；材料：一则短文。

游戏的步骤：

1. 从报纸或杂志上摘取一篇两三段的文章。注意选择的文章不要很热门，要保证大家都不熟悉。

2. 将参与游戏的人分成5人一组，并按顺序编号。

3. 请每组的1号留在房间里，其他人先出去。

4. 把摘取的文章念给各组的1号听，但是不允许他们做记号或者提问。

5. 接下来分别请每组的2号进来，让1号把听到的内容告诉2号，2号也不许做记录和提问。以此类推，直到5号接收到信息为止。

6. 最后，请每组的5号复述他们听到的文章的内容。

游戏建议：

我们都知道信息在传递的过程中会失真，即使一段简单的话，经过几个人的传递也会变样。这不仅因为在听的过程中漏掉了信息，更因为每个人在传递信息时都不自觉地加入了自己的理解，使得信息越来越偏离它本来的意思。做这个游戏的时候，要注意以下几点内容：

1. 注意聆听和沟通，以免漏掉有用信息，这样才能将正确、准确的信息传递下去。

2. 造成信息失真的原因有很多，主观因素有本人的记忆力、理解力和表达能力；客观因素有当时的环境和传递者对传递内容的熟悉程度。

3. 提高听力的有效方法有很多，如做笔记、默记故事的关键词，最有效的就是记下故事里的逻辑关系，这样无论文章多长、关系多复杂，都不会影响我们获取有用的信息。

游戏延伸：

上面这个游戏主要是培训我们收集信息的能力。现代商业竞争越来越激烈，及时、准确地掌握信息对赢得竞争十分重要。信息就是资历，信息就是竞争力，信息就是利润。一个人如果能及时掌握准确而又全面的信息，就等于掌握了竞争的主动权。如何有效掌握信息呢？那就要求我们对信息要敏感。

日本德斯特自动售货机公司董事长古川久好12年前曾是一家公司的小职员，平时为老板做一些文书工作，跑跑腿，整理整理报刊材料。这份工作很辛苦，薪水又不高，他时刻琢磨着想个办法赚大钱。

有一天，古川久好从报纸上看到这样一条介绍美国商店情况的专题报道，其中有一段提到了自动售货机，上面写道："现在美国各地都大量采用自动售货机来销售货品。这种售货机不需要雇人看守，一天24小时可随时供应商品，而且在任何地方都可以营业，给人们带来了许多方便。可以预料，随着时代的进步，这种新的售货方法会越来越普及，必将被广大的商业企业所采用，消费者也会很快地接受这种方式，前途一片光明。"

古川久好开始在这上面动脑筋，他想："虽然现在自己所处的地区还没有一家公司经营这个项目，但将来必然会迈入一个自动售货的时代。这项生意对于没有什么本钱的人最合适。我何不趁此机会去钻这个冷门，经营此新行业？至于售货机里的商品，应该搜集一些新奇的东西。"

于是，他就向朋友和亲戚借钱购买自动售货机，共筹到了30万元，这笔钱对于一个小职员来说可不是一个小数目。他以一台1.5万元的价格买下了20台售货机，设置在酒吧、剧院、车站等一些公共场所，把一些日用百货、饮料、酒类、报纸杂志等放入其中，开始了他的新事业。

古川久好的这一举措，果然给他带来了大量的财富。当地人第一次见到公共场所的自动售货机，感到很新鲜，因为只需往里投入硬币，售货机就会自动打开送出你所需要的东西。一般一台售货机只放入一种商品，顾客可按照需要从不同的售货机里买到不同的商品，非常方便。古川久好的自动售货机第一个月就为他赚了100多万元。他把每个月赚的钱都投资于自动售货机上，扩大经营规模。5个月后，古川久好不仅连本带利还清了借款，而且还净赚了近2000万元。

一条信息造就了新一代的富翁，古川久好的成功让我们清楚地看到：只有保持对信息的敏感，才能成为一个现代社会中高素养的商人，才能够在风险十足的商业竞争中抓住更多的机遇，才能在商场博弈中脱颖而出。

足见，信息不仅仅是我们决策的根据，更是我们制胜的关键。

前景理论：前景与风险是一对双胞胎

提出者： 诺贝尔经济学奖获得者、美国心理学家卡尼曼。

内容精解： 包括三个基本原理：一是大多数人在面临获得时具备风险规避意识；二是大多数人在面临损失时具备风险偏爱倾向；三是人们对损失比对获得更敏感。

应用要诀： 人们在面临获利时，不愿冒风险；而在面临损失时，人人都成了冒险家。在面临风险时，要以理性的视角去认识和分析从而做出正确的选择，做出有价值的冒险，抓住风险中的商机。

得与失背后的风险决策

有个著名的心理学实验，它让人们回答：假设你得了一种病，有十万分之一的可能性会突然死亡。现在有一种吃了以后可以把死亡的可能性降到零的药，你愿意花多少钱来买它呢？或者假定你身体很健康，医药公司想找一些人来测试新研制的一种药品，这种药用后会使你有十万分之一的概率突然死亡，那么医药公司起码要付多少钱你才愿意服用这种药呢？

实验中，人们在第二种情况下索取的金额要远远高于第一种情况下愿意支付的金额。我们觉得这并不矛盾，因为正常人都会做出这样的选择，但是仔细想想，人们的这种决策实际上是相互矛盾的。第一种情况下是你在考虑花多少钱消除十万分之一的死亡率，买回自己的健康；第二种情况是你要求得到多少补偿才肯出卖自己的健康，换来十万分之一的死亡率。两者都是十万分之一的死亡率和金钱的权衡，是等价的，客观上讲，人们的回答也应该是没有区别的。

为什么两种情况会给人带来不同的感觉，做出不同的回答呢？对于绝大多数人来说，失去一件东西时的痛苦程度比得到同样一件东西所经历的高兴程度要大。

对于一个理性人来说，对"得失"的态度反映了一种理性的悖论。由于人们倾向于对"失"表现出更大的敏感性，往往在做决定时会因为不能及时换位思考而做出错误的选择。

一家商店正在清仓大甩卖，其中一套餐具有8个菜碟、8个汤碗和8个点心碗，共24件，每件都完好无损。另有一套餐具，共40件，其中有24件和前面那套的种类大小完全相同，也完好无损，除此之外，还有8个杯子和8个茶托，不过2个杯子和7个茶托已经破损了。

第二套餐具比第一套多出了6个好的杯子和1个好的茶托，但人们愿意支付的钱反而少了。

一套餐具的件数再多，即使只有一件破损，人们会认为整套餐具都是次品，理应价廉；件数少但全部完好，就是合格品，当然应当高价。

在生活中，人们由于"有限理性"而对"得失"的判断屡屡失误，成了"理性的傻瓜"。

工人体育场将上演一场由众多明星参加的演唱会，票价很高，需要800元。这是你梦寐以求的演唱会，机会不容错过，因此很早就买了演唱会的门票。演唱会的晚上，你正兴冲冲地准备出门，却发现门票没了。要想参加这场音乐会，必须重新掏一次腰包，那么你会再买一次门票吗？假设是另一种情况：同样是这场演唱会，票价也是800元，但是你没有提前买票，打算到了工人体育场后再买。刚要从家里出发的时候，你发现800元弄丢了。这个时候，你还会再花800元去买这场演唱会的门票吗？

与在第一种情况下选择再买演唱会门票的人相比，在第二种情况下选择仍旧购买演唱会门票的人绝对不会少。同样是损失了800元，为什么大多数人会有截然不同的选择呢？

对于一个理性人来说，他们的理性是有限的。在他们心里，对每一枚硬币并不是一视同仁的，而是视它们来自何方、去往何处而采取不同的态度。这其实是一种非理性的思考。

前景理论告诉我们，在面临获得与失去时，一定要以理性的视角去认识和分析风险，从而做出正确选择。

改变态度，改变风险

前景理论告诉我们：人们对损失和获得的敏感程度是不同的，损失的痛苦要远远大于获得的快乐。那么面对风险，你是选择躲避，还是勇往直前？

还是那个著名的心理学实验：假设你得了一种病，有万分之一的可能性（低于美国年均车祸的死亡率）会突然死亡，现在有一种药吃了以后可以把死亡的可能性降到零，那么你愿意花多少钱来买这种药呢？

现在请你再想一下，假定你身体很健康，如果说现在医药公司想找一些人测试他们新研制的一种药品，这种药服用后会使你有万分之一的可能性突然死亡，那么你要求医药公司花多少钱来补偿你呢？

在实验中，很多人会说愿意出几百块钱来买药，但是即使医药公司花几万块钱，他们也不愿参加试药实验。这其实就是损失规避心理在作怪。得病后治好病是一种相对不敏感的获得，而本身健康的情况下增加死亡的概率对人们来说却是难以接受的损失，显然，人们对损失要求的补偿要远远高于他们愿意为治病所支付的钱。

不过，损失和获得并不是绝对的。人们在面临获得的时候规避风险，而在面临损失的时候偏爱风险，而损失和获得又是相对于参照点而言的，改变人们在评价事物时所使用的观点，可以改变人们对风险的态度。

比如，有一家公司面临两个投资决策。投资方案A肯定盈利200万元，投资方案B有50%的可能性盈利300万元，50%的可能盈利100万元。这时候，如果公司的盈利目标定得比较低，比方说是100万元，那么方案A看起来好像多赚了100万元，而B则是要么刚好达到目标，要么多盈利200万元。

A和B看起来都是获得，这时候员工大多不愿冒风险，倾向于选择方案A；而反之，如果公司的目标定得比较高，比如说300万元，那么方案A就像是少赚了100万元，而B要么刚好达到目标，要么少赚200万元，这时候两个方案都是损失，所以员工反而会抱着冒冒风险说不定可以达到目标的心理，选择有风险的投资方案B。可见，完全可以通过改变盈利目标来改变当事人对待风险的态度。

能否降低风险、战胜风险，关键在于你面对风险的态度。勇于面对，积极寻找解决方案，最终你就能战胜风险。

走得远的人是敢冒险的人

人生最大的风险就是永远不冒险。要冒一把险！做事要有冒险的勇气，走得最远的人常是愿意去做、愿意去冒险的人。

"冒险"这个名词其实我们是有些避讳的，好像它只是一种盲目行动或孤注一掷。冒险其实从本质上说体现着一种个体性，但这种个体性并不与和谐相冲突。重大的和谐便是持久的个体的和谐，是一种包含了冒险精神的和谐。

从福布斯排行榜看，这些富人的一个共同特征就是天生喜欢冒险，不管是钱还是其他，他们都敢拿去冒险。在任何一个时代、任何一个国家都会有这样一部分人，他们善于冒险，敢于冒险，乐于冒险。摩洛·路易士就是这部分人中的一个。

摩洛·路易士的非凡成就来自两次成功的冒险，一次是在20岁，一次是在32岁。

19岁时摩洛·路易士随家人一起迁到纽约。他在一家广告公司找到一份差事，每周14美元的薪酬。那时摩洛·路易士经常跑外勤，工作非常忙碌，成天疯狂工作。下午6点下班以后，他还到哥伦比亚大学上夜校，主修广告学。有时候，由于没完成工作，下课后还会从学校赶回办公室继续完成工作，从晚上11点一直工作到第二天凌晨两点，是经常的现象。

摩洛·路易士喜欢具有创意的工作，他也确实有这方面的才能。

20岁时，他放弃了广告公司颇有发展前景的工作，决心自己独闯一片天地。他开始了人生中的第一次冒险。

他投身于未知的世界，从事创意开发。主要是说服各大百货公司，通过

CBS电视公司成为纽约交响乐节目的共同赞助商。当时，这种工作对人们来说是陌生的，很难接受，于是摩洛·路易士遇到了前所未有的困难。几乎所有人都认为他不会成功。

摩洛·路易士却仍旧信心百倍地进行说服工作。工作有了相当进展：一方面，他的创意很受欢迎，与许多家百货公司签成合约；另一方面，他向CBS电台提出的策划方案也顺利被接受。成功近在咫尺了，最终却由于合约存在的一些小问题而中途流产。

这并没使他一蹶不振。就在这件事结束之后不久，一家公司聘请他为纽约办事处新设销售业务部门的负责人，薪水相当可观。于是，摩洛·路易士在这里充分发挥自己的潜力，施展了自己的才华。

几年后，摩洛·路易士又回到久别的广告业，担任承包华纳影片公司业务的汤普生智囊公司的副总经理。

当时，电视尚未普及，处于起步阶段。但摩洛·路易士却看好这个行业的前景，开始他人生中的第二次冒险。由他们公司所提供的多样化综艺节目，为CBS公司带来空前的效益。

摩洛·路易士的冒险并不是孤注一掷，是看准后才下赌注的。最初两年，他仅是纯义务性地在"街上干杯"的节目中帮忙，没想到竟使该节目大受欢迎。从1948年开始到今天整整40多年的时间，它的播映从未间断过，这是在竞争激烈的电视界内的奇迹。

摩洛·路易士的成功在于敢为天下先、敢于冒险，这也是多数人走向成功的一个共同因素。人生本身就是在冒险，你之所以不能成功就是因为你害怕冒险。

企业家=冒险精神+领导力+创新。这是在北京国际饭店国际厅，面对着200多位中国企业家，5位诺贝尔经济学奖得主联手给企业家精神下的共同定义。可见，冒险精神是一个企业家必须具备的重要特性。如果你不敢采取任何冒险行动，那你就永远也不会成功。

如果你说不敢冒险的话，那我告诉你，其实，你每天都在冒险。开车上班是一种冒险，游泳是一种冒险，吃生鱼是一种冒险，只是由于你对其中的大多数情况习以为常，所以这些冒险没有引起你的注意而已。

冒险，要冒有价值的风险

有一年，但维尔地区经济萧条，不少工厂和商店纷纷倒闭，被迫贱价抛售自己堆积如山的存货，价钱低到1美元可以买到100双袜子。

那时，约翰·甘布士还是一家纺织厂的小技师。他马上把自己积蓄的钱用于收购低价货物，人们见到他这股傻劲，都公然嘲笑他是个蠢材。

约翰·甘布士对别人的嘲笑漠然置之，依旧收购各工厂和商店抛售的货物，并租了很大的货仓来存货。

他妻子劝他说，不要买这些别人廉价抛售的东西，因为他们历年积蓄下来的钱数量有限，而且是准备用做子女学费的。如果此举血本无归，那么后果不堪设想。

对于妻子忧心忡忡的劝告，甘布士安慰她道："3个月以后，我们就可以靠这些廉价货物发大财了。"

过了十多天，那些工厂即使贱价抛售也找不到买主了，便把所有存货用车运走烧掉，以此稳定市场上的物价。

他妻子看到别人已经在焚烧货物不由得焦急万分，抱怨起甘布士。对于妻子的抱怨，甘布士一言不发。

终于，美国政府采取了紧急行动，稳定了但维尔地区的物价，并且大力支持那里的厂商复业。

这时，但维尔地区因焚烧的货物过多，存货欠缺，物价一天天飞涨。约翰·甘布士马上把自己库存的大量货物抛售出去，一来赚了一大笔钱；二来使市场物价得以稳定，不致暴涨不断。

在他决定抛售货物时，他妻子又劝告他暂时不忙把货物出售，因为物价还在一天一天飞涨。

他平静地说："是抛售的时候了。再拖延一段时间，就会追悔莫及。"

果然，甘布士的存货刚刚售完物价便跌了下来。他的妻子对他的远见钦佩不已。

　　后来，甘布士用这笔赚来的钱开设了5家百货商店，成为全美举足轻重的商业巨子。

　　事实上，冒险具有一定的危险性，抓住机遇也是件很不容易的事情，并不是每个人想做就能做到的事情。正因为如此，冒险才显得那么重要，冒险也才有冒险的价值。

　　冒险的目的并不是为了找刺激，当机会来临，要及时脱身这种"危险游戏"。我们应有冒险精神，但是不要盲目冒险，才能真正抓住风险中的商机，圆自己的财富之梦。

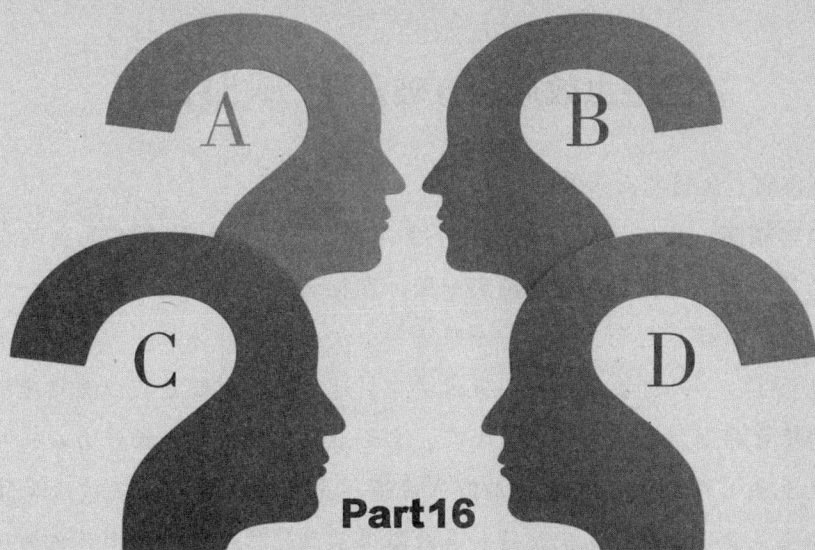

创新：有超人之想，才有超人之举

Part16

不创新，就灭亡。

——亨利·福特（美国）

创新是惟一的出路，淘汰自己，否则竞争将淘汰我们。

——安迪·格罗夫（美国）

可持续竞争的惟一优势来自于超过竞争对手的创新能力。

——詹姆斯·莫尔斯（美国）

毛毛虫效应：打破常规，破旧立新

提出者：法国昆虫学家法布尔。

内容精解：法布尔曾经做过一个著名的实验：他把许多毛毛虫放在一个花盆的边缘上，使其首尾相接围成一圈，在花盆周围不远的地方撒了一些毛毛虫喜欢吃的松叶。毛毛虫开始一个跟着一个绕着花盆的边缘一圈一圈地走，一小时过去了，一天过去了，又一天过去了，这些毛毛虫还是夜以继日地绕着花盆的边缘在转圈。一连走了七天七夜，它们最终因为饥饿和精疲力竭而相继死去。毛毛虫习惯于固守原有的本能、习惯、先例和经验，无法破除尾随习惯而转向去觅食。后来，人们把这种喜欢跟着前面的路线走的习惯称之为"跟随者"的习惯，把因跟随而导致失败的现象称为"毛毛虫效应"。

应用要诀：不能盲目因循守旧，墨守成规，一成不变。时代在不断变化和发展，对于任何问题的解决不能禁锢于以往的僵化模式，而要不断地创新和与时俱进，才能适应时代变化以及自身发展的需求。

摆脱头脑中的思维定势

我们难逃这种效应的影响。比如，在进行工作、学习和日常生活的过程中，对于那些"轻车熟路"的问题，会下意识地重复一些现成的思考过程和行为方式，因此很容易产生思想上的惯性，也就是不由自主地依靠既有的经验、按固定思路去考虑问题，不愿意转个方向、换个角度想问题。

固有的思路和方法具有相对的成熟性和稳定性，有积极的一面。是因为袭用前人的思路和方法，有助于人们进行类比思维，可以缩短和简化解决的过程，更加顺利和便捷地解决某些问题。

与此同时，它的消极影响也不容忽视，那就是容易使人们盲目运用特定经验和习惯的方法对待一些貌似而神异的问题，结果浪费时间与精力，妨碍问题的解决。而且经年累月地按照一种既定的模式思考问题，不仅容易使人厌倦，更容易麻痹人的创造能力，影响潜能的发挥。

时代在不断变化和发展，我们也在不断地成长和发展，对于任何问题的解决不能禁锢于以往的僵化模式，而要不断地创新和与时俱进，从而能够适应时代变化以及自身发展的需求。唯有在工作和生活中有所创造，摆脱自己头脑中的思维定势，不再因循前人的足迹，而是另辟一条属于自己的蹊径，才能百尺竿头更进一步。

改变"一条路跑到黑"的思维

生活中，我们常用"一条路跑到黑"来形容那些一根筋或钻牛角尖的傻瓜。然而，在遇到难题的时候，人们又往往不自觉地成为"一条路跑到黑"的傻瓜。那么，我们如何在难题面前不当傻瓜呢？先看一看下面这个例子：

加拿大阿尔伯塔省有一名叫斯考吉的高中女生。为了实现自己到25岁会成为百万富翁的誓言，斯考吉从小就喜欢看比尔·盖茨的书，并研究《财富》杂志每年所列全球最富有的100个人。她发现：那些最富有的100人中，有95%以上的人从小就有发财的欲望，57%的全球巨富在16岁之前就想到了开自己的公司，3%的全球巨富在未成年之前至少做过一桩生意。于是她得出结论：要致富，就必须从小有赚钱的意识。

在赚钱方面，小斯考吉选择了投资股票。很多投资股票的人，不是盯着电视就是盯着报纸，因为这些媒体都有对股市的直接报道。然而，卓有收获的小斯考吉并没有选择这种直接的途径，而是根据证券营业部门口的摩托车数量决定该股是抛售还是买进。

例如，她专盯一家钢铁企业的股票。当这家企业股票下跌到4美元以下时，某证券营业部门口的摩托车便多起来，过一段时间，股价又涨了回去；当这只股票涨到8美元左右时，该证券营业部门口的摩托车又会开始多起来，接下去，该股必跌。期间，她经过调查发现，该企业的工人们不愿意看到工厂的股票下跌，每次股价太低时，他们就自发地去买进一些股票，从而带动股价上升；当上升到一定高位后，工人们抛售股票，致使该股下跌。

就这样，小斯考吉借助工人们往返证券营业部的摩托车数量的变化，采取抛售或买进的举措，取得了不小的收获。

通过这个事例我们可以看出，小斯考吉巧妙利用相关定律，从与股市相关的抛买人群的行动变化下手，反而比那些只知道盯着股市直接报道的媒体的人们更有收效。

与此类似，我们在日常生活中遇到很多棘手的问题，这些问题往往让人不知如何处理。于是，有的人在困难面前驻足不前，绞尽脑汁也想不出什么好方法；而有的人转换思想，从与之相关的事情着手，很快使问题迎刃而解。

所以，我们平时要大力培养自己洞察事物间相关性的能力，抓住事物和问题的关键，合理利用相关定律寻求解决方法，不做"一条路跑到黑"的傻瓜。其中，培养自己的洞察能力，一方面要有开放心，绝不视任何主意为无用，倾听与你不同的观点，任何人都有东西值得你学习；另一方面，训练你的思想来为你工作，让你的脑子做你要它做的事，而且当你要它做的时候才做。此外，还要培养自己的好奇心，对你不懂的事提出问题来，发展你的想象力。

以迁为直，开辟成功通道

知迁直之计者胜。我们在复杂的事物面前，倘能做到"权轻重""计迁直"，认识矛盾，使矛盾向有利的方向转化，走一步看两步、想三步，步步紧扣目标，运用你"狐狸般狡猾"的脑袋，调用聪明才智，变迁曲为近直，就一定可以走向成功。

能不能做到放眼长远、预见未来，对于一个要想取得成功的人来说无疑是重要的。"明者远见未萌"。高明的人远见卓识，知迁直之计，善于变化万端，捕捉机遇。

《孙子·军争篇》说："军急之难者，以迁为直，以患为利""先知迁直之计者胜。"这就是说，"与人相对而争利，天下之至难"，而"天下之至难"中又以"知迂直之计"为最难。如果把这里的"争利"理解为"争机遇"的话，能把握谋划迂直关系的人就能获取机遇。所谓知迂直之计，就是要懂得以迂为直的办法，这个计谋表面上看走了迂回曲折的道路，实际上是为获得机遇更直接、更有效、更迅速地取得成功创造条件。

我们认为曲中见直、直中见曲，是放眼长远的第一个问题。什么是曲中见直、直中见曲？列宁说过："人的认识不是直线（也就是说，不是沿着直线进行的），而是无限地近乎于一串圆圈，近乎于螺旋的曲线。这一曲线的任何一个片断、碎片、小段都能被变成（片面地变成）独立的完整的直线。这条直线能把人们（如果只见树木不见森林的话）引到泥坑里去，引到僧侣主义去，在那里统治阶级的阶级利益就会把它巩固起来。"

迂直相间，是建立在对客观事物的深刻分析的基础之上的。分析要深刻，需要观察，在长期的观察后"吹糠见米"，伺机而动。

企业管理中，充满着曲中有直、直中有曲的事。在经营实践中，古代商贾、现代企业家创造了不少运用迂直之计的好经验。这些经验有的已结晶为经营谚语、格言在经营界流传着，如"为了明年多得利，宁愿今年少受益"，对新产品实行"扶上马，送一程，服务到家门"，"三分利吃利，七分利吃本"等。

美国贝尔电话公司前总裁费尔，是位眼光长远的企业家。由于他的远见卓识，使得贝尔电话公司成为世界上最具规模、成长最快的民营企业。费尔在担任该公司总裁的20年内，成功地作出了四项关系到贝尔公司生存与发展，并使它能在种种风险中飞速成长的正确决策。这四项决策是：第一，提出所谓"贝尔公司以服务为目的"的口号；第二，实行所谓"公众管制"；第三，建立贝尔研究所；第四，开创一个大众资金市场。费尔的这四项决策，都不是解决当前需要的"对症良药"，而是着眼于未来的创造性大决策。这些决策同当时"众所周知"的看法大相径庭，引起了人们极大议论，费尔本人甚至遭到贝尔公司董事会的解聘。然而若干年后，费尔的四项大决策实际上正好对付贝尔公司遭到的特殊困难，使贝尔公司获得了惊人的成功。当时，能否向顾客提供最伴服务成了企业能否继续发展的重要问题，而费尔提出的"以服务为目的"的口号，以及为此制定的提高服务质量，衡量服务程度的措施，使贝尔公司能顺应时代的要求。当时，美国发出了将电话收归国营的警报，费尔提出的公众管制力求确保公司利益，使贝尔公司得以继续生存。当时，由于科学技术的飞跃进步，电讯事业获得了大发展。费尔建立的贝尔研究所最先发展的通讯技术成了种种科学技术新发展的先导。当时，资金市场从20年代的投机市场转向所谓"莎莉妈妈"的中产阶层的主妇市场，费尔设计的大众资金市场正投合了"莎莉妈妈"的意愿：担不起风险，有保证的股息，享有资产增值，可免于通货膨胀的威胁，从而保证了贝尔公司在近50年来享有充裕的资金来源。

费尔的大决策，曲中见直。一言以蔽之，谋求机遇于未来。

韦特莱法则：先有超人之想，后有超人之举

提出者： 美国管理学家韦特莱。

内容精解： 成功者所从事的工作，是绝大多数人不愿意去做的。要先有超人之想，后有惊人之举，能不落俗套，可不同凡响。

应用要诀： 没有人随随便便能成功。那些取得成功的人，做的往往是别人不愿意做的事情。敢想别人不敢想的，才能做别人不能做的。

成功是"想"出来的

成功从根本上讲，是"想"出来的。只有敢"想"，会"想"，善于思考，才会是成功者的候选人。杰出人士善于思考，把别人难以办成的事办成，把自己本来办不成的办成。当别人失败时，你如果可以从他人的失败中得出正确的想法并付诸行动，你就可能成功。当你自己失败了，你能够转换到一个正确的想法上再付诸行动，同样可以获得成功。

如果你想要少做一些工作但仍能得到想要的东西，那么你就一定要比普通人思考更多。当然，如果你的思考本来就是错误的，那再多的思考也无益。你所想的一定要具备高质量、积极向上并具有创造性。

平庸的人往往不是懒得动手脚，而是不爱动脑筋，这种习惯制约了他们的发展。相反，那些成绩优异的人无一不具有善于思考的特点，善于发现问题、解决问题，不让问题成为人生难题。可以讲，任何一个有意义的构想和计划都是来自思考。一个不善于思考的人，会遇到许多举棋不定的情况；相反，正确的思考者却能运筹帷幄，做出正确决定。

1999年盖茨在接受中央电视台专访时谈到，他作为微软公司的总裁再也没

有编写软件的时间了。但是无论多么忙，他每周总会抽两天时间到一个宁静的地方呆一呆。为什么？他说，面对繁重的工作和激烈竞争的IT市场，他作为管理者，不能把精力浪费在小事上，他必须用专门的时间去思考，以做出具有战略意义的决策。

我国近代史上的名臣曾国藩也有这样的习惯。无论战事多么紧张或政务多么复杂，他每天都会挤出一个时辰在一间静室里静坐，有时是为了平静自己的情绪和心态，有时是为了理清自己的思路。

从上面的两个例子我们可以看出，成大事者不善于思考是不行的。只有专注地思考，才能集聚自身的力量、勇气、智慧等去攻克某一方面的难题，才能取得良好的效果。

所有计划、目标和成就，都是思考的产物。你的思考能力，是你唯一能完全控制的东西。你可以以智慧或是以愚蠢的方式运用你的思想，但无论如何运用它，它都会显现出一定的力量。没有正确的思考，你不可能克服坏习惯，也防止不了挫败。

一个人要想做出一番大事，必须善于思考，多向自己提问。青年人要成就大事，首先得先思考你的事业，思考你自己，向自己问问题。只有养成了这样的习惯，在事业的开创过程中不断地思考自己，思考自己所做过的、正在做的和将要做的事情；不断地向自己提出问题，看一看哪些是需要弥补的不足之处，哪些是应该改正的错误之处，哪些是该向人请教的不明处……只有这样，才会不断前进，走向成功。

只有想不到，没有做不到

人类发展至今，已经创造了一个又一个的奇迹——计算机的全球化普及，人造卫星、宇宙飞船的升空，登月计划的实现，等等，这些恐怕是前人连想都没想过的事情，但是竟然做到了，让它们一一变成了现实。这足以说明，人的潜质是无限的，只有想不到的，没有做不到的。只要心存信念，树立远大的目标，一切的不可能都将成为可能。

　　思考是行动的前提，要想做得到先要想得到。想到是进行思维的结果，在正确的思维指导下去行动，是取得成功的关键。所以，做任何事情首先都要进行周密的思维，制定出相应的目标和规划。因为没有目标的工作是不可能让我们调动所有的潜能为之努力的，也不可能创造出最大的人生价值。

　　关于目标这个问题，我们不妨参考以下事例。

　　两个乡下人外出打工，一个去上海，一个去北京。可在候车厅等车时，却又都改变了主意，因为邻座的人议论说，上海人精明，外地人问路都收费；北京人质朴，见吃不上饭的人不仅给馒头，还送衣服。去上海的人想，还是北京好，挣不到钱也饿不死，幸亏还没上车，不然真就掉进了火坑；去北京的人想，还是上海好，给人带路都能挣钱，还有什么不能挣钱的？幸亏还没上车，不然就失去了一次致富的机会。于是，他们在退票时相遇了。原来要去北京的得到了上海的票，去上海的得到了北京的票。去北京的人发现，北京果然好。他初到北京一个月，什么都没干竟然没有饿着，不仅银行大厅里的水可以白喝，而且大商场里欢迎品尝的点心也可以白吃；去上海的人发现，上海果然是一个可以发财的城市，干什么都可以赚钱。带路可以赚钱，开厕所可以赚钱，弄盆凉水让人洗脸也可以赚钱。只要想点办法，再花点力气就可以赚钱。

　　凭着乡下人对泥土的感情和认识，去上海的人第二天在建筑工地装了十包含有沙子和树叶的土，以"花盆土"的名义向不见泥土而又爱花的上海人兜售。当天，他在城郊间往返6次，净赚了50元钱。一年后，凭"花盆土"他竟然在大上海拥有了一间小小的门面。在长年奔波中，他又有了一个新的发现：一些公司只负责洗楼不负责洗招牌。他立即抓住这一空当办起了一个小型清洗公司。如今他的公司已有150多名打工仔，业务也由上海发展到杭州和南京。

　　选择去上海的人之所以最后能够成功，关键在于他胸中怀着理想，并能够时刻思考实现理想、获得成功的方法。因此，从别人不经意的谈话中，他就看到了上海存在的商机，并最终将想法付诸实践；相反，选择北京的人却胸无大志、安于现状。他目光短浅、不善于思考，最终才落到了捡破烂的地步。其实去上海的人所做的事并非什么难事，如果他能够想到也就能做到，就会获得成功。

只有想不到，没有做不到；只要想做到，就能够做得到，想不到的人，永远不可能做到；浅尝辄止的人，也不可能做到；只有那些像得了魔症一样想到底的人，才能做到，才能成功。可见，只要进行正面思维，加上必胜的决心，就可以做成想做的事情。

思路有多远，你就能走多远

有这样一句话："思想有多远，你就能走多远。"其中的道理很简单——先要敢想，才能做大事。换而言之，先有超人之想，才有超人之举。

生活中，大人都喜欢问小孩一个问题：长大后想要做什么？这是一个关于梦想的问题，更是测试志向的问题。如果小孩回答以后想要做国家主席、科学家或富豪之类的，大人会说他有志气、有出息。敢于为自己设计远大的理想，才能成就大事业。像周恩来总理，从小就有"为中华崛起而读书"的远大志向，最终也为中华的崛起做出了巨大的贡献。一个人，要想成功，就要敢于想象。

这个想象，不是空想，是一种自信，是一种勇敢。每个人都想成功，但很多人都缺少这种自信和勇气。那些成功的人往往多的也就是这点自信和勇气。就像在美国历史上颇有作为的林肯总统，在被记者问到他之前的两任总统之所以没有签署《解放黑奴宣言》，是不是要留给他来成就英名时，他说道："可能有这个意思吧。不过，如果他们知道拿起笔需要的仅是一点勇气，我想他们一定非常懊丧。"一个人之所以没有成功，缺少的往往不是机会，而是敢于把握机会的勇气。林肯敢于去把握，最终名扬天下，而他之前的两任总统却"错失了良机"。

"敢想敢干"，是在成功者的评语中出现频率最高的词之一，没有想法就不会有作为。人生就好比一个"梦工场"，没有大胆的想象，就不可能有惊人的举动。激烈的竞争，从来不容许懦夫成功。那些取得成功的人与你没什么两样，如果说有区别的话，那就是他们想了你们不敢想的事，做了你们不敢做的事。

20世纪初期，美国的汽车大王亨利·福特为了使汽车具有更好的性能，决定生产一种有8只汽缸的引擎，而这在当时的技术环境下几乎是不可能的。但是，亨利·福特不这么认为，他给工程师们下达了完成"不可能任务"的死命令——无论如何也要生产这种引擎，去做，直到你们成功为止，不管需要多长时间。结果，8只汽缸的引擎真的被工程师们给制造出来了，福特的想法得到了实现。

可见，只要你敢想，就有可能会成功；如果你连想都不敢想，那今生肯定与成功无缘。

做第一个"吃螃蟹"的人

鲁迅先生曾经嘉许世界上第一个吃螃蟹的人是英雄，这并非耸人听闻之言。就拿现在人们奉为美食的西红柿来说，人们敢于食用也不过是近几百年的事，在此之前漫长的历史中，人们坐视鲜红的西红柿自生自烂而弃之不食。作为领导者，能做到不墨守成规、敢为天下先，对于开创一片新局面是十分重要的。

以作战为例，汉代的作战方法到明清时期依然未变，军人们对抗的战场上仍然看不到从改进手段入手寻求制胜的道路。大多数统兵高手的制胜之道，都是以现有条件为手段，寻求以谋制胜，在计谋上演绎出千变万化来，结果是继孙吴以后兵家辈出，兵书汗牛充栋，但变来变去都还是在孙吴的思想内打圈子，所想的无非是韬略、谋术。重权谋，成为东方兵学的特点。

在这种氛围下，要想在军事观念上有大的变革当然是很难的，但个别有识之士从改进兵器入手，敢为天下先，在谋略对抗的主流中跃出一股注重从改进技术手段以求胜的潜流。这种走前人没有走过的道路的闯劲，无疑应当纳入统御谋略之中。

在改进兵器方面走出一大步的是南宋名将陈规研制使用火枪。作为南宋镇抚使陈规，不仅研究谋略战法，更重要的是重视兵器研究，从技术入手提高作战效率。北宋初年，古代火器初次使用于战场，标志热兵器和冷兵器并用时代的开始，他在前人研制的"火箭""火球""火蒺藜"基础上制造出火枪，并在1132

年守德安（今湖北安陆）70天中，以此种武器给敌人以重创。这是一种以竹杆为筒，内装火药，临时点燃，喷射火焰，靠这种"火枪"焚毁了敌军攻城的装备"天桥"，敌人被迫退兵。据说，这是世界战争史上第一次使用管形喷火器，比欧洲1915年使用的金属喷火器早783年。曾远征中亚的一代天骄成吉思汗之所以能所向无敌，就在于他依据游牧民族善骑马的特点，创建了世界第一流的骑兵部队，而且还创建了炮兵，提出了"攻城用炮"的理论，在灭金、攻宋和西征中发挥了巨大的威力。他的孙子忽必烈继承和发展了攻城用炮的思想，从西域请来炮匠制造回回炮，在襄（阳）樊（城）大战中使用此炮，"机发，声震天地，所击无不摧陷，入地七尺"，战斗大胜，故又称此炮为"襄阳炮"。之后忽必烈不满足已有的成就，大批征调炮匠研制新炮。仅1279年，就从两淮征调炮匠600多人，1284年从江南选调11万匠户到都城制造新大炮。到1287年，元朝火炮技术出现突破，一种利用火药在金属管内燃烧产生气体压力，把弹丸发射出去的金属管形火炮出现于战场，比西方同类型火炮要早50年以上。

创新精神是推动社会变革的强大动力。敢为天下先，勇于实践，大胆创新，是时代赋予我们的要求。没有第一个吃螃蟹的人，就没有今天的佳肴；没有无畏的开拓者，人类就无法生存。我们赞美"第一"，就是赞美创新者的勇气。敢为天下先，突破框框、打破教条、破旧立新，才能做改革浪尖上的弄潮儿！

里德定理：若要经久不衰，切勿经久不变

提出者： 美国花旗银行公司总裁约翰·里德。

内容精解： 如果有谁认为今天存在的一切都将永远真实存在，那么他就输了。若要经久不衰，切勿经久不变。

应用要诀： 接受变化、不断学习、与时俱进，才能改变现状，突破旧格局，才能跟上日新月异的时代，才能适应发展变化的新形势、新情况、新环境，开辟更广阔的生存空间。

坦然面对波澜壮阔的变化

有人说，伟人改变环境，能人利用环境，凡人适应环境，庸人不适应环境。这话有一定道理。世界是不断变化的，不根据变化着的环境调整自己，只有死路一条。面对市场的变化，企业不能够很快地随着市场变化而变化，这样的企业往往受到市场变化的抛弃。

在现实中，对待生活和工作的不同态度要根据变化采取相应的行动，在不断寻找出路中重新获得成功。在发现事物已经发生变化时却不采取任何行动，继续抱着自己的经验站在原地幻想，结果被一成不变的思维模式蒙蔽了，使自己陷入困境。所以，不要在事物突变面前彷徨，要抛弃旧有的观念。只有经过一番曲折和努力，才能重新获得成功。在企业经营活动中，一定要用正确的理念来指导我们的行动。

企业置身的时代是一个大变革的市场经济时代，是一个日新月异的时代，也是一个竞争日益激烈的时代。在这样一个时代，企业的生产经营不是一潭死水，它随时都会掀起翻滚的浪花，企业遇到的变化是无处不在、时时都会发生

的。我们要以灵敏的嗅觉和锐利的目光，去观察、去预见、去发现、去体验，做到未雨绸缪，及早地嗅出变化的气息，发现变化、感受变化、正视变化，进而以积极的心态笑对变化。

我们的企业不能简单地照搬过去成功的经验，而不顾及环境的变化和竞争对手的成长，更不能为贪图眼前的安逸否认变化、拒绝变化、害怕变化，对周围发生的一切漠然置之、视而不见、无动于衷。只有善于观察一开始发生的细小的变化，才会有足够的思想准备和较强的承受能力，去坦然面对波澜壮阔的变化，坦然面对来势迅猛的变化。

在当今发展日新月异的时代，每个人都要善于学习、不断学习、与时俱进，只有这样才能适应发展变化的新形势、新情况、新环境，尽快确定自己的人生坐标，找准自己的位置，找到自己发展的道路，不断追求自己的新目标。

改变世界前先改变自己

很久很久以前，人类还赤着双脚走路。

有一位国王到某个偏远的乡间旅行，因为路面崎岖不平，有很多碎石头，刺得他的脚又痛又麻。回到王宫后他下了一道命令，要将国内的所有道路都铺上一层牛皮。他认为这样做，不只是为自己，还可造福他的人民，让大家走路时不再受刺痛之苦。

但即使杀尽国内所有的牛，也筹措不到足够的皮革，而所花费的金钱、动用的人力更不知有多少。虽然这件事根本做不到，甚至还相当愚蠢，但因为是国王的命令，大家只能摇头叹息。一位聪明的仆人大胆向国王提出建言："国王啊！为什么您要劳师动众，牺牲那么多头牛、花费那么多金钱呢？您何不只用两小片牛皮包住您的脚呢？"国王听了很惊讶，但也当下领悟，于是立刻收回成命采纳了这个建议。据说，这就是"皮鞋"的由来。

想改变世界，很难；要改变自己，则较为容易。

与其改变全世界，不如先改变自己——"将自己的双脚包起来"。

我们可以改变自己的某些观念和做法，以抵御外来的侵袭。当自己改变后，眼中的世界自然也就跟着改变了。

如果你希望看到世界改变，那么第一个必须改变的就是自己。

心若改变，态度就会改变；态度改变，习惯就会改变；习惯改变，人生就会改变。

打破传统格局，紧跟时代步伐

提起汽车工业，不能不提到亨利·福特。回顾福特公司的发展历程和汽车工业的轨迹，不难发现，亨利·福特早期是一位思想敏锐、与时代同步前进的伟大工业家。

农民出身的亨利·福特虽然没有受过高等教育，却养成了勤奋好学、勤于思考的好习惯。科学技术的日新月异、工业生产的迅猛发展深深地刺激了福特，特别是汽车的发明，更令他激动万分。他决心亲自生产并驾驶这种代步的机器，与时代同步前进。

从1888年起，亨利·福特便投身汽车工业。前途荆棘密布，他先后创办的底特律汽车公司和福特汽车公司都失败了。这两次失败并未吓退福特，他又第三次创办起了福特汽车公司。

与前两次创业不同，这次亨利·福特更加重视对人才的使用和现代化生产方式的采用，以及管理体制的完善建立。

亨利·福特找到了詹姆斯·库兹恩斯这位专家担任公司的经理。詹姆斯·库兹恩斯是位经营天才，在他的辅佐下，亨利·福特做出了三个载入史册的决策：

首先，进行市场预测。通过市场预测，亨利认识到只有廉价才能多销。当时的汽车价格都很高，虽然利润很大，但无法打入工薪阶层和农民家庭。亨利·福特由此出发主持制订了车身轻、功率大而可靠、廉价的T型汽车的制造计划。

其次，采取流水作业法。因为要廉价，必须像军事工业生产那样流水作业大量生产。为此，在库兹恩斯的举荐下，亨利·福特请来了有"机械化天才"之称的沃尔特·弗兰德斯和另外两位设计师，并在1913年建成了几经改造的装配线——世界上第一条汽车流水生产线，T型汽车就由这条生产线上源源不断地生产出来。生产效率也大为提高，由过去12小时28分钟生产一辆车，提高到9分钟生产一辆的水平。

再次，建立销售网。到1912年，已有上千家商行从事销售福特汽车的工作。这使得刚刚诞生不久的廉价耐用的黑色T型汽车能够冲向全世界。

此外，亨利·福特还在以他作为现代企业家的魄力和勇气建立起富有效率的经营管理体制的同时，率先实行每日9小时工作制，使工作时间缩短了一小时。采取了一些开明政策，诸如最低工资5美元一天，以及雇用残废者和犯过罪的人。这些非但没有产生负作用，而且激发了工人的积极性，缓和了劳资关系，使制造成本降低而销售利润大幅上升，更重要的是使公司安然渡过了1931年至1993年的经济大萧条时期。

亨利·福特在福特汽车公司的革新导致了世界汽车工业的一场革命。此后，世界汽车工业飞速发展。虽然亨利·福特在晚年也犯了固步自封、独断专行的错误，并且使福特汽车公司一度走了下坡路，被通用公司追了上来，最后亨利·福特不得不让位于他的孙子。但是，亨利·福特在20年代和30年代所具有的创新精神和魄力是不容抹煞的。从另一个角度讲，亨利·福特的被迫退位也说明了企业家保持一个与时代同步的思想的重要性。

现实是残酷无情的，谁不适合时代，谁就将被残酷地淘汰出局。福特一世如此，其他所有的领导人亦是如此，固步自封的结果，就只有落后。领导者从本质上来说也是一个传统的打破者，只有冲破老的思想，迎合时代发展的需要才能成为一个真正的领导者。

突破现状，更上一层楼

无论是在学校还是参加工作之后，你都往往习惯于按照别人提供的模式来做事，毕竟这种模式是很多人用经验和汗水凝注而成的，通常也会较少受到别人的非议。省时省力，何乐而不为？可是日久天长，毫无新意和变化的生活逐渐令你感到厌倦和疲惫不堪，你试图改变现状，但很快就发现，最大的阻挠力量恰恰来自你最熟悉的人们，无论是苦口婆心的劝说还是幸灾乐祸的非议，所有的这些都让你按部就班地生活……

事实上，按部就班并不是什么坏事。在你想改变自己或者周遭的环境之前，你甚至必须学会适应这样的生活，并从中吸取经验和教训以及一切对你的成长有利的因素。可是当你对自己的现状不再满足的时候，你就应该明白并且勇于承认：是改变的时候了。此时此刻，问题的关键不再是应不应该改变，而是如何去克服种种障碍和阻挠，并且尽可能地以最小的代价令你的人生更上一层楼。

在一成不变的生活之中，人很容易感到厌倦，喜新厌旧是人类的天性。当所有的事情都不再对你具有吸引力的时候，你会觉得日子越来越乏味，甚至百无聊赖。于是你的内心深处开始萌动改变现状的想法，却又患得患失，害怕非但没有实现自己的想法反而会失去现有的一切。这种心理再正常不过了。对于任何一种生命体来说，趋利避害都是生存的基本法则。而当你试图改变现状的时候，其实也是希望自己能得到一些更大的利益来改善自己的生命状态，这种利益可能是物质上的，也可能是精神层面的。

如果你冷静而理智地思考，就会发现，在人生的长河之中，改变其实才是唯一永恒的主题。没有对现状的不满和试图改变的欲望，人类就无法取得今天的成就，僵化的思维和保守的规矩迟早都会被打破。因此，当你选择改变现状的时候，你选择的不仅仅是一种生活方式，更选择了一种对待人生的态度，那就是积极、乐观、自信。

一个乐观自信、勇于突破现状的人，并非仅仅凭着一时的冲动试图改善人生状态，而是经过深思熟虑、权衡利弊之后的决定。对于这些人来说，人生是一场战役，更是一种乐趣无穷的游戏。输赢本是常事，又何必斤斤计较一城一池的得失？如果你从某件正当的事情之中感受到了一种强烈的吸引力，那正是你的命运之神在对你频频招手。切莫放过这个机会，无论得到的是什么，都是属于你的独一无二的财富。

变，才是唯一的不变

老鹰是世界上寿命最长的鸟类。

它的年龄可高达70岁。

要活那么长的寿命，它在40岁时必须做出困难却重要的决定。

当老鹰活到40岁时，它的爪子开始老化，无法有效地抓住猎物。它的喙长得又长又弯，几乎碰到胸膛。它的翅膀变得十分沉重，因为它的羽毛长得又浓又厚，使得飞翔十分吃力。

它只有两种选择：等死，或经过一个十分痛苦的更新过程。

150天漫长的操练。

它必须很努力地飞到山顶。

在悬崖上筑巢。停留在那里，不得飞翔。

老鹰首先用它的喙击打岩石，直到完全脱落。然后静静地等候新的喙长出来。

它会用新长出的喙把指甲一根一根地拔出来。

当新的指甲长出来后，它们便把羽毛一根一根地拔掉。

5个月以后，新的羽毛长出来了。

老鹰开始飞翔。重新再过30年的岁月！

置于死地而后生、浴火中追求涅槃，这都是打破常规的思维。老鹰的事启发我们，解决问题的办法常在问题之外。不创造性地开展工作，永远找不到继续生存的出路。

一些具有划时代意义的重大企业创新已成为经典范例，一直脍炙人口，广为传诵：

福特汽车公司在生产方式上创新，于1913年创造并首先采用流水线作业，使大批量生产得以实现，生产成本大大下降，一跃成为汽车工业巨头。

通用汽车公司在组织方式上创新，由前总裁阿尔弗雷德·斯隆于20世纪20年代创造了"集中决策，分散经营"的管理体制，解决了当时大企业普遍面临的管理难题，使公司能够迅速发展壮大起来，后来成为工业经济体系中的基本组织模式。

麦当劳公司在经营方式上创新，成长为快餐业的带头人。

迪斯尼公司在娱乐文化上创新，于1955年把米老鼠们请进了迪斯尼乐园，开创了独一无二的巨大市场，把本世纪的游乐园发展到了几乎完美的程度，而别人很难在这一市场上与其竞争，它得到的则是"超级文化利润"。

微软公司在产品开发上不断创新，不断推出的"视窗"系列电脑软件使人们的工作方式、学习方式和生活方式发生重大变革，从而成为通往"未来之路"上的领先快车。

在世界众多的顶级经理中，相互之间的共同之处往往是不多的。他们之间存在着性别、种族和年龄上的差异，各有与众不同的办事风格和持续关注的目标。尽管这些优秀经理可谓千人千面，却有一处彼此相同：他们在动手做任何一件事之前，总要打破一些"传统智慧"的陈规戒律。他们为什么这样？因为创新是在这个不断变化的世界里持续生存的唯一武器。

隧道视野效应：不拓心路，难开视野

来源：美国一个摄制组。

内容精解：一个人若身处隧道，他看到的就只是前后非常狭窄的视野。不能缺乏远见和洞察力，视野开阔，方能看得高远。

应用要诀：不拓心路，难开视野。视野不宽，脚下的路也会愈走愈窄。开阔视野，拓宽思维，才能看到更远的地方，迈向更广阔的人生天地。

视野决定生存境界

北方有一匹马和一头驴，它们是非常好的朋友，每天回到宿舍都要交流一天的劳动心得。马每天载着主人在外面跑，告诉驴："我总希望主人带我去更远的地方！"驴则在家里拉磨，每天回来之后总埋怨："今天主人又把我的眼睛蒙住让我干活，什么也看不见，真郁闷！"所以更多的时候，是马在讲他的见闻。一段时间之后，驴逐渐适应了蒙着眼睛干活，"这种感觉也很不错"，驴对马说。

春天到了，马因为平时的杰出表现获得了一次和主人远行的机会，到了南方，见到了青山绿水和繁华城市。一年之后，马满载着南方的特产回到了家里，见到了依然在那里拉磨的驴。

马谈起了旅行的经历，驴听得目瞪口呆，没想到外面的世界如此精彩，惊叹道："你走了那么多的路，有这么多的收获，我想都不敢想。"马说："你错了，论走的路，我们两个差不多。问题在于我和主人有着一个更大的目标，并始终如一地朝着目标努力；而你将眼睛蒙住，年复一年地围着磨盘转，所以始终走不出狭隘的天地。自然就没有我这番见识。"

工作要出成果，必须有一个远大的目标并执着如一。而制定远大目标则需要有更宽的视野，不能把自己限制在一个狭小的领域。马始终有着强烈的愿望去扩宽自己的视野，而驴则容易满足，故步自封。这也是现实中卓越者和平庸者的区别。

另一方面，驴的视野狭小除了他自身的动力不足、能力展现不够之外，还同主人的制度设计相关。这也提醒管理者，使员工具备更宽的视野，管理效果则自然能够提高。多学习，多出去看看，虽然花费一些时间、一些金钱，但企业一定会有更丰厚的回报。

此路不通，就另辟蹊径

人的时间和精力都是有限的，不可能把你想要的东西都得到，你只能挑最想要的来奋斗。想要拥有一切的人，最终什么也得不到。如果不懂得转换思路，就无法做出正确的选择，无法打开人生的局面。

以个人或企业的发展为例。我们不可能在竞争中做到万无一失，只能放弃一些不利于发展或者对个人、企业帮助较小的东西，来谋取更大的收获。过去的成就不代表将来的辉煌，决策者要懂得放弃光环。

大多数人都很难拒绝过去那些效果很好的技术和战略对我们的诱惑，也很难看到采用新战略和新技术的必要性。不伸开拳头，就很难抓到更多更新的东西，所以不要固守过去，也不要坚持错误。懂得转换思路，才能开创更美好的天地。

长期居于世界手表行业销售榜首位的日本钟表企业精工舍，之所以会有这样的成就，就是因为该企业的第三任总经理服部正次的成功的转换战略。作为钟表企业，一般都会把瑞士这个钟表王国作为对手，来努力提高自己的质量。服部正次也不例外，在他上任初期，他一直把企业的发展方向定为质量赶超瑞士。可结果很不理想，十多年的努力几乎是白费力气。就是在这时，服部正次清楚地认识到与瑞士比质量是行不通了，于是他迅速地带领精工舍另走新路——不再在机械表上比质量，而是研发出比机械表更好的新产品。有这个思路后，服部正次就带领自己的科研人员刻苦钻研，终于在几年后开发出了比机械表走时更准确的石英电子表。产品一推出就大获全胜，甚至赢得世界手表销售的首位。

不论做什么事，发现此路不通就赶快另取他路。那条路被堵死了，没必要非得把它闯开，走另一条路也能看到柳暗花明，说不定景色更加秀丽。在竞争中，我们一定不要犯固执己见的错误，也不要贪得无厌，只有懂得适时地转换思路另辟蹊径，才是成功的保证。

换一个角度看问题

一样的问题，看待的角度不同，结果就会截然不同。

有两个人一起在街上闲逛，迎面碰到他们的同事，但对方没有与他们打招呼，径直走过去了。这件事情产生了两种截然不同的看法。

其中一个是这样想的，那个同事可能正在想别的事情，没有注意到我们。即使是看到我们而没有理睬，也可能是有什么特殊的原因。

另一个人却可能有不同的想法："是不是上次我顶撞了他，他就故意不理我了？下一步他可能就要故意找我的茬了。"

这让我们看到，两种不同的想法会导致两种不同的情绪和行为反应。前者可能觉得无所谓，该干什么仍继续干什么；后者就可能忧心忡忡，以致无法平静下来干好自己的工作。

常能换一种眼光看问题，能够使我们心胸开阔，不拘泥于事物。当我们刚走上社会而心存畏惧时，我们要想那是锻炼自己的好天地；当我们做某件事情成功后，我们要想到它其实也可能会走向失败……

换一种立场，需要有对生活的敏锐观察和深入思考。如果别人鄙视你，说你能力如何如何不行，业绩如何如何不如他人，事情办得如何如何差劲，你一定不要生气，也许这正是改变他人眼光的好机会。以你的实际行动和优异成绩来证明你是能干的、能行的，鄙视你的人自然也就不再鄙视你了。所以，当你换一种眼光的时候，让别人也换了眼光，你应该感谢别人鞭策和激励了你。

　　换一种立场，换一个角度，就会有新奇的发现。横着切苹果，我们会发现珍贵的"星星"，站在别人的立场，我们会发现自己的不足。换一种立场看垃圾，如果措施得当、得力，它将不再是脏乱的废物，而是可以利用的资源。

　　换一个角度看问题，你就会认识到生活的苦、累或开心、舒坦，这取决于人的一种心境，牵涉到人对生活的态度，对事物的感受。换一个角度看问题，你就会从容坦然地面对生活，再也不会拿别人的错误来惩罚自己了。当痛苦向你袭来的时候，换个角度看问题，勇敢地面对挫折，在忧伤的瘠土上寻找痛苦的成因、教训及战胜痛苦的方法，让灵魂在布满荆棘的心灵上勇敢抉择，去赢取人生的丰收。换一个角度看问题，自己就会在平淡的日子中获得快乐，心也会豁亮，不再烦恼。所以，让我们学会换一种立场看问题，不以偏概全，也不以主观否定客观。这样，我们才能建设美好的生活，成就伟大的事业。

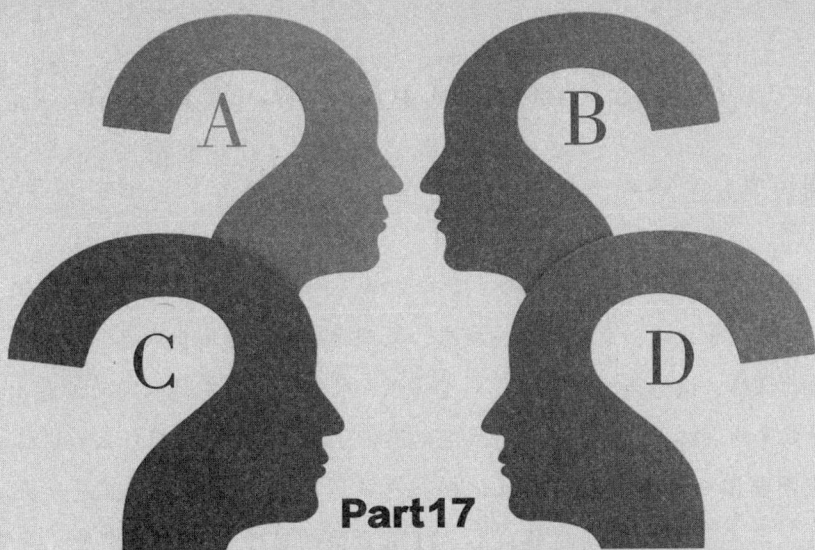

竞争：最大赢家的博弈游戏

新经济时代，不是大鱼吃小鱼，而是快鱼吃慢鱼。

——钱伯斯（美国）

如果通用公司不能在某一个领域坐到第一或者第二把交椅，通用公司就会把它在这个领域的生意卖掉或退出这个领域。

——杰克·韦尔奇（美国）

多想一下竞争对手。

——比尔·盖茨（美国）

波特竞争战略：竞争是战略，更是谋略

提出者：全球战略权威，被誉为"竞争战略之父"的美国学者迈克尔·波特。

内容精解：在1980年出版的《竞争战略》一书中波特为商界人士提供了三种卓有成效的竞争战略：总成本领先战略、差别化战略和专一化战略。竞争的本义是对竞争的谋略，谋略是大计谋，是对整体性、长期性、基本性问题的计谋。竞争战略是对竞争的谋略，发展战略是对发展的谋略，什么战略就是对什么的谋略。

应用要诀：竞争是潜力的催化剂，也是迈向成功的催化剂，是生存的一种规则。只有竞争才能不断超越自己，才有更快的进步和更好的发展，才不会被社会所劣汰。对于企业管理者而言，只有不惧竞争、敢于竞争、善于竞争，才能在市场经济大潮中获得生机，赢得生机。

竞争不必按常理出牌

商业世界中似乎总有一些不按常理出牌、让外人产生雾里看花之感的故事。企业与企业之间的利益争夺有时候比我们想象的还要精彩，因为他们经常不按常理出牌。这里有两个生动的例子：

故事一：浙江横店集团在其战略规划中，将影视娱乐与电气电子、医药化工并列为公司的三大未来核心产业。为了落实该战略，集团在浙江横店荒僻的群山之间砸入了30亿元巨资和数年的时间，按1∶1的比例复制出了一个故宫建筑群，做成了当今中国规模最大的影视城。更绝的是，该影视城为了吸引剧组前来拍摄，不收场地租赁费，此举吸引了国内众多剧组入驻，公司希望最终将横店做成中国的好莱坞。而与之相对照的国内其他影视拍摄基地，主要收入来源就是场租费与门票。

故事二：上海为承办F1中国站赛事，不遗余力投入巨资，支出主要包括上海国际赛车场的建设、向国际汽联交纳的费用、交通配套投资等费用，总计超过40亿元。然而，根据上海方面与国际汽联达成的苛刻协议，上海赛场的收入只有门票、电视广告分成、停车费等项，据此，主办方的进账收益不过3亿元，尚且不够冲抵投资的贷款利息。

按照常规的经济原理来计算，两个项目的投资回报率都存在严重问题：对于横店集团，显而易见的是，要花费几十年时间来打造一个赢利能力值得怀疑的事业，对于永远处于资金饥渴状态、锱铢必较的民营企业来说是很难令人接受的事情。对于上海赛车项目，其静态投资回报期至少也要十多年，从纯粹商业投资的角度看这样的项目也不是成功的项目。那么，投资者究竟为何会做出这样看似不能盈利的决定来呢？

答案其实很简单：两者都将目光盯在了土地这一稀缺的资源和要素上。横店集团计划通过影视经营来提升当地的文化品味和层次，促使当地土地升值，进而从中受益。而上海举办F1车赛的盈利模式也遵循同样的思路，即通过承办赛事大搞基础设施建设，大打高尚社区牌，撬动地价这一杠杆。事实上，该计划正在一步步得到应验：嘉定赛场周边的地价如今已经攀升到与地价素来较高的闵行旗鼓相当。

敢于挑战困难的人总会具有不按常理出牌的冒险精神。企业家作为一个企业的管理者，更是多具有不同于常人的冒险精神和思维。

其实，所有的人或多或少都具有与生而来的冒险特质。关键是，是否敢冒不按常理出牌的险。敢于冒险，对锻炼人格也大有助益。人生不如意事十之八九，平时刻意让自己去应付一些难题，这样可以让自己有能力去面对突发的状况。如果你从不冒险一试，那你的一生也不过是随波逐流，随时一个大浪头就可以把你打下去。

与竞争对手共舞，共存共赢

同行企业之间相互竞争是不可避免的，但应当既有竞争又有共存意识，共同维护市场，不要将市场毁灭了。同行不是冤家，而是双赢的关系，是你好我好大家好的关系。不是消灭竞争对手，而是与竞争对手共舞。

生物界有个众所周知的生存定律，那就是达尔文的生物进化论。生物进化论揭示了生物的适者生存的规律，要适应外界环境而生存就得改变自身的适应能力。要改变自身的适应能力就需要竞争，要和周围环境和周围生物进行竞争。同样的，人类的竞争就是为了自己的利益与他人竞争。

竞争可以使人类社会进步和发展，这是一个人人都认可的真理。在商业上，竞争也可以带来双赢，这是良性竞争；不择手段的竞争却是商业竞争中的忌讳，这实际是种自杀式竞争。因为不按商业规律、不按职业道德的所有竞争在短时期内或许会得到些蝇头小利，但是，这种竞争行为毕竟是违背经济规律和生存定律的，最终必然会自取灭亡。

竞争是地球上有了生物时就有的自然和社会现象，竞争存在于一切领域。在当今社会，经济领域里的竞争尤其令人瞩目。

诺贝尔经济学奖获得者莱因哈特·赛尔顿教授有一个著名的"博弈"理论。假设有一场比赛，参与者可以选择与对手是合作还是竞争。如果采取合作策略，可以像鸽子一样瓜分战利品，那么，对手之间浪费时间和精力的争斗不存在了；如果采取竞争策略，像老鹰一样互相争斗，那么，胜利者往往只有一个，而且即使是获得胜利也要被啄掉不少羽毛。现代社会中的企业关系，追求的是互惠互利的有序竞争。所以，不论对个人还是对公司，单纯追求一己私利的竞争只能导致竞争的恶性循环，使外部环境恶化，进一步促使经济停滞。因此，企业之间不能单纯互相竞争，也要有互相激励、互相合作，这才能真正做到双赢。

竞争可以双赢，汽车领域里"宝马"与"奔驰"并驾齐驱；饮料市场中"可口可乐"与"百事可乐"同时并存；草原上"蒙牛"与"伊利"共荣共生。诸如此类，不胜枚举。

任何企业都会有竞争伙伴，只有这样才能加速你人生之船的航行！因为，有容乃大，竞争对手是成功的最好动力。树立竞争对手，把他们视为最刺激的伙伴，一路同行，这才是成功企业管理者的成功定律。

将竞争意识根植于内心

现在的时代是竞争的时代，在这个以几倍甚至几十倍的高速度发展的时代，昨日的百万富翁今天就可能成为淘汰品，甚至早上还流行的音乐晚上就有可能已成为明日的黄花。这样的例子屡见不鲜，所以这个时代呼唤竞争意识。对于管理者而言，这一点尤其重要，管理者应当努力去培养自己的竞争意识，勇敢地直面竞争。

第一，把竞争意识扎根于心灵深处

竞争意识其实是市场意识和人类发展的一种必然衍生物，要走向市场、要发展进步就必然有竞争。作为事业带头人的管理者，如果在心理上缺乏竞争的准备，对竞争的重要性和残酷性认识不足，就难以在突如其来和激烈的竞争中取得胜利。只有心中铭记竞争，心里明白竞争的意义，心底领悟竞争的激烈性，管理者才能立于不败之地。

当今著名的宏基电脑公司，20年前创业时队伍仅有 7 人，如今成为全球第七大个人电脑公司，年营业额达到1500亿新台币。作为一个大型企业的总经理施振荣，坚持以"挑战困难，突破瓶颈，创造价值"作为自己的座右铭。施振荣认为：无论是人生、社会乃至企业的生产线，突破瓶颈才能使企业达到最佳效益，而要突破瓶颈必须挑战困难、勇于竞争，在关键时刻敢于冒险，善于抓住机遇。在遭遇失败时要顽强，在遇到挫折时要心理稳定、沉得住气，同时讲究策略，这样才能最终走向成功。

施振荣的哲学正是一种挑战的哲学，一种竞争的哲学。我们的管理者实在需要培养这样的竞争意识。

第二，机遇意识要时刻驻足心底

竞争往往是对机遇的竞争，在时空上抓往先机，往往领先对手获得市场。机遇的竞争最需要的就是时刻在心底确立机遇意识，即使在事业兴旺时，管理者也不能丝毫放松对自己机遇意识的培养，否则很容易使单位或组织在市场竞争中落伍。

美国玻璃界的三巨头之一——美国克林登玻璃实业公司总经理是一位敢干也善于抓机遇的高手。1963年的一次公司高层领导会议上，讨论彩色电视机用的显像管要不要研究开发并进行生产的问题，由于当时的竞争对手爱恩斯·尹利纳公司对此也犹豫不决，加上此项研究需要较高的技术研究费用，会上有一些董事不同意开发。主要理由是承担的风险过高。夏摩礼·赫顿·杰尼尔力排众议宣布："如果我们现在舍不得花钱，转眼之间我们便会落在人家后面了，我们必须立即拨款2000万美元研究开发彩色显像管。"这笔巨资没有白费，彩色显像管后来成为克林登公司的主要创收项目。更重要的是，彩色显像管的生产丰富和完善了克林登公司的玻璃系列制品，增加了公司在市场上的竞争能力。在这里，是无时不忘机遇的心理素质使夏摩礼·赫顿·杰尼尔抓住了机遇，使企业获得了先机。

无疑，夏摩礼·赫顿·杰尼尔的机遇意识源于他的竞争意识和魄力，没有在竞争中求得优胜的心理准备和心理定向，他不会如此及时地抓住稍纵即逝的商业良机。正所谓：机遇只垂青于勤奋而有准备的人。

快鱼法则：不是大鱼吃小鱼，而是快鱼吃慢鱼

提出者：美国思科公司总裁约翰·钱伯斯。

内容精解：在看似风平浪静的大海里，海底世界却存在着这种现象：海底生物在弱肉强食的竞争下，用以大吃小的方式获得生存，就是所谓的大鱼吃小鱼。当今市场竞争不是大鱼吃小鱼，而是快鱼吃慢鱼。

应用要诀：当今市场竞争异常激烈，市场风云瞬息万变，市场信息流的传播速度大大加快。谁能抢先一步获得信息、抢先一步做出应对，谁就能捷足先登，独占商机。在"快者为王"的时代，速度已成为企业的基本生存法则。企业必须突出一个"快"字，追求以快制慢，努力迅速应对市场变化。

机不可失，时不再来

在当今市场经济的激烈竞争中，几乎所有的经营型服务型企业都在用尽全身解数抢占市场、扩大销量。市场先机稍纵即逝，速度就成为了获胜的关键因素之一。此时市场的成败，不能仅仅以"大鱼""小鱼"论，而要看"快"与"慢"，形成"快鱼吃慢鱼"的结果。

市场反应速度决定着企业的命运，只有能够迅速应对市场者，才能成为市场逐鹿的佼佼者。Modell体育用品公司的CEO默德在一次圆桌会议上重复了钱伯斯的这句话，他对与会的CEO们说：想要在以变制胜的竞赛中脱颖而出，速度是关键。

正如非洲大草原上的动物们一样，当他们一开始迎着太阳奔跑的时候，狮子知道如果它跑不过速度比它慢的羚羊，它就会饿死。而羚羊也知道，如果自己跑不过速度最快的狮子，它就必然会被吃掉。加拿大将枫叶旗定为国旗的决

议通过的第三天，日本厂商赶制的枫叶小国旗及带有枫叶标志的玩具就出现在加拿大市场，销售火爆。作为"近水楼台"的加拿大厂商则坐失良机。有人曾形容说，美国人第一天宣布某项新发明，第二天投入生产，第三天日本人就把该项发明的产品投入了市场。

众所周知，作为市场战略，时间对于资金、生产效率、产品质量、创新观念等更具有紧迫性和实效性。因此，"快鱼吃慢鱼"意即"抢先战略"，是赢得市场竞争最后胜利的首要条件。

实践早已证明，在其它因素相同或基本相同的情况下，谁先抢占商机，谁就会取得最后的胜利，抢先的速度已成为竞争取胜的关键。闪电般的行动必然会战胜动作迟缓的对手，使"慢鱼"在没有硝烟的战场上败下阵来。实施"抢先战略"，意在"先"，贵在"抢"，因为"商机"是短暂的、有限的，是转瞬即逝的。正所谓"机不可失，时不再来"。

商海只适于快鱼生存

当今市场经济是残酷的优胜劣汰，原来可能是"大鱼吃小鱼"，现在则是"快鱼吃慢鱼"。

在竞争激烈、以速度制胜的今天，只有在市场上领先对手的企业，才能立于不败之地。任何企业存在的条件是要在市场上"数一数二"，否则将会被砍掉、整顿、关闭或出售。

比尔·盖茨是微软公司主席和首席软件架构师。微软公司在个人计算和商业计算软件、服务和互联网技术方面都是全球范围内的领导者。

在2008年6月截止的上个财年，微软公司的收入达620亿美元，在78个国家和地区开展业务，全球的员工总数超过91000人。最开始，盖茨凭借个人电脑操作系统的独占优势，构建了自己的软件帝国。

但是，时间不长，这个软件帝国就遭到"免费操作系统"的威胁，特别是从20世纪90年代后半期互联网正式登场以后，每个人都可以自由地上网下载这种免费的操作系统。因为使用不是特别方便，因此尚未对微软造成极大的威胁。微软之所以能独占操作系统软件市场的主要原因是易于操作的视窗操作系统所发挥的独特魅力，如果其他公司也推出具有同样功能的软件就会对微软造成致命打击。

与此同时，很多大型企业开始纷纷发出"微软的产品价格过高""为什么不降价"的抱怨声。甚至有企业威胁"要把公司内的操作系统全部换掉"，以逼迫微软降价，但是盖茨仍然不愿改变自己的作法，而且决定打出另外一副牌。

盖茨认为，在数字世界里每个人都能得到相同的机会，使用者是客户也是敌人，所以不能掉以轻心。对业界也是一样，如果不加快速度想好下一步该怎么做，可能就会被市场淘汰。

"Linux"免费操作系统刚一出现，盖茨就着手研发新一代的操作系统。正是由于盖茨快速察觉到情况的严重性并且迅速做出回应，因此Linux的出现，才没有对微软造成实质性的威胁。

以这个案例来看，我们把微软的实力归功于速度不为过。速度决定一个企业的存在，也左右一个企业的发展。

企业要增强危机意识、市场意识、责任意识，要真正意识到"不想做第一的企业早晚会完蛋"，并在实际行动中真正体现"速度"和效率，更要体现效益。

在信息社会的市场竞争中，有时不论大小，"快鱼吃慢鱼"的事时有发生。

拥有闪电般行动的企业必然会战胜动作迟缓的对手，使"慢鱼"在没有硝烟的战场上败下阵来。此时市场的成败，就不能仅仅以"大鱼""小鱼"论，而要看"快"与"慢"了。

速度会转换为市场份额、利润率和经验，所以，也可以说是对市场反应速度快的公司将吃掉反应迟钝的公司。

快鱼法则告诉我们，真正的快鱼追求的不仅是快，更是"准"，因为只有准确地把握住市场的脉搏，了解未来技术或服务的方向后，快速出击才是必要而有效的。

"快鱼吃慢鱼"强调了对市场机会和客户需求的快速反应，但绝不是追求盲目扩张和仓促出击。

捷足先登，独占商机

机不可失，时不再来。犹豫是机遇的大敌，成功需要有领先一步捕捉机遇的能力。

成功人士，他们的成功得益于在机遇面前有果敢决断和雷厉风行的魄力。他们有时难免犯错误，但是，比那些在机遇面前犹豫不决的人能力强得多，因而他们成功的机会也大得多。

我们面对的世界，是一个充满变数并且竞争非常激烈的世界，跑得快不快，很可能成为决定成功与失败的关键。

华裔电脑名人王安博士声称，影响他一生的最大教训发生在他6岁时。有一天，王安外出玩耍，路经一棵大树的时候突然有什么东西掉在他头上，伸手一抓，原来是个鸟巢，从里面滚出一只嗷嗷待哺的小麻雀。他很喜欢它，决定把它带回去喂养，于是连同鸟巢一起带回了家。

他走在路上，忽然想到妈妈不允许他在家里养小动物。他只好轻轻地把小麻雀放在门口，急忙走进屋内，请求妈妈的允许。在他的哀求下，妈妈破例答应了儿子的请求。王安兴奋地跑到了门外，不料，小麻雀已经不见了。一只黑猫正在意犹未尽地擦拭着嘴巴。王安为此伤心了很久。

从这件事王安得到一个很大的教训：只要是自己认为对的事情就应该有自信心，不能犹豫，必须马上付诸行动。没有及时行动的人，固然没有做错事的机会，但也失去了成功的机遇。

机会是一种稍纵即逝的东西。而且机会的产生也并非易事，因此不可能每个人什么时候都有机会可抓。一旦机会在你面前出现，千万别犹豫，抓住它，你就是成功者。

海尔集团董事局主席兼首席执行官张瑞敏在一次互动培训课程中，面对70多位中高层经理，提出互动培训的主题是"推进流程再造"，并首先出了一个很像"脑筋急转弯"的问题："你们说，如何让石头在水上漂起来？""把石头掏空！"有人喊道，张瑞敏摇摇头。

"把石头放在木板上！"张瑞敏说："没有木板！"

"做一块假石头！"大家哄堂大笑。张瑞敏说："石头是真的。"

此时，海尔集团副总裁喻子达顿悟："是速度！"张瑞敏斩钉截铁地说："正确！"他接着说："《孙子兵法》上有这样一句话，'激水之疾，至于漂石者，势也'。速度能使沉甸甸的石头漂起来。同样，在信息化时代，速度决定着企业的成败。海尔流程再造，就是要以更快地响应市场速度来满足全球用户的需求！"

作为一家国际知名企业，海尔集团拥有一流的管理能力和水平。在其管理的背后，发挥基础作用的是海尔独具特色的企业文化。

上面这则小故事，反映出了海尔管理的"真经"，今天的企业做决策最关键的是速度。海尔从发展之初到今天所取得的成功经验，其中最重要的一个因素就是"速度制胜"。靠速度制胜的经营战略，能帮助企业在市场竞争中赢得更多的主动权。

史密斯原则：没有永远的对手，只有永远的利益

提出者：美国通用汽车公司前董事长约翰·史密斯。

内容精解：如果你不能战胜对手，你就加入到他们之中去。

应用要诀：没有永远的对手，只有永远的利益。无论是合作还是竞争，说到底都是为了利益。企业为了自身的生存和发展，需要与竞争对手进行合作，建立战略联盟，即为竞争而合作、靠合作来竞争。

不是你死我活，而是你活我活

现代市场，强调竞争者积极争取多层次、跨领域的战略合作，共享资源，集成要素优势，实现双赢或共赢的。企业间的竞争不再是你死我活，而是你活我活，在竞争中合作，在合作中竞争，共同发展。

在一个小区旁边的一条巷子里，曾经有一家生意很火的公司，最兴旺时占了半条街的门市房。后来生意逐渐衰落，公司为了节约开支只好出租部分房子。

有俩兄弟最先来这里租房，办起了一家茶餐厅，生意非常火爆。于是，许多茶餐厅全都聚到这条巷子里来了。这条街越来越热闹，很快就成了远近闻名的"美食一条街"。

看到来租房的人生意这么好，出租房屋的公司再也按捺不住了。于是，公司收回了所有出租的门市房，撵走了所有曾经在这里经营的商户，把他们的店铺改头换面自己经营起饮食生意来。但出人意料的是，仅过了一个月这条巷子又冷清了起来，很多这条街上的常客慢慢地不再来光顾了。公司的效益越来越差，收入还没有租房时的收入高。

公司的老板百思不得其解，只好去请教一位企业管理方面的专家。专家了解了情况后，微笑着问他："如果你要去吃饭，你会选择到一个只有一家餐馆的街上去，还是到一个有几十家餐馆的街上去？"

老板回答说："当然哪里餐馆多我就去哪里了，给自己多留点选择机会嘛！"

专家听了，又微微一笑："你的公司垄断了那条小巷上的茶餐厅生意，这跟一条街上只有一家茶餐厅有什么不同呢？"

老板恍然大悟。回去后，他减少了公司的店铺数量，又将部分门市房出租。不久，这条巷子又恢复了往日的热闹景象。

没有竞争对手，就等于消费者只能选择一家公司的产品，那么消费者很快就会厌烦这种单调的形式，转而找其他的替代品来。如果把对手全部消灭，看似垄断了全部市场，实则丢失了所有的客户。

企业之间既要有竞争，也要有合作。通过合作，企业得到了发展，因此也就获得了更多更深层次的合作机会。更多更深层次的合作又让企业可以更快速地发展并壮大。

强强联手，携手共赢

20多年前，当今世界首富比尔·盖茨注册的微软公司还几乎无人知晓。通过研制一些办公软件并投入市场，微软公司开始为一些圈内人知道。但与当时的电脑业大亨IBM相比，微软简直不值一提。但是，比尔·盖茨有雄心把自己的公司发展成如IBM一般的大公司。在当时，人们都认为只有发展电脑硬件才会赚钱。但比尔·盖茨认为，个人计算机将是未来电脑的发展主方向，而为它服务的系统软件也将越来越重要。于是，他组织人员日夜奋战，开发研制新型的系统软件。不久，他听说帕特森的西雅图计算机产品公司已经研制出一种被称为QDOS的操作系统。微软马上决定以合适价格买下其使用权和全部的所有权。之后，盖茨组织自己的研究人员在此基础上进行改进，终于研制出了自己的操作系统——MS-DOS系统。在当时，微软公司力小利薄，根本无法完成自己的抱负向社会推出这项产品。这时，比尔·盖茨想到了IBM。

双方合作的基础首先是对双方都有价值，而且是对方急切需要的一种价值。因此，合作的实质就成了"你为我用，我为你用"。在当时，IBM想向个人计算机方向发展，但它必须有合作伙伴。IBM虽然十分强大，但要完成此项开发，软件上仍需合作。恰好，微软公司在软件开发方面的小有名气和成果也是具有一定优势的。这样，二者一拍即合。

在与比尔·盖茨会面前，IBM让他签署了一项保证不向IBM谈任何机密的协议。IBM经常采用这种办法从法律上保护自己。这样，IBM今后即使从客户的设想和信息中赚钱，客户也难以起诉。但是，从这例行公事中，盖茨立即明白IBM是很认真地和他们商量合作事宜的，因为如果IBM不想和他谈正经事的话，就不会拟协议。他兴奋地对同伴说道："伙计们，机会来了。"

不过直到和IBM第二次见面后，盖茨才意识到，IBM准备插手个人计算机领域。当时，盖茨只是明白能与IBM合作相当不错，如能说服其使用微软软件就更好。于是，盖茨对与IBM合作倾注了满腔热情。合同的第一项定货是操作系统。要完成IBM与微软的合作项目时间紧迫，软件的成品须在1981年3月底以前设计完成。比尔·盖茨带领自己的伙计们，向IBM交了一份满意的答卷。不久，IBMPC研制成功了，微软DOS也因之而成为行业的惟一标准。自此，由于IBMPC销量日增，MS-DOS的影响也与日俱增，为其开发的应用软件也越来越多，从而更加巩固了其基础地位。微软最终成了最大的赢家。

通过与电脑业巨人IBM的成功合作，微软挖到了自己至关重要的一桶金，正是这桶金成就了微软后来的辉煌。微软与IBM的合作诠释了弱者通过与强者合作走上成功之路的道理。而微软与SUN公司之间的合作，则向我们展示了强强合作的一种双赢结局。

2004年4月2日，微软首席执行官斯蒂夫·巴尔默和SUN公司首席执行官兼主席斯科特·麦克利尼尔向全世界宣布："微软和SUN将为产业合作新框架的设置达成一个十年协议。"当人们看到两个巨人也是一对冤家亲密地坐在了一起，就知道合作已经可以突破很多界限。众所周知，在过去的20多年中，微软与SUN之间从市场竞争、技术产品的竞争到两个总裁之间的口水战，明争暗斗从来就没有停止过。但是现在双方合作了，巴尔默与麦克利尼尔亲密的样子比什么都有说服力。对今天的IT界来说，没有谁是不能合作的，也没有什么事是不能通过合作来达成的。微软与SUN公司的合作向我们说明了这一点。

好朋友并不意味好伙伴

如果你想开创一份事业，而你身边的好朋友正好也有相同的想法，这时，你们是否会一拍即合呢？

好朋友的诱惑在于朋友之间的那种心心相通，在于"有福同享，有难同当"，在于"两肋插刀"的气魄。有这么多诱人的因素摆在面前，仿佛只要有了好朋友，一切问题就解决了。好朋友可能是同学、战友、打小一起和泥长大的玩伴，互相之间没有利害冲突，可以随心所欲地说东道西，聊天喝酒。更难得的是好朋友彼此知根知底，没有面对陌生人的种种不便。

正因为如此，一般人在开创或拓展自己的事业时，总是想找好朋友一起做。

按理说，当你和好朋友走到了一起，为了共同的事业一起努力，大家一起赚钱，这是一桩好事。但这里面有一个谁领导谁的问题。兄弟之间还可以有一个大哥，但好朋友之间就难分彼此了。平时觉得意气相投，直来直去惯了，可工作就不能这样了。总得有个人说话更有分量一些，但一个人一个想法，一个人一套思路，憋在心里日久天长就会产生摩擦、产生隔阂，最后好说好散还好，就怕弄得钱没赚到反倒丢了朋友。

让朋友们甘于平庸，千万不能指望有什么奇迹发生。但是，假如你非要与朋友共事，并且坚信不会造成任何有损于友谊的不良后果，那也可以，但你必须有足够的心理准备去承受失败。说一个最简单的例子，比如桃园三结义的刘、关、张，友谊可谓轰轰烈烈，千古流芳，但他们共事的结果是什么呢？一事无成而已。这里面更可怕的潜台词是刘备太倚重两个兄弟，结果诸葛亮对关、张二位就纵容了。关羽在华容道放了曹操，按军纪关羽该斩，但看在刘备的面子上，这事连提也不能提，耽误了多大的事啊。

一个人有好朋友多半是为了更好地生存，更好地成就一番事业。而古今中外能够有所作为的人恰恰是那些不指望朋友的人。同样是三国，曹操一代奸雄，秉性多疑，没有一个朋友，但偏偏是他打下基业，别人只能望其项背，自叹弗如。结论是：好朋友并不意味好伙伴。

朋友间同样有利益之争

"没有永恒的朋友，只有永恒的利益。"这句话听起来觉得没有道理，细想起来有点理由。

我们从儿时就交朋友，那时称为"小朋友"，为什么能够成为"小朋友"？就是我带他玩，他也带我玩，他把好吃的给我吃，我也把好吃的给他吃，他把他的小刀或铅笔借给我用，我也把我的东西借给他。虽然当时并不知道这里面有利益关系，但已经就是一种互惠互利的利益关系了。等到我们长大成人了，各干各的事，不在一起了，或者我是农民、他是干部，我们在利益关系上已经不存在了，或者很少，我们是否还是朋友呢？后来进中学、大学，我们也有许多朋友，毕业后各奔东西了，甚至有比朋友更深一筹的恋人都劳燕分飞了，那时结识的朋友也随着时间与距离而渐渐淡化了，只能说我们曾经是同学，再见时也就那么一会儿的热烈，握个手、吃顿饭，寒暄几句而已。

夫妻算不算朋友？子女算不算朋友？兄弟算不算朋友？应该说算吧，因为不仅有利益关系，还有血缘关系。但怎么还有夫妻、父子、兄弟反目的呢？究其原因就在利益上。兄弟间为了争夺遗产，父母不作为，儿子不努力，或某方过分伤害了对方的利益，都会成为反目的理由。有的人为了一己私利，认贼作父，甚至出卖朋友。如果你交上这样的朋友就是一辈子的遗憾！看来"没有永恒的朋友，只有永恒的利益"这句话的确有一定的道理。

那么，这个世界上是否就没有朋友了？有的都是利益关系的临时组合吗？实际上，朋友还是有的，朋友也不可能一点都不谈利益。

与朋友相处，在利益上无非是冲突和一致两个可选项。至于选哪一个，则要看你对朋友的态度了。

　　朋友之间多少都会面对利益的冲突，利益冲突往往可以显现一个人的本性。在利益冲突的前提下，商人用较少的利益换取一个好朋友是值得的；同样，用较大的利益放弃一个不合适的朋友也是合适的。

　　只有相同的利益，才能使双方的友谊持久。因此，我们要尽量化解与朋友利益上的冲突，使自己和朋友有着共同的利益。

　　真正的朋友在利益上看得是很淡的。所谓"管鲍分金""伯牙摔琴"的故事，一是说朋友要是知音能互相理解，二是说朋友要互相谦让，不因小利动摇大的理想。一个人首先带着个人利益的目的去交朋友，想必是不会交到真正的朋友的。朋友是奉献，不是索取；朋友是谦让，不是专横；朋友是仁慈，不是仇恨；朋友是雪里送炭，不是锦上添花；朋友是春花秋月，是和风，是润物细无声的雨露，是和煦的阳光。

过河不拆桥，大家有钱赚

　　在生意场上，制造商和经销商之间在买卖交易的过程中经常存在有某种程度的厉害冲突。如果能够换个角度，以理念相结合，就算生意形态转变了，仍然可以换个方式彼此扶持。

　　一位多年前赴美国留学的华人，毕业后留在美国自己创业。他以连锁经营的方式一连开了好几家销售电脑的商店，由于坚持服务至上，很快打开了当地的市场，生意做得很好。

　　几年后，他回到中国探亲。朋友向他请教经验，他说："我已经不做传统的电脑销售生意了。"朋友感到有些惊讶！随着他的解释才了解，由于网络的兴起引发销售的革命，许多传统的电脑销售店都受到了一定程度的冲击。朋友便随之关心他如何转型，找到新的出路。

　　"现在，电脑由制造商自己在网上按照客户的要求销售，一般的零售店很少有生意做。只有配合大趋势转型了，很多零售店都由销售变成了提供服务及维修的单位。他们与制造商之间的生意关系反而比从前更加密切。以前制造商给什么产品，我就得卖什么。现在不能再用这种模式合作了，制造商需要我们更懂得他的产品，甚至使用者会出现什么样的问题，都必须清楚地告诉我们。"

人与人之间的合作，如果理念不合必须散伙，也应该给对方留点后路。这无论是从做生意的角度还是从做人的角度来看，都是必须的。

你必须懂得过河不拆桥的道理。把桥留着，不仅是给别人留了一条过河的路，也是给自己留下一条后路。所以，过河不但不能拆桥，还要记得造新桥，让彼此在你来我往中永远有路可走！

大拇指定律：要么第一，要么出局

提出者： 硅谷风险投资家。

内容精解： 在硅谷，风险资本所投资的创业企业有着一个不太精确的经验定律，即所谓风险投资收益的"大拇指定律"：每十个风险资本所投入的创业公司中，平均会有三个企业垮台；三个企业会成长为一两千万美元的小公司并停滞在那里，最终被收购，另外三个企业会上市并会有不错的市值；其中的一个则会成为耀眼的企业新星，并被称作"大拇指"。

大拇指定律告诉人们，在风险投资的进程中，不断有失败的企业被逐出，不断有落后的企业被淘汰，不断有弱势的企业被赶超，只有最具实力的企业才能成为明星，创造业界神话。

应用要诀： 五指连心，大拇指却只有一个！只有不断进取，卓尔不凡，才能永远站在顶峰。不做第一，就注定被淘汰。只有奋起直追，勇往直前，才能缔造一个个商业帝国。

要么数一数二，要么出局

大拇指定律告诉我们，在激烈的市场竞争中，不断有失败的企业被逐出，不断有落后的企业被淘汰，不断有弱势的企业被赶超，只有最具实力的企业才能成为明星，创造业界神话。

2001年，通用电气已有12个事业部在各自的市场上独领风骚，至少有9个事业部入选500强企业之列。这是杰克·韦尔奇推行"数一数二"战略的辉煌成果。

"数一数二"经营战略的基本含义：

（1）"数一数二"就是精干、高效。

未来商战的赢家要能够洞察到真正有前途的行业并加入其中，无论是在精干、高效还是成本控制、全球化经营等方面，都是数一数二。

（2）不做到"数一数二"，就意味着整顿或者关闭。

杰克·韦尔奇认为："当你是市场中的第四或第五的时候，老大打一个喷嚏，你就会染上肺炎。当你是老大的时候，就能掌握自己的命运。"

（3）"数一数二"战略是对专业化精神富予新意的理解。

在任何领域，只有最大或第二的企业才能避开残酷的竞争，赢得巨额利润。"数一数二"不只是个目标，也是企业进行整合发展的方式。

"数一数二"最重要的不是排第几，而是在这一战略的指导下不断地积累自身的竞争优势，为企业带来真正的效益。

失败的企业都是一样的失败，成功的企业却分成很多的层次。五指连心，大拇指却只有一个！只有不断进取、卓尔不凡，才能永远站在顶峰当大拇哥，成为行业里的No.1。

做企业，没有最好只有更好

商业中有一个信条："如果你能真正制作好一枚别针，应该比你制造出粗陋的蒸汽机赚到的钱更多。"所以，努力成为行业中的"大拇指"、业界的翘楚，对企业走向最后的成功至关重要。

奥运会上金牌永远都属于第一名，哪怕只与第一名差0.1秒，那也只能拿个银牌。

2004年雅典奥运会上，美国的金牌总数排行第一，中国位列第二，俄罗斯第三。实际上俄罗斯的奖牌总数比中国多29枚，但是为什么中国的排名反而在俄罗斯的前面呢？因为排名是按金牌数，也就是按第一名总数来排名。

企业也是这样，只有那些排名第一的公司才能立于不败之地，将竞争者远远落在后面。所以，做企业应该像参加奥运会一样，勇争第一。世界知名的戴尔电脑公司为我们提供了一个很好的例子：

　　2003年，戴尔公司的年销售收入超过354亿美元，比上一年有了长足的进步，然而戴尔却立即宣布：公司的新目标是2006年的销售收入达到600亿，增长率必须达到市场增长率的3倍。

　　任何值得庆祝的成功在戴尔看来，似乎都是理所当然的。公司甚至还规定，员工在完成指标后的庆贺不允许超过5秒钟，而且在一个目标完成后的5个小时之内必须拿出新的目标和计划。

　　永远把自己的眼光聚焦在更高的地方，永远把自己置于一种厚积薄发的拼命状态，这就是戴尔的成功哲学。戴尔要求员工把每一次任务都当做参加奥运会，只能拿第一，不能拿第二。戴尔既没有蓝色巨人IBM那么悠久的历史和品牌，也没有惠普实力雄厚的科研力量。如果想要在群雄林立的IT产业谋求大发展，戴尔只能以速度取胜，做到更快、更凶、更狠，以快速的增长速度来赢得市场。

　　事实证明，戴尔的策略是明智的。戴尔在个人计算机销售量早已超过IBM、惠普和康柏，并且连续两年都是全球NO.1。

　　如果你不够强大，那么就只能依靠更拼命、更迅速、更勇猛来赢得长足的进展。不做第一，就注定被埋没。只有奋起直追，勇往直前，才能缔造一个个商业帝国。

自信地竖起你的"大拇指"

　　人生之初，我们的起点都是一样的，而多年之后，之所以有人默默无闻、有人功成名就、有人脱颖而出，也是大拇指定律在起作用。

　　认真对自己进行一下反思吧：

　　五个手指中，你是最与众不同的大拇哥吗？

　　团队里，你是最具远见卓识的领导者吗？

　　群雄逐鹿，你是脱颖而出、卓尔不凡的胜利者吗？

　　攀岩时，你是坚忍不拔、笑到最后的追梦人吗？

　　体育竞赛，你是打破纪录、遥遥领先的冠军吗？

做人也像做企业一样。只有战胜困难才能避免被淘汰，只有精益求精才能避免被落下，只有高瞻远瞩才能取得卓越非凡的成就。失败的人和企业都是一样的失败，成功的人和企业却分成很多的层次。你是否是金字塔上最高的尖顶？是否是夜空中最耀眼的明星？五指连心，大拇指却只有一个！

商业中有一个信条："如果你能真正制作好一枚别针，应该比你制造出粗陋的蒸汽机赚到的钱更多。"所以，努力成为行业中的专家，对一个人的成功至关重要。

帕格尼尼是享誉世界的"小提琴之王"，他在世界音乐史上久负盛名，是著名的演奏家兼作曲家。可是他年轻时，还没来得及在音乐界崭露头角就由于政治原因被逮捕入狱，从此在牢狱中度过了20年。

铁窗和灰墙并没有消磨他的意志，监狱看守的不近人情和百般刁难也没有打击他的信心，虽然只能与一把独弦琴相依为命，他依然勤学苦练。无数个黎明与黄昏，他在狱窗前用一把仅有一根C弦的小提琴，与音乐和艺术进行着对话，终于磨炼出了一手出神入化的演奏技巧。

出狱后，一个偶然的机会，帕格尼尼举办一场专场音乐会。他魔术般的演奏技法博得了观众的惊叹，但是没想到琴弦不堪重负，一根接一根地绷断了。但帕格尼尼依然镇定自若，仅凭着唯一幸存的那根琴弦坚持拉完了最后一个音符。整个演奏过程如行云流水，听者根本没有感觉到这其间的变化。直到谢幕时，帕格尼尼举起了小提琴，观众们才看到断开的琴弦，顿时掌声雷动。从此，人们赋予帕格尼尼"独弦琴圣手"的美誉，他传奇般的艺术人生也成为人们津津乐道的话题。

成为业内的"第一"、翘楚是每个人的梦想，然而不经历一番磨炼又怎能超越众人呢？想成为"大拇指"，就必须付出加倍的努力。没有当初狱中"一根弦"的苦练，帕格尼尼肯定不会练就一身绝技，也不会获得日后公认的美誉。他的汗水终于换来了听众的一致称赞，人们一致向他竖起了大拇指。

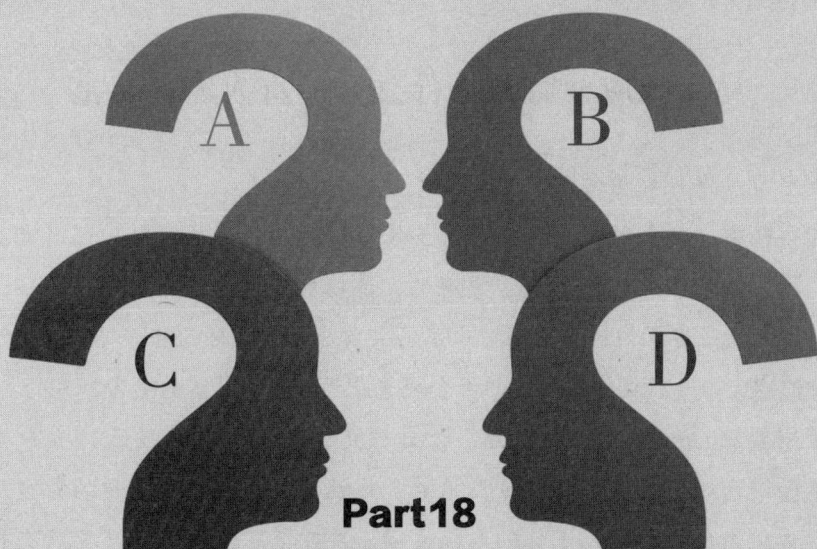

Part18

财富：观念决定贫富，脑袋决定口袋

你不理财，财不理你。

——投资界名言

愚蠢的行动，能使人陷于贫困；投合时机的行动，却能令人致富。

——克拉克（美国）

穷人在为钱而工作，富人让钱为他们工作。

——罗伯特·清崎（美国）

马太效应：穷人为什么穷，富人为什么富

提出者： 美国科学史研究者罗伯特·莫顿。

内容精解： 马太效应的名字来自圣经《新约·马太福音》一则寓言："凡有的，还要加倍给他叫他多余；没有的，连他所有的也要夺过来"。1969年，美国科学史研究者罗伯特·莫顿提出了马太效应，意指好的愈好坏的愈坏、多的愈多少的愈少的一种现象，反映的社会现象是两极分化，富的更富，穷的更穷。

应用要诀： 一个人只要努力，让自己变强，就会在变强的过程中受到鼓舞，从而越来越强。态度积极主动执着，你就获得了精神或物质的财富，获得财富后你的态度更加强化了你的积极主动。要改变贫困境地，就要改变自己的思维，学会富人的思维方式。要富脑袋，才能富口袋。

从马太效应看贫富差距

任何个体、群体或地区，一旦在某一个方面（如金钱、名誉、地位等）获得成功和进步就会产生一种积累优势，就会有更多的机会取得更大的成功和进步。这个术语后来被经济学界借用，反映贫者愈贫、富者愈富，赢家通吃的收入分配不公的现象。

基尼系数则是用于衡量收入分配中马太效应的重要经济指标。基尼系数是意大利经济学家基尼于1912年提出的，定量测定收入分配差异程度，国际上用来综合考察居民内部收入分配差异状况的一个重要分析指标。

基尼系数的经济含义是：在全部居民收入中，用于进行不平均分配的那部分收入占总收入的百分比。基尼系数最大为"1"，最小等于"0"。前者表示居民之间的收入分配绝对不平均，即100%的收入被一个单位的人全部占有了；

后者则表示居民之间的收入分配绝对平均，即人与人之间收入完全平等，没有任何差异。这两种情况只是在理论上的绝对化，在实际生活中一般不会出现。因此，基尼系数的实际数值只能介于0到1之间。

目前，国际上用来分析和反映居民收入分配差距的方法和指标很多。基尼系数由于给出了反映居民之间贫富差异程度的数量界线，可以较客观、直观地反映和监测居民之间的贫富差距，预报、预警和防止居民之间出现贫富两极分化，因此得到世界各国的广泛认同和普遍采用。

国际上通常把0.4作为收入分配差距的"警戒线"。一般发达国家的基尼指数在0.24到0.36之间，美国偏高，为0.4。2007年，中国的基尼系数达到了0.48，已超过了0.4的警戒线。

将基尼系数0.4作为监控贫富差距的警戒线，应该说，是对许多国家实践经验的一种抽象与概括，具有一定的普遍意义。但是，各国、各地区的具体情况千差万别，居民的承受能力及社会价值观念都不尽相同，所以这种数量界限只能用作宏观调控的参照系，而不能成为禁锢和教条。

一部分人已经先富起来了，这是中国的客观现实。大部分人虽然已经解决了温饱问题，收入有所提高，还算不上富裕，也是中国的客观现实。居民收入差距不断地扩大，就是中国客观现实的反映。

改革开放以来，我国在经济增长的同时，贫富差距逐步拉大，综合各类居民收入来看，基尼系数越过警戒线已是不争的事实。据2010年相关报道，我国社会的贫富差距已经突破了合理的限度，总人口中20%的最低收入人口占收入的份额仅为4.7%，而总人口中20%的最高收入人口占总收入的份额高达50%，突出表现在收入份额差距和城乡居民收入差距进一步拉大、东中西部地区居民收入差距过大、高低收入群体差距悬殊等方面。缩小收入差距，是摆在政府面前的一个突出的问题。

要富口袋，先富脑袋

在贫富差距越来越大的今天，关于穷与富的思考与争论成为了一个焦点。在短短的半个世纪内，在这个世界上攫取和创造了绝大多数财富的时代精英们，他们究竟凭的是什么？而更多徘徊在贫穷边缘的人们，是什么让他们与财富隔海相望？

曾几何时，创造财富靠的是创业的激情、雄厚的资本，甚至是冒险和投机。可是，随着知识经济以迅雷不及掩耳之势统治了这个世界，在某一天早晨，当洛克菲勒、巴菲特这些昔日的富豪们睁开眼睛的时候，惊奇地发现富豪榜上竟然出现了比尔·盖茨等一批后起之秀，并且，他们就那样眼睁睁看着这些富豪们后来居上，几乎在一夜之间就超越自己跃居富豪榜榜首。

用富可敌国形容比尔·盖茨的财富一点也不夸张。在短短20多年的时间里，比尔·盖茨创造了财富史上的神话，他平均每周增加资产4亿美元。他的成功与我们所熟知的那些往日的富豪们完全不同。在过去的一个多世纪里，全球首富是石油大王、汽车大王、钢铁大王等企业巨子，他们的财富是建立在数不清的有形原料、产品，以及数代人的不懈奋斗之上的。而比尔·盖茨的微软公司，既无高大的厂房，又无堆积如山的原料，有的只是知识和智慧，他们的产品就是一张张软盘。这虽然只是一个崭新的产业，可是，现如今，比尔·盖茨的微软公司的产值大于美国三大汽车公司产值的总和，美国1996年全年新增产值的2 / 3是靠像微软公司这样的企业创造的。

可以说，比尔·盖茨之所以能够连续数年稳坐世界首富宝座，就是由于他有丰富的脑力方面的知识！

美国前总统卡特曾经说过："工业社会的动力是金钱，但在资讯社会却是知识。人们将会看到一个拥有资讯且不为人知的新阶层出现；这些人会拥有权力——但这种权力并非来自金钱，也不是来自土地，而是来自知识。"

世界著名的社会学家托夫勒在他的《权力转移》一书中也指出："知识"在21世纪必定毫无疑问地成为首位的权力象征。相反，"财富"只占第二位。在信息社会的今天，"知识"胜过"财富"，同时也创造"财富"。知识就是力量，"富脑袋"="富口袋"。

将你的财富折叠51次

假如你手里有一张足够大的白纸，请你把它折叠51次。想象一下，它会有多高？一米？两米？其实，这个厚度超过了地球和太阳之间的距离！财富与之类似，不用心去投资，它不过是将51张白纸简单叠在一起而已；但我们用心智去规划投资，它就像被不断折叠51次的那张白纸，越积越高，高到超乎我们的想象。

其实，根据马太效应，我们的收益是具有倍增效应的。你的收益越高，就会越有机会获得更高的收益。

一位著名的成功学讲师应邀去某培训中心演讲，双方商定讲师的酬金是300美元。在那个时候，这笔数目并不算少。

这是一场规模盛大的演讲会，参加的人员很多。这位讲师的演讲非常成功，受到了大家的热烈欢迎。同时，他也因此结交了更多的成功学人士，感觉受益匪浅。

演讲结束后，他谢绝了培训中心给他的报酬，高兴地说："在这几天中，我的受益绝不是这几百美元所能买到的。我得到的东西，早已远远超出了报酬的价值。"

培训中心的领导很受感动，把这个讲师拒收酬金的事告诉了培训中心的所有学员。他说："这个讲师能够深深体会到他在其他方面的收获远远大于他的酬金，这说明了他对成功学的研究达到了很高水平。像他这样的讲师，才能称得上是真正意义上的成功学大师，因为他已经深刻领会了成功的要素和成功的意义。那么，他宣传的成功学一定很具实用性，也是可行的。阅读他所著的成功学书籍，一定会得到真实的成功启迪。"

于是，培训中心的学员们纷纷购买了讲师所著的成功学书籍和录像带等产品。

后来，培训中心又把这个讲师拒收酬金的事写成激励短文，挂在培训中心的阅览室里，参加培训的学员纷纷购买他的书籍和产品，使他的书籍再版了几次，总数超过了百万册。这样，仅在售书方面，讲师的收入就不是一个小数目了。

通过这个故事我们不难发现，领悟了马太效应对于我们获得更高的收益非常重要。

现实生活中，人人都希望自己富裕起来。那么，我们不能只看眼前的既得利益，应该把目光放得更远一些，看到马太效应的增值效果，让眼前的收益不断增值。这就好比前面所说的将一张纸折叠51次那样，通过不断累加，你的收益便会越来越多。

学会投资，跨越贫富分水岭

在美国，一度有本畅销书叫做《富爸爸穷爸爸》。书中讲的富爸爸没有进过名牌大学，他只读到了八年级，可是他这一辈子却很成功，也一直都很努力，最后富爸爸成了夏威夷最富有的人之一。他那数以千万计的遗产不光留给自己的孩子，也留给了教堂、慈善机构等。

富爸爸不光会赚钱，在性格方面也是非常的坚毅，因此对他人有着很大的影响力。从富爸爸身上，人们不光看到了金钱，还看到了有钱人的思想。富爸爸带给人们的还有深思、激励和鼓舞。

穷爸爸虽然获得了耀眼的名牌大学学位，却不了解金钱的运作规律，不能让钱为自己所用。其实说到底，穷与富就是由一个人的观念所决定的，但容易受周围环境的影响。

所有的有钱人都有一个共同的观念：誓做富爸爸，不做穷爸爸。用钱去投资，而不是抱着钱睡大觉。

正确投资是一种好习惯，养成这样习惯的人命运也许从此改变。而那些拥有了财富就止步的人，将会重新回到生活的原点。

一个人如果不养成正确投资的好习惯，让钱在银行睡大觉，就是在跟金钱过不去，就是在变相削减自己的财富。有很多人辛劳一生到头来还是穷人，就因为这些人不会把钱变成资本。

可以这样说，富人都是天然的投资家，大多数穷人都只是纯粹的消费者。因此，如果要想不再做穷人，就不但要努力挣钱、用心花钱，还要养成良好的投资习惯，主动猎取回报率能超过通胀率的投资机会，这样才能真正保证自己的钱财不缩水，才能逐渐接近自己的财富目标，才能过上更好的生活。

杠杆效应：寻找财富支点，撬起财富大厦

提出者：古希腊科学家阿基米德。

内容精解：古希腊科学家阿基米德有这样一句流传千古的名言："给我一个支点，我就能撬起地球！"意思是利用一根杠杆和一个支点，就能用很小的力量撬起很重的物体。杠杆原理也充分应用于投资中，主要是指利用很小的资金获得很大的收益。

应用要诀：在投资时做好预算，把握时间节点和投资额度，可以以最佳投资赢得最大回报。找准财富支点，你就能用你的财富杠杆撬动财富大厦，实现一夕暴富的神话。

财务杠杆：一夕暴富不是梦

杠杆原理说明，找到一个支点，人们通过利用杠杆可以以较小的动力撬起自己所追求的大事物。同样，找到一个财富支点，你可以用你的财富杠杆撬动财富大厦，实现一夕暴富的神话。

在经济活动中，一项经济活动引起的一个经济指标很小的变动，可以使另一个经济指标有较大的变动。

在我们的日常生活中，杠杆原理应用非常广。譬如，你每天开车用的方向盘，就运用了杠杆原理。高杠杆率是当今资本市场金融交易的重要特点，所谓杠杆率是指金融机构的资产对其自有资本金的倍数。例如，如果杠杆率是10，则对应于1美元的资本金，银行将能提供10美元的贷款。对于给定资本金，杠杆率越高，金融机构所能运作的资产越多，金融机构的盈利就越高。商业银行、投资银行等金融机构均采用了杠杆经营模式，即金融机构资产规模远高于自有

资本规模。风险和收益是成正比的，杠杆率越高风险也越大。我们接触到杠杆率最简单的例子就是房屋按揭贷款。

那么什么是财务杠杆呢？从西方的理财学到我国目前的财会界，对财务杠杆的理解大体有以下两种观点：

第一，将财务杠杆定义为"企业在制定资本结构决策时对债务筹资的利用"。因而财务杠杆又可称为融资杠杆、资本杠杆或者负债经营。这种定义强调财务杠杆是对负债的一种利用。

第二，认为财务杠杆是指在筹资中适当举债，调整资本结构给企业带来额外收益。如果负债经营使得企业每股利润上升，便称为正财务杠杆；如果使得企业每股利润下降，通常称为负财务杠杆。显而易见，在这种定义中，财务杠杆强调的是通过负债经营而引起的结果。

另外，有些经济学家认为财务杠杆是指在企业的资金总额中，由于使用利率固定的债务资金而对企业主权资金收益产生的重大影响。

与第二种观点对比，这种定义也侧重于负债经营的结果，但其将负债经营的客体局限于利率固定的债务资金，其定义的客体范围是狭隘的。企业在事实上可以选择一部分利率可浮动的债务资金，从而达到转移财务风险的目的。

借助杠杆原理赢得最大回报

了解杠杆原理，我们可以在投资时做好预算，把握时间节点和投资额度，以最佳投资赢得最大回报。

绝大多数进行房产投资的人都不是一笔付清的，他们都是负债投资。如果你买一幢100万元的房子，首付是20％，你就用了5倍的财务杠杆。如果房价增值10％的话，你的投资回报就是50％；如果你的首付是10％的话，财务杠杆就变成10倍。如果房价上涨10％，你的投资回报就是1倍！

期权期货通过一种保证金（Margin）账户具体操作，这种账户用的也是杠杆原理。保证金账户是指在购买股票时，只需花股票总值的25％～30％就行了。在"买长"时25％，在"卖短"时30％。比如，你把1万元放入保证金账户，就可以买总值4万元的股票，也就是说有4倍的杠杆作用。当然，那75％的钱是向证券商借来的，利率一般比银行高一些，比信用卡低；而且你的账户还必须维持你所拥有股票市值的25％（买长）到30％（卖短）的资金。一旦低于那个数，你就要赶紧补钱"输血"进去。

外汇交易的保证金账户，一般都会用到15倍以上的财务杠杆；对冲基金的财务杠杆一般用到20倍；"两房"的财务杠杆大约是30倍。

在投资市场上，人们都有以小博大的欲望，希望用很少的钱赚更多的钱。然而天下没有免费的午餐，使用杠杆也是以巨大的风险为代价，这就需要投资者不要只看到收益，更要看到风险，合理正确地使用这一工具，让其最大限度地为己所用。

这并不是说借助杠杆原理可以无限期地获得回报。期货的保证金比一般股票要低。保证金比例更低，只需总价的5％～10％。所以期货获利或亏损的幅度，可以高达本金的数千倍!想当年英国的老牌银行巴林银行，就是被一个交易员玩"日经期指"给玩残的。

甘蔗没有两头甜，善用杠杆避风险

从某种程度上来说，杠杆原理的使用可以增加你的购买力，使你掌握自己的潜在资产。它的机制远比你想象的要普通，比如，当你进行抵押贷款的时候，你实际上是在运用杠杆原理来支付你无法用现金兑付的某样东西，而当你偿付了抵押贷款后，你就可以在资产买卖中获取利润。

你也可以将杠杆原理运用到股票投资的保证金交易中。在这个场合中，可以用自己的钱加上从股票经纪人那里借来的钱来购买股票。如果股票上涨，你卖出可以获取盈利，然后将借的钱和借款利息归还，剩余的钱就归你了。

因为你只是用了自己很少的钱进行投资，使用杠杆原理可能会比不用在投资回报上赚取更多。举一个例子，如果你自己出5000美元，又借了5000美元做一笔10000美元的投资，然后以15000美元出手，那么你赢利是以5000美元赚取了5000美元，即你的投资回报率是100％。如果你全部用自己的钱来投资，则只是在10000美元的投资基础上实现了5000美元的赢利，或者说是50%的回报率。

虽然在投资中运用杠杆原理会增加你的收益，但也会给你带来巨大的风险。

如果一旦拖欠贷款，即便你以前一直有规律地支付贷款，贷方也会因这次欠款收回你的房屋。因为杠杆性要求你抵押一定价值的物品来把握你的财务合伙人投入资金数量的风险。如果你卖出的资产总额不足以偿还借贷，那么你仍然应该向贷方支付剩余的款项。

如果你以保证金来购买股票，一旦你的股票跌至低于相应的购买价格所预先设定的百分比，你就必须上缴一定数额的保证金，以便你的股票经纪人的那笔钱不会处于危险之中。况且如果你割肉，你仍然必须偿付全额的保证金。

运用杠杆性投资的波动越大，带来巨大损失的风险性越高。事实上，你损失的钱会比你的投资还多，而这种情况在没有运用杠杆性投资的时候是不会发生的。

俗话说，凡事有一利就有一弊，甘蔗没有两头甜，杠杆也不例外。我们在使用杠杆之前有一个更重要的核心须要把握住：那就是成功与失败的概率是多大。要是赚钱的概率比较大，就可以用很大的杠杆，因为这样赚钱快；如果失败的概率比较大，那根本不能做，做了就是失败，而且会赔得很惨。

二八定律：以最小投入获得最大收益

提出者：意大利经济学家帕累托。

内容精解：在任何一组东西中，最重要的只占其中一小部分，约占20%，其余的约80%尽管是多数，却是次要的，因此又称二八定律。

应用要诀：在投资理财中并不是投入越多越有效，要考虑投资成本，减少费用，以最小的投入获得最大的收益，这是投资理财的上上策。

你想做"二"还是"八"

二八定律得到了广泛的认证，一个企业80%的利润来自20%的项目；20%的人掌握了世界上80%的财富；20%的人身上集中了人类80%的智慧……在理财投资领域这个定律也有其价值，在股市上就有这样的有趣现象。

股市中有80%的投资者只想着怎么赚钱，仅有20%的投资者考虑到赔钱时的应变策略。结果是，只有那20%的投资者能长期盈利，而80%的投资者却常常赔钱。

20%赚钱的人掌握了市场中80%正确的有价值信息，而80%赔钱的人因为各种原因没有用心收集资讯，只是通过股评或电视掌握20%的信息。

当80%的人看好后市时，股市已接近短期头部；当80%的人看空后市时，股市已接近短期底部。只有20%的人可以做到铲底逃顶，80%的人是在股价处于半山腰时买卖的。

券商80%的佣金是来自于20%短线客的交易，股民80%的收益却来自于20%的交易次数。因此，除非有娴熟的短线投资技巧，否则不要去贸然参与短线交易。

只占市场20%的大盘指标股对指数的升降起到80%的作用，在研判大盘走向时，要密切关注这些指标股的表现。

一轮行情只有20%的个股能成为黑马，80%的个股会随大盘起伏。80%的投资者都会和黑马失之交臂，仅20%的投资者与黑马有一面之缘，能够真正骑稳黑马的更是少之又少。

有80%投资利润来自于20%的投资个股，其余20%投资利润来自于80%的投资个股。投资收益有80%来自于交易数的20%，其余交易数的80%只能带来20%的利润。所以，投资者需要用80%的资金和精力关注于其中最关键的20%的投资个股和20%的交易。

股市中20%的机构和大户占有80%的主流资金，80%的散户占有20%资金，所以，投资者只有把握住主流资金的动向，才能稳定获利。

成功的投资者用80%的时间学习研究，用20%的时间实际操作。失败的投资者用80%的时间实盘操作，用20%的时间后悔。

股价在80%的时间内是处于量变状态的，仅在20%的时间内处于质变状态。成功的投资者用20%的时间参与股价质变的过程，用80%的时间休息，失败的投资者用80%的时间参与股价量变的过程，用20%的时间休息。

由此看出能够真正掌握投资理财技巧，让自己在利润与风险并存的理财投资中成功收益的人是少数的，你是愿做成功的"二"，还是愿做占大多数的"八"呢？

有这样两种人：第一种占了80%，拥有20%的财富；第二种只占20%，却掌握80%的财富。为什么？原来，第一种人每天只会盯着老板的口袋，总希望老板能给他们多一点钱，而将自己的一生租了第二种20%的人；第二种人则不同，他们除了做好手边的工作外，还会用另一只眼睛关注正在多变的世界，他们明白什么时间该做什么事，于是第一种80%的人都在替他们打工。每个人都不愿自己是个一事无成的人，都希望自己能够成为令人羡慕的20%的人当中的一分子。在现代社会，要想淘到属于自己的第一桶金，不仅要懂得技巧，而且要会寻找机会。

想要成为"二"中的一分子，并不是可望而不可及的事情。只要通过自己的努力，善于发现自身的优势，敢于去拼搏，善于在竞争激烈的社会中发现机遇，一旦发现了机遇就抓住它，不要因为暂时的困难就放弃了可以给自己带来财富的机会。

黄金分割线——家庭投资理财的标尺

黄金分割是一种古老的数学方法。黄金分割的创始人是古希腊的毕达哥拉斯，他在当时十分有限的科学条件下大胆断言：一条线段的某一部分与另一部分之比，如果正好等于另一部分同整个线段的比即0.618，那么，这样比例会给人一种美感。

黄金分割线的神奇和魔力，数学界还没有明确定论，但它屡屡在实际中发挥我们意想不到的作用。如摄影中的黄金分割线，股票中的黄金分割线……同样，黄金分割线在个人或家庭的投资理财规划中也有着神奇的效果，妙用黄金分割线可使资产安全地保值增值。

孙民是广州一家饮食集团下属分公司的财务部长，妻子在一家财务公司任职，孩子正在读小学，家里还要供养两位老人。孙民每月的家庭总收入在11000元左右，这个水平在广州市只能算是个小康之家，日常节余也不多。但是，多年来孙民家的资产一直在稳步增长，小日子过得有滋有味。

原来，专业出身的孙民非常关注家庭财务规划，对家庭的每一笔投资都非常慎重。他在日常工作中还创造性地总结出"黄金分割线"的家庭理财办法，即资产和负债无论怎样变动，投资与净资产的比率（投资资产/净资产）和偿付比率（净资产/总资产）总是约等于0.618。这正是他所谓的理财黄金分割点。多年来，孙民一直在这个理财黄金分割点的指引下不断调整投资与负债的比例，因而，家庭财务状况相当稳健。

2008年时，孙民的父母相继去世，孙民每月的负担减轻了2500多元，还分得了7万多元遗产。一年后，随着孙民在银行的存款快速增加，黄金分割点有失衡的可能，于是孙民决定做点投资。

一般来说，个人的负债收入比率数值应在0.4以下，高于此数值则在进行借贷融资时会出现一定困难。要保持财务的流动性，负债收入比率维持在0.36最为合适。如果一个人的该项比例值大于1，则意味着他已经资不抵债了。从理论上讲，这个人已经破产了。

1. 投资额度要设上限

孙民当时的家庭总资产，包括银行存款、一套109平方米的三居室、货币市场基金和少量股票，总价值为105.5万元，其中房产尚有28万元贷款没有还清，净资产（总资产减去负债）为77.5万元，投资资产（储蓄之外的其他金融资产）有39万元，孙民的投资与净资产的比率为39÷77.5＝0.503，远低于黄金分割比率0.618。这意味着家庭有效资产可能得不到合理的投资，没有达到"钱生钱"的目的，因此加大投资力度是很有必要的。

要让资金最快增长，毫无疑问，要多投入资金。但是因为存在着亏损的可能性，所以孙民给投入的资金量设定了上限。加大投资额的同时也要考虑家庭的偿付能力，在偿付比率合理的基础上进行合理的理财投资。这就是孙民家庭财务一直很稳健的原因，而大部分人进行理财投资时往往忽略了自己的偿付能力。

2. 借款可优化财务结构

在经济风险膨胀的今天，如果偿付能力过低，则容易陷入破产的危机。偿付比率衡量的是财务偿债能力的高低，是判断家庭破产可能性的参考指标。孙民的家庭总资产为105.5万元，其中净资产为77.5万元，而他的房产贷款还有近28万元未还。按照偿付比率的计算公式，孙民的偿付比率为77.5÷105.5≈0.735。

从孙民多年的财务经验看，变化范围在0~1之间的偿付比率，一般也是以黄金分割比率0.618为适宜状态。如果偿付比率太低，则表示生活主要依靠借债维持，这样的家庭财务状况，无论债务到期还是经济不景气，都可能陷入资不抵债的局面。而如果偿付比例很高，接近1，则表示自己的信用额度没有充分利用，需要通过借款来进一步优化其财务结构。

0.735是个比较理想的数字，即便在经济不景气的年代，这样的资产状况也有足够的债务偿付能力，但0.735远高于黄金分割比率，可见孙民资产还没有得到最大合理的运用，信用额度也没有充分利用。当然，0.735的偿付比率增加了孙民投资住宅房的信心。

　　孙民开始寻找符合自己财务的投资住宅房，一方面他要使有效资产得到合理的运用，另一方面又要保证家庭财务的偿付比率维持在黄金分割比上下。

　　由孙民的事例可以看出，黄金分割线可以作为投资理财的一个度量。

　　黄金分割线是家庭投资理财的一把标尺，巧用黄金分割线进行投资理财规划能够产生微妙的效果，用最小的投入获得最的回报，使资产稳健地保值增值。

羊群效应：投资理财不是赶时髦

来源：一个心理学实验。

内容精解：在一群羊前面横放一根木棍，第一只羊跳了过去，第二只、第三只也会跟着跳过去；这时把那根棍子撤走，后面的羊走到这里，仍然像前面的羊一样向上跳一下，这就是所谓的"羊群效应"，也称"从众心理"。意指由于对信息缺乏了解，投资者很难对市场未来的不确定性作出合理的预期，往往是通过观察周围人群的行为而提取信息，进而产生跟风行为。

应用要诀：跟风很容易导致盲从，而盲从往往会陷入骗局或遭到失败。投资理财要学会理智、不盲目，多做研究和分析，不要被众人跟风的表象所迷惑，要学会透过现象看本质，审时度势，做出正确的判断，才能减少失误和损失，获得最大回报。

不是人人都能喝"王老吉"

喝惯了绿茶、橙汁、果汁的人们如今有了新的选择，以"王老吉""苗条淑女动心饮料"等为代表的一批功能性饮品如今纷纷上市。

这些功能性饮料的显著特点是，它们除了饮料所共有的为人体补充水分的功能外，都有一些药用的功能。声称有去火、瘦身等功效，伴随着"尽情享受生活，怕上火，喝王老吉"这首时尚、动感的广告词，"王老吉"一路走红，大举进军全国市场。虽然"王老吉"最初流行于我国南方，北方人其实并没有喝凉茶的传统，但是王老吉药业巧妙地借助了人人皆知的中医"上火"概念，成功地把"王老吉"打造成了预防上火的必备饮料。淡淡的药味、独特的清凉去火功能，令其从众多只能用来解渴的茶饮料、果汁饮料、碳酸饮料中脱颖而出。酷热的夏天，加上现在的人爱吃麻辣川菜，给了消费者预防上火的理由，当然也给了人们选择"王老吉"的理由。

然而，药品专家提醒：理性消费不跟风。

医学专家指出，在王老吉凉茶的配料中，菊花、金银花、夏枯草以及甘草都是属于中药的范畴，具有清热的功能，药性偏凉，不宜当做普通食品食用。专家表示，夏枯草的功用是清肝火、散郁结，用于肝火目赤肿痛、头晕目眩、耳鸣、烦热失眠等症，它和菊花、金银花配在一起使用时，应根据具体对象的身体状况对症使用。专家认为，凉茶这种饮料并非老少皆宜，脾胃虚寒者以及糖尿病患者都不宜服用。脾胃虚寒的人服用后会引起胃寒、胃部不适症状，糖尿病患者服用后则会导致血糖升高。可见，功能性饮料并不是适合所有人群。

这提醒我们在消费的同时不要盲目跟风，要做到理性消费。

理性消费，不盲目跟风

在现实生活中，类似的消费跟风的例子还有不少。比如，每年大学必有的"散伙饭"。

所谓的"散伙饭"，就是"离别饭"。三四年的同学生活、宿舍密友，转眼间就要各奔东西了，这个时候自然要聚一聚，喝酒、聊天，于是"散伙饭"成了大学生表达彼此间依依惜别之情的方式。

然而，本来是为了将"散伙饭"作为大学里最后的记忆，却渐渐地变了味。"散伙饭"不仅越吃越多，有的越吃越高档，价钱也越来越高昂，成了"奢侈饭"。

大学生毕业的时候吃"散伙饭"显然已经成了一种"定律"，届届相传。其实，"散伙饭"只是大学生的一种"跟风"现象。

看到以前的学长们在吃"散伙饭"，看着周围的同学在吃"散伙饭"，自己怎么能不吃呢？这是一种"不服"的心理作用。你在学校食堂吃散伙饭，那么我也吃，我们到外面饭店去吃，比谁的档次高。于是，跟风的人越来越多，档次也越来越高。

　　这种一味跟风，只图一时宣泄情绪的行为，往往给许多学生的家庭带来了财务负担。对家庭而言，培养一个大学生已经花费了不少钱财，豪华的饭局又加重了家庭的开支。家庭富裕的也许并不会在意什么，然而家庭比较贫困的呢？为了不丢孩子的面子，再"穷"也要让孩子在大学的最后时刻风风光光地毕业。这不仅突出了同学间的贫富不均的现象，反而容易引起贫困生们的自卑心理。对于学生而言，绝大多数都是依赖父母，有钱就花，花完再要。大摆饭局只为跟风、攀比，满足彼此的虚荣心，十分不利于培养学生正确的理财观、消费观，助长了社会"杯酒交盏，排场十足"的铺张浪费之风。不仅如此，错误的消费观还会影响到大学生日后就业，他们甚至可能所挣的工资会连在校时的消费水平都不如，这也就相应地加大了他们就业的压力。

　　"羊群效应"告诉我们，许多时候并不是谚语说的那样——"群众的眼睛是雪亮的"。在市场中的普通大众，往往容易丧失基本判断力，人们喜欢凑热闹、人云亦云。有时候，群众的目光还投向资讯媒体，希望从中得到判断的依据。但是，媒体人也是普通群众，不是你的眼睛，你不会辨别垃圾信息就会失去方向。所以，收集信息并敏锐地加以判断，是让人们减少盲从行为更多地运用自己理性的最好方法。

不做任人宰割的"羊"

　　一位石油大亨到天堂去参加会议。一进会议室，发现座无虚席，自己没有地方落座。于是，他灵机一动，大喊一声："地狱里发现石油了！"

　　这一喊不要紧，天堂里的石油大亨们纷纷向地狱跑去，很快，天堂里就只剩下那位石油大亨了。

　　这时，大亨心想：大家都跑了过去，莫非地狱里真的发现石油了？

　　于是，他也急匆匆地向地狱跑去。

　　在实际的投资生活中，"羊群效应"现象比比皆是。但是，那些从众的"羊"，并没有像自己想象中的那样赚到利润，而是很容易成为被"宰割"的对象。

　　就拿股市来说，很多散户被股市情绪所控制，从而出现从众心理：好的时候都蜂拥而上，坏的时候消极沮丧。其实，在股市投资中，往往是少数人的看法才是正确的。

例如，股市大亨们想从散户手中拿到廉价的筹码，一般喊一嗓子："天堂在2500点以下！"结果，那些原先看好3000点的散户都纷纷放弃原有位置，蜂拥到2500点去寻找自己的天堂。但是，通往2500点的路很快就被截断了，当他们不得不回来后却发现自己原来的位置被大亨们占据了。两手空空的散户们仍然渴望进入天堂，这时，大亨们又喊话了："真正的天堂是在5000点上方。"有些散户忘了先前吃的亏，再一次相信这种忽悠。同时，由于从众心理，其他散户也会随之争先恐后涌向5000点，而大亨们早就半道下车了。真正倒霉的，就是那些没有主见、盲从的散户。

虽然每个人都认为自己有判断能力，但是在很多时候我们总是不自觉地随大流，因为我们每个人不可能对任何事情都了解得一清二楚，对于那些自己不太了解、没有把握的事情，一般就会采取随大流的做法。然而，这种做法带来的收益，往往与我们期望的大相径庭。

无论是股票也好，基金也好，乃至自己投资开公司，心态是非常关键的。在现实生活中，一方面，我们要保持自己心态的独立性，一旦认准了一只金蛋，就不要被别人的言论所左右，假以时日让它孵化成金鸡；另一方面，我们要学会理智、不盲目，多做研究和分析，不要被众人跟风的表象所迷惑，要学会透过现象看本质，以伯乐的眼光审时度势。

做一匹特立独行的"投资狼"

老猎人圣地亚哥最喜欢听狼嚎的声音。在月明星稀的深夜，狼群发出一声声凄厉、哀婉的嚎叫，老人经常为此泪流满面。他认为那是来自天堂的声音，因为那种声音总能震撼人们的心灵，让人们感受到生命的存在。

老人说："我认识这个草原上所有的狼群，但并不是通过形体来区分它们，而是通过声音——狼群在夜晚的嚎叫。每个狼群都是一个优秀的合唱团，并且它们都有各自的特点以区别于其他的狼群。在许多人看来，狼群的嚎叫并没有区别，可是我的确听出了不同狼群的不同声音。"

狼群在白天或者捕猎时很少发出声音，它们喜欢在夜晚仰着头对着天空嚎叫。对于狼群的嚎叫，许多动物学家进行过研究，但不能确定这种嚎叫的意义。也许是对生命孤独的感慨，也许是通过嚎叫表明自身的存在，也许仅仅是在深情歌唱。

在一个狼群内部，每一匹狼都具有自己独特的声音，这声音与群体内其他成员的声音不同。但是，当狼群深情地嚎叫时，它们成为一个最完美的整体。狼群虽然有严格的等级制度，也是最注重整体的物种，但这丝毫不妨碍它们个性的发展和展示。即使是具有最大权力的阿尔法狼，也没有权力去要求其他的狼模仿自己的声音嚎叫，没有权力去要求其他的狼模仿自己的行为。

每一匹狼都掌握着自己的命运和保留着自己的独立个性。同样，就投资而言，我们每一个人的未来终归掌握在自己手里。你愿意去做一只待宰的羔羊，还是做一匹特立独行的狼？答案很明确，做一只待宰的羔羊肯定会被狼吃掉。

可是，人们在实际的投资过程中，往往意识不到自己在不经意间已经加入了羊群。

我们要时刻保持警惕，时刻保持自己的个性，时刻保持自己的创造性，自己把握自己的未来。

下面，我们再来看一个特立独行者的例子：

20世纪50年代，斯图尔特只是华盛顿一家公司的小职员。一次，他看了一部表现非洲生活的电影，发现非洲人喜爱戴首饰，就萌发了做首饰生意的念头。于是他借了几千美元，独自闯荡非洲。

经过几年的努力，他的生意已经做到了使人眼红的地步，世界各地的商人纷纷赶到非洲抢做首饰生意。

面对众多的竞争者，斯图尔特并不留恋自己开创的事业，拱手相让，从首饰生意中走出来另辟财路。

斯图尔特的成功就是靠"独立创意"这一制胜要诀，这是他善于观察、善于思考得来的。

要想有独立的创意就不要人云亦云，跟在别人屁股后面是捡不到钱的，一定要培养自己独立思考的能力。

复利效应：利滚利滚出财富大雪球

提出者： 美国科学家爱因斯坦。

内容精解： 爱因斯坦曾经说过："宇宙间最大的能量是复利，世界的第八大奇迹是复利。"复利就是把每一分赢利都投入投资本金，这样，上一个计息期的利息都将成为生息的本金，即以利生利，也就是俗称的"利滚利"。复利效应指资产收益率以复利计息时，经过若干期后资产规模（本利和）将超过以单利计息时的情况。复利计息条件下资产规模随期数成指数增长，而单利计息时资产规模成线性增长，因此，长期而言复利计息的总收益将大幅超过单利计息。影响复利的结果只有两个因素：一是投资增长率，二是投资时间。投资增长率越大，投资周期越长，财富的积累越大。

应用要诀： 坚持不懈地长线投资，不断获得稳定的回报。以小博大，用小钱闲钱建立家庭的战略财富储备。完善投资结构，让投资的资金做到短、中、长线投资相结合。降低整体投资风险的同时追求投资收益最大化，令整个家庭资产稳健增值。

复利的神奇魅力

有人曾经问过爱因斯坦："世界上最强大的力量是什么？"他的回答不是原子弹爆炸，而是"复利"。复利是长期投资获利的最大秘密。

有这样一个古老而有趣的故事，展现了复利的强大威力。

从前，有一个非常爱下棋的国王，他棋艺高超，从未碰到过敌手。于是，他下了一道诏书，诏书中说无论是谁，只要击败他，国王就会答应他任何一个要求。

一天，一个小伙子来到皇宫与国王下棋，并最终赢了国王。国王问这个小伙子有什么要求，小伙子说他只要一个小小的奖赏，就是在棋盘的第一个格子中放上一粒麦子，在第二个格子中再放进前一个格子的一倍，以此重复向后类推，一直将棋盘每一个格子摆满。

国王觉得满足他的要求很容易，于是就同意了。但很快国王发现，即使将国库里所有的粮食都给他，也不够其要求的1%。一粒麦子只有一克重，摆满棋盘却需要数十万亿吨的麦子才能够满足条件。尽管从表面上看，小伙子要求的起点十分低，从一粒麦子开始，但是经过很多次的乘积，就迅速变成庞大的数字。

很多投资者没有了解复利的价值，或者即使了解却没耐心和毅力长期坚持下去，这是大多数投资者难以获得巨大成功的主要原因。如果你想让资金更快地增长，在投资中获得更高的回报，就必须对复利引起足够的重视。

例如：1万元的本金，按年收益率10%计算，第一年年末你将得到1.1万元，把这1.1万元继续按10%的收益投放，第二年年末将得到$1.1 \times 1.1 = 1.21$（万元），如此，第三年年末是$1.21 \times 1.1 = 1.331$（万元），到第八年将达到2.14万元。

同理，如果你的年收益率为20%，那么3年半后你的钱就翻了番，1万元变成2万元。如果是20万元，3年半后就是40万元……

可见，复利的确很诱人，但是，想要获得丰厚的复利收入还要有一些必备的条件。

（1）拥有足够满意的本金。

（2）好的投资渠道。

（3）足够的耐心和精力。

要让复利真正地为我们的钱财服务，首先要完成本金的积累，或者持续地对本金进行投入；其次要了解有限的投资渠道，在这些渠道里进行恰当地选择；最后要具备精明的选择能力，这是复利能否发挥神奇作用的分水岭。

正如巴菲特所说："在投资的王国，真正要做的是得到最大的税后复利。"要想在投资理财中获得最大的收益，就要充分重视复利的力量。

持有时间决定复利收益

对于投资者来说，短期投资交易往往带有很大的投机性，成功与否的不确定性更大，并且损失大于收益。打个比方，如果一个投资者能够在短期交易中获得8%的收益率，那么，为了能够弥补上一次的失败交易，需要交易成功3次才可以。这就意味着，必须保证75%的交易是成功的，才不至于损失，这样的成功概率就变得很小了。

如果有人期望通过短期过高的复利取得暴利，这是妄想。因为最杰出的复利增长者——沃伦·巴菲特，也只维持了24%的常年投资报酬率，而大部分人都达不到这样的水平。所以，唯一的做法就是保证一个长期增长的相对较高的复利。

在复利的模式下，想要获得较高的回报就应该长时间坚持，坚持的时间越长，获得的收益越多。也许在起初的一段时间里，得到的回报并非理想，看似微薄，但只要将这些利润进行再投资，那么，你的资金就会像滚雪球一样变得越来越大。经过年复一年的积累，你的资金就可以攀登上一个新台阶，这时候你已经在新的层次上进行投资了，你每年的资金回报也远远超出了最初的投资。

现在人们的收入不同于改革开放初期，如果一个大众家庭从现在开始投资1万元，通过运作每年能赚到15%，那么连续20年，最后连本带利变成了163660元了。看到这个数字后我们也许并不感到满意，但是连续30年，总额就会变成了662117元。如果连续40年的话，总额又是多少呢？答案或许会让你目瞪口呆，是2678635元。也就是说，一个25岁的年轻人，只要投资1万元，每年赢利15%，到65岁时就能获得200多万元的回报。

然而，天有不测风云，市场并非总是一直景气。每年都保持15%的收益率是很困难的。但这里说的收益率是个平均数，如果你有足够的耐心，再加上合理的投资，这个回报率是有可能做到的。

这种由复利所带来的财富的增长，被人们称为"复利效应"。可以说，复利是一种思维，是一种以耐心和坚持为核心的思维方式。如果我们能充分利用复利思维，不管是投资还是人生都会有不错的回报。

理财致富是"马拉松竞赛"而非"百米冲刺"，比的是耐力而不是爆发力。成功的投资理财在于长期坚持，而长期投资的最大魅力就在于不可思议的复利效应。

资金理财的时间价值原理

对于每个想学习投资或是对投资感兴趣的人来说，他们首先需要接触的概念就是资金的时间价值原理，此原理的意义就在于告诉人们今天的1块钱不等于明天的1块钱。比如，若银行的存款利率为10%，将今天的1元钱存入银行，1年以后会是1.10元。可见，经过1年的时间，这1元钱发生了0.10元的增值，也就是说今天的1元钱和1年后的1.10元钱等值。

1. 资本的时间价值的含义

首先要说明的是，资金的时间价值是资金在周转使用中产生的，而通常情况下，资金的时间价值相当于没有风险和没有通货膨胀条件下的社会平均利润率。实际上，投资活动总是或多或少地存在风险，通货膨胀也是市场经济中客观存在的经济现象。因此，利率不仅包含时间价值，而且也包含风险价值和通货膨胀的因素。只有在购买国库券等政府债券时才会几乎没有风险，如果通货膨胀率很低的话，可以用政府债券利率来表现时间价值。

时间价值=政府债券利率 − 通货膨胀率

影响资金时间价值的因素包括：

（1）资金的使用时间。在单位时间的资金增值率一定的条件下，资金使用时间越长，则资金的时间价值就越大；使用时间越短，则资金的时间价值就越小。

（2）资金数量的大小。在其他条件不变的情况下，资金数量越大，资金的时间价值就越大；反之，资金的时间价值则越小。

（3）资金投入和回收的特点。在总投资一定的情况下，前期投入的资金越多，资金的负效益越大；反之，后期投入的资金越多，资金的负效益越小。

而在资金回收额一定的情况下，离现在越近的时间回收的资金越多，资金的时间价值就越大；反之，离现在越远的时间回收的资金越多，资金的时间价值就越小。

（4）资金周转的速度。资金周转越快，在一定的时间内等量资金的时间价值越大；反之，资金的时间价值越小。

2. 终值与现值的含义

终值又称将来值，是指现在一定量现金在未来某一时点的价值，俗称本利和。比如，存入银行一笔现金100元，年利率为复利10%，经过3年后一次性取出本利和共133.10元，这3年后的本利和133.10即为终值。

现值又称本金，是指未来某一时点上的一定量现金折合为现在的价值。上述3年后的133.10元折合为现在的价值为100元，这100元即为现值。

我们把现值（PV）和终值（FV）之间的关系，用利率K和期数t来表示为：

$$FV=PV（1+K）t$$

例如，今天的100元（FV），在通胀率为4%（K）情况下，相当于10年（t）后的多少钱呢？答案是148元左右，也就是说10年后的148元才相当于今天的100元。

资金的时间价值是客观存在的，投资经营的一项基本原则就是充分利用资金的时间价值并最大限度地获得其时间价值，这就要加速资金周转，早期回收资金，并不断进行高利润的投资活动；而任何积压资金或闲置资金不用，就是白白地损失资金的时间价值。

借助复利的威力让财富滚雪球

长期持有具有持续竞争优势的企业股票，将给价值投资者带来巨大的财富，其关键在于投资者未兑现的企业股票收益通过复利产生了巨大的长期增值。

很小的百分比在一段长时间所造成的差异是令人吃惊的。投资人的10万美元以5%的免税年获利率计算，经过30年后，将值432194美元；但是若年获利率为10%，30年后，10万美元将值1744940美元；倘若年获利率再加5%，即以15%

累进计算，30年后，10万美元将增加为6621177美元；获利率为20%，30年后则为23737631美元。

作为一般投资者，在长期投资中没有任何因素比时间更具有影响力。随着时间的延续，复利将发挥巨大的作用，为投资者实现巨额的税后收益。

复利的大小由时间的长短和回报率的高低两个因素决定。两个因素的不同使复利带来的价值增值也有很大不同：时间的长短将对最终的价值数量产生巨大的影响，时间越长，复利产生的价值增值越多；回报率对最终的价值数量有巨大的杠杆作用，回报率的微小差异将使长期价值产生巨大的差异。以6%的年回报率计算，最初的1美元经过30年后将增值为5.74美元；以10%的年回报率计算，最初的1美元经过同样的30年后将增值为17.45美元。4%的微小回报率差异，却使最终价值差异高达3倍。

因此，投资具有长期持续竞争优势的卓越企业，投资者所需要做的只是长期持有，耐心等待股价随着公司成长而上涨。投资者不必害怕大盘会跌，因为中国股市从中长期来看是大牛市；同时不管是在牛市中还是在熊市中，都有内在价值被市场低估的股票，这正是投资机会之所在。所以，我们要做的就是找出那些能够长期持有的价值型公司，不为眼前短期的波动所影响。长期持有，借助复利的威力，最终也会获得很高的收益。

投资理财，越早越受益

张爱玲有句名言说："出名要趁早。"一个人若想达成某个愿望，都要提早动身。人生没有假设，没有可逆性，时不待人。

投资理财的时期，当然也应是越早越好！

趁早开始理财的优势是什么？

在说明趁早开始理财的优势之前，我们需了解一个财务管理中非常重要的原理，即货币时间价值原理。所谓货币时间价值，是指货币（资金）经历一定时间的投资和再投资所增加的价值。简单来说，同样的货币在不同时间它们的价值是不一样的。所谓价值，我们可以认为是购买力，即能买入东西的多少。

现在的1元钱和一年后的1元钱其经济价值是不相等的，或者说其经济效用不同。现在的1元钱比1年后的1元钱经济价值要大，也就是说更值钱。

为什么会这样？

我们用一个简单的例子来说明。如果您将现在的1元钱存入银行，存款利率假设为10%，那么一年后将可获利0.1元。这0.1元就是货币的时间价值，或者说前面的货币（1元1年）的时间价值是10%。根据投资项目的不同，时间价值也会不同，如5%、20%、30%等。

假设一年后，我们继续把所得的0.1元按同样的利率存入银行，则又过一年后，您将获得0.21元。以此方式年复一年存款，则当初的1元钱将会不断的增加，年限够长的话，到时可能是当初的几倍。这就是复利的神力！复利也就是俗称的利滚利。

时间就是金钱！

我们知道了时间的神奇后，也就了解了同样的资金在5年前的投资和5年后的投资的回报将会不同。所以，越早投资也就越快获得财富。就算您早一天投资，也会比晚一天要好！这就是趁早投资理财的理由。由时间来给你创造财富！

为了能够让自己拥有更多的财富，开始行动起来吧！